高等教育系列教材

PHP + MySQL Web 应用开发教程

主　编　李　辉

副主编　兰义华

机 械 工 业 出 版 社

PHP+MySQL 是开发 Web 应用程序的经典组合，具有开放源代码、支持多种操作系统平台等特点，被国内外众多网站广泛采用，具有很强的实用性。本书由浅入深、循序渐进，系统地介绍了 PHP 的相关知识及其在 Web 应用程序开发中的实际应用。共分为 15 章，包括 PHP 概述与开发运行环境搭建、PHP 语法基础、PHP 流程控制语句、PHP 函数、PHP 数组应用、Web 互动与会话技术、MySQL 数据库、PHP 操作 MySQL 数据库、PHP 面向对象编程、PDO 数据库抽象层、PHP 与 MVC 开发模式、文件和目录操作、PHP 图形图像处理、程序调试与错误处理、基于 Web 的管理信息系统开发实例等内容。

本书内容丰富、讲解深入，适用于初、中级 PHP 用户，既可以作为大学本科“Web 应用程序设计”“网站开发”课程的教材，也可作为高职高专院校相关专业的教材，或作为 Web 应用程序开发人员的参考用书。

本书配套授课电子课件及上机实践等教学资源，有需要的老师可登录 www.cmpedu.com 免费注册，审核通过后下载或联系编辑索取（微信：15910938545，电话：010-88379739）。

图书在版编目（CIP）数据

PHP+MySQL Web 应用开发教程 / 李辉主编. —北京：机械工业出版社，2018.6（2025.1 重印）
高等教育系列教材
ISBN 978-7-111-59477-2

Ⅰ. ①P… Ⅱ. ①李… Ⅲ. ①PHP 语言－程序设计－高等学校－教材 ②SQL 语言－程序设计－高等学校－教材 Ⅳ. ①TP312.8 ②TP311.132.3

中国版本图书馆 CIP 数据核字（2018）第 056591 号

机械工业出版社（北京市百万庄大街 22 号 邮政编码 100037）
策划编辑：王 斌 责任编辑：王 斌
责任校对：张艳霞 责任印制：单爱军

北京虎彩文化传播有限公司印刷

2025 年 1 月第 1 版 • 第 6 次印刷
184mm×260mm • 21.25 印张 • 513 千字
标准书号：ISBN 978-7-111-59477-2
定价：69.00 元

电话服务
客服电话：010-88361066
010-88379833
010-68326294

网络服务
机 工 官 网：www.cmpbook.com
机 工 官 博：weibo.com/cmp1952
金 书 网：www.golden-book.com
机工教育服务网：www.cmpedu.com

前　言

PHP 是当前开发 Web 应用系统中比较理想的工具，它易于使用、功能强大、成本低廉、安全性高、开发速度快且执行灵活，应用非常广泛。使用 PHP+MySQL 开发的 Web 项目，在软件方面的投资成本较低、运行稳定，因此在当今的互联网中常见的应用平台，比如微博、论坛、门户、电子商务等很多项目都是由 PHP 实现的，无论是从性能、质量，还是价格上，PHP+MySQL 都成为企业必须考虑的开发组合。

本书以 Web 应用开发为背景，较为详细地介绍了 PHP 及相关技术，内容包括 PHP 概述与开发环境的搭建、语法基础、PHP 流程控制语句、PHP 函数、PHP 数组应用、Web 互动与会话技术、MySQL 数据库、PHP 操作 MySQL 数据库、PHP 面向对象编程、PDO 数据库抽象层、PHP 与 MVC 开发模式、文件和目录操作、PHP 图形图像处理、程序调试与错误处理、基于 Web 的管理信息系统开发实例等内容。本书具有以下特色。

1. 知识点全

本书紧密围绕 PHP 语言展开讲解，具有很强的逻辑性和系统性。

2. 以代码驱动学习

每章都配有与本章知识相关的小示例，强调动手实践，用代码来驱动读者一步步学会 PHP。

3. 实例丰富

书中各实例均经过精心设计和挑选，它们都是根据作者在实际开发中的经验总结而来的，较全面地反映了在实际开发中所遇到的各种问题。

4. 零基础入门

本书完全面向没有 PHP 语言基础的读者，全书将 PHP 语言拆分成一个个小的技术点，让读者能轻松阅读下去，有助于读者尽快掌握这门语言。

5. 配备素材，方便学习

本书提供所有案例需要的源文件，以便读者参考学习。

总之，本书难度适中，内容由浅入深，实用性强，覆盖面广，条理清晰，书中的大量内容来自实际开发案例，使读者更容易掌握 PHP 程序的开发技能。

本书主要由李辉和南阳师范学院的兰义华编写完成，其中李辉主要负责第 1 章～第 9 章内容，兰义华负责第 10 章～第 15 章内容。宿州学院张万礼，阜阳师范学院张标，胡闰智、孙鑫鑫、李全恩参与了部分编写工作。

在本书的编写过程中，编者力求精益求精，但难免存在疏漏和不足之处，敬请广大读者批评指正。

编　者

2017.10

目　录

第1章　PHP概述与开发运行环境搭建

PHP 是多种开发动态网站语言之一，适合开发规模为中小型的动态网站，它也是当前比较流行的微信后台开发语言之一。

本章将介绍 PHP 语言、PHP 的语言优势、搭建 PHP 的开发运行环境，以及 Web 相关知识。

1.1　PHP 概述

1.1.1　何谓 PHP

PHP 是 Hypertext Preprocessor（超文本预处理器）的缩写，是一种服务器端、跨平台、简单、面向对象、解释型、高性能、独立于框架、动态、可移植、HTML 嵌入式的脚本语言。其独特的语法吸收了 C 语言、Java 语言和 Perl 语言的特点，是一种被广泛应用的开源式的多用途脚本语言，易于学习，使用广泛，主要适用于 Web 开发领域，成为当前世界上最流行的构建 B/S 模式 Web 应用程序的编程语言之一。PHP 程序文件中的扩展名通常使用“.php”，例如：index.php。

1.1.2　PHP 优势

PHP 起源于 1995 年，由 Rasmus Lerdorf 开发。它是目前动态网页开发中使用最为广泛的语言之一。目前 PHP 的版本已经更新到 PHP 7。

PHP 能运行在 Windows、Linux 等的绝大多数操作系统环境，常与免费 Web 服务器软件 Apache 和免费数据库 MySQL 配合使用于 Linux 和 Windows 平台上，具有最高的性价比，这几种技术号称 Web 开发的“黄金组合”（Linux+Apache+MySQL/MariaDB+Perl/PHP/Python，LAMP）。PHP 具有如下优势。

1．易学好用

PHP 程序开发快，运行快，技术本身学习快。PHP 的主要目标是让 Web 开发人员只需学习很少的编程知识，就可以建设一个基于 Web 的应用系统，比如高考志愿填报系统。

2．免费性，开放源代码

和其他技术相比，PHP 本身免费且是开源代码，学习成本低，使用成本也低。

3．平台无关性（跨平台）

同一个 Web 应用程序，无须修改任意源程序，可以运行在 UNIX、Linux、Windows、Mac OS 等大多数操作系统下。

4．图像处理

PHP 可以动态创建图像。PHP 图像处理默认使用 GD2 库（注：GD 库扩展文件，可用来处理图片，如生成图片、图片裁剪压缩、给图片打水印等操作）。

5．面向对象编程

PHP 较新的版本提供了面向对象的编程方式，不仅提高了代码的重用率，而且为编写代码带来很大的方便。

6．支持广泛的数据库

PHP 可操纵多种主流与非主流的数据库，如 MySQL、Access、SQL Server、Oracle、DB2 等。其中，PHP 与 MySQL 是最流行的组合，它们的组合可以跨平台运行。

7．模板化

PHP 模板技术使程序逻辑与用户界面相分离。

8．基于 Web 服务器

常见的 Web 服务器有：①IIS（Internet Information Service）：运行 ASP、ASP.NET 脚本，默认占用 TCP 的 80 端口；②Tomcat：运行 JSP 脚本；③Apache：运行 PHP 的脚本，默认占用 TCP 的 80 端口。

PHP 通常运行在 Apache 服务器之上。PHP 的运行速度与服务器的速度有关，当服务器的一个 PHP 页面第一次被访问时，服务器就对它进行编译，只要服务器未关闭，则往后其他客户机访问该页面时，不必再编译。因此，PHP 有很高的运行速度。

1.1.3 PHP 运行环境

PHP 脚本程序的运行需要借助于 Web 浏览器、PHP 预处理器和 Web 服务器的支持，必要时还需要借助数据库服务器来获取和保存数据。

1．Web 浏览器

Web 浏览器（Web Browser）也叫网页浏览器，简称浏览器。浏览器是用户最为常用的客户端程序，主要功能是显示 HTML 网页内容，并让用户与这些网页内容产生互动。常见的浏览器有微软的 Internet Explorer（简称 IE）浏览器、Mozilla 的 Firefox 浏览器等。

2．HTML

HTML 是网页的静态内容，这些静态内容由 HTML 标记产生，Web 浏览器识别这些 HTML 标记并解释执行。例如 Web 浏览器识别 HTML 标记“
”，将“
”标记解析为一个换行。在 PHP 程序开发过程中，HTML 主要负责页面的互动、布局和美观。

3．PHP 预处理器

PHP 预处理器（PHP Preprocessor）的功能是将 PHP 程序中 PHP 代码解释为文本信息，这些文本信息中可以包含 HTML 代码。

4．Web 服务器

Web 服务器（Web Server）也称为 WWW（World Wide Web）服务器，功能是解析 HTTP。

当 Web 服务器接收到浏览器的一个 HTTP 动态请求时，Web 服务器会调用与请求对应的程序，程序经 PHP 预处理器解释执行后，Web 服务器向浏览器返回 HTTP 响应，该响应通常是一个 HTML 页面。浏览器接收到该 HTTP 响应后，将执行结果显示在浏览器或进行其他处理。

常见的 Web 服务器有微软的 Internet Information Server（IIS）服务器、IBM 的 WebSphere 服务器、开源的 Apache 服务器等。由于 Apache 具有免费、速度快且性能稳定等特点，它已成为目前最为流行的 Web 服务器。本书将使用 Apache 服务器部署 PHP 程序

注：大部分 Web 服务器仅仅提供一个可以执行服务器程序和返回响应的环境，单纯的 Web 服务器只能响应静态页面（例如不包含任何 PHP 代码的 HTML 页面）的请求。也就是说，如果 Web 浏览器请求的是静态页面，此时只需要 Web 服务器响应该请求；如果浏览器请求的是动态页面（例如页面中包含了 PHP 代码），此时 Web 服务器会委托 PHP 预处理器将该动态页面解释为 HTML 静态页面，然后再将解释后的静态页面返回给浏览器进行显示。

5．数据库服务器

数据库服务器（DataBase Server）是一套为应用程序提供数据管理服务的软件，这些服务包括数据管理服务（例如数据的添加、删除、修改、查询）、事务管理服务、索引服务、高速缓存服务、查询优化服务、安全及多用户存取控制服务等。

常见的数据库服务器有甲骨文的 Oracle 和 MySQL、微软的 SQL Server、IBM 的 DB2、SAP 的 Sybase 以及 Oracle 公司的 MySQL 数据库服务器。由于 MySQL 具有体积小、速度快、免费开源等特点，许多中小型 Web 系统选择 MySQL 作为数据库服务器。本书将选用 MySQL 讲解有关 PHP 应用程序中数据库开发方面的知识。

1.1.4 PHP 的工作原理

PHP 是基于服务器端运行的脚本程序语言，实现数据库和网页之间的数据交互。

一个完整的 PHP 系统由以下几个部分构成。

1）操作系统：网站运行服务器所使用的操作系统。PHP 不要求操作系统的特定性，其跨平台的特性允许 PHP 运行在任何操作系统上，例如，Windows、Linux 等。

2）Web 服务器（Web Server）：主要用于存储大量的网络资源（比如图片，视频等资源）供用户访问和处理 HTTP 请求。

3）PHP 预处理器（PHP Preprocessor）：实现对 PHP 文件的解析和编译，将 PHP 程序中的代码解释为文本信息。

4）数据库（Database，DB）：存储和管理数据的容器。PHP 支持多种数据库系统，包括 MySQL、SQL Server、Oracle 及 DB2 等。

5）Web 浏览器（Web Browser）：主要用于客户端显示 HTML 网页内容，并让用户与这些网页互动。由于 PHP 在发送到浏览器的时候已经被解析器编译成其他的代码，所以 PHP 对浏览器没有任何限制。常见的浏览器有 Internet Explorer（简称 IE）浏览器、360 浏览器、搜狗浏览器、火狐浏览器、世界之窗浏览器、谷歌浏览器 Chrome 等。

如图 1-1 所示，PHP 工作原理如下。

1）客户端浏览器向 Apache 服务器发送请求指定页面，例如 test.php。

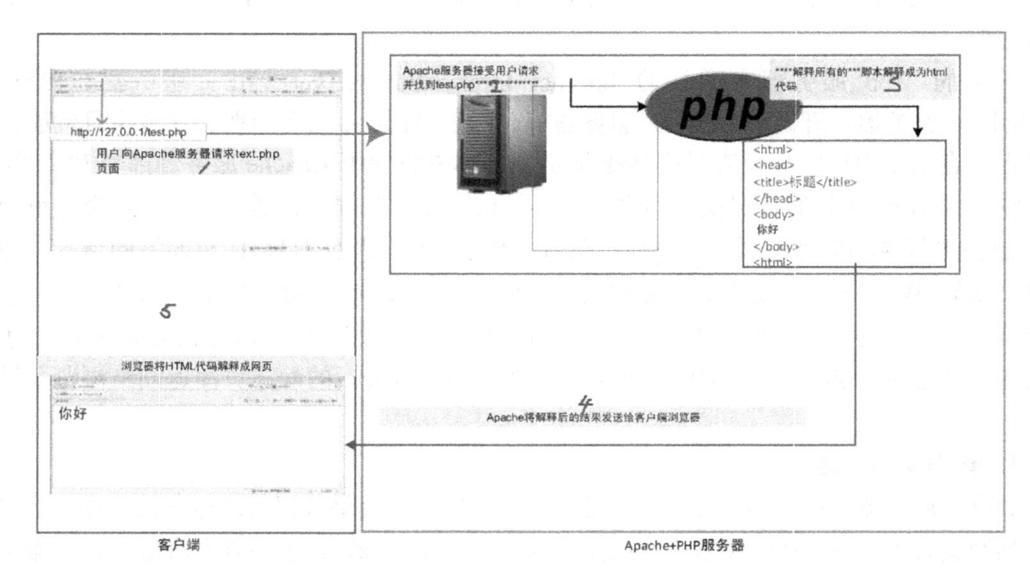

图 1-1　PHP 工作原理

2）Apache 服务器得到客户端请求后，查找 test.php 页面。

3）Apache 服务器调用 PHP 解释器将 PHP 脚本解释成为客户端代码 HTML。

4）Apache 服务器将解释之后的页面发送给客户端浏览器。

5）客户端浏览器对 HTML 代码进行解释执行，用户就会看到请求的页面。

注：Apache 服务器本身是一个 Web 服务器，只负责接收和响应用户请求；无法对 PHP 脚本进行解释，所以需要 Apache+PHP 协同工作。

1.1.5　如何学好 PHP 编程

学习每一种编程语言，都应该讲究方法、策略，别人的学习经验可以借鉴，但不要生搬硬套。应该学会自己总结、分析、整理出一套适合自己的学习方法。这里结合编者多年的程序开发和教学所总结出来的学习经验，供广大 PHP 程序开发者分享。

1）掌握 HTML 网页制作基础知识，任何网站都是由网页组成的，学习网站开发的前提是先学会制作网页，因此必须掌握 HTML、CSS、JavaScript 等网页制作基础知识，达到可自行制作完整 HTML 网页的程度。

2）学会搭建 PHP 开发环境，并选择一种适合自己的开发工具。

3）掌握 PHP 基础语法和函数库，理解动态编程语言的工作原理。

4）学会将 PHP 与 HTML 结合开发动态网页。

5）学会 PHP 与 MySQL 数据库结合开发数据库存取操作程序。几乎所有网站都需要用到数据库存取操作，因此需要学会数据库的连接、查询、添加、修改和删除等常用数据库编程知识。

6）多实践、多思考、多请教。学习每一种编程语言，都应该在掌握基本语法的基础上反复实践。大部分新手之所以觉得概念难学，是因为没有通过实际操作来理解概念的意义。

边学边做是最有效的方式，对于 PHP 的所有语法知识都要亲自实践，只有了解各个程序代码会起到什么作用之后，才会记忆深刻。

1.2 网站与网页

网站由一系列网页文件通过超链接组成，也包含和网页相关的资源，如图片、动画、音乐等。网站是一系列逻辑上可以视为一个整体的网页及其相关资源的集合。

1.2.1 网站的基本概念

早期的 Internet 主要用于异地计算机之间的数据传递。随着计算机技术和通信技术的不断发展，人们不再满足于简单的数据传输，因此许多 Internet 服务和技术被开发出来并得到广泛应用，如电子邮件（E-mail）服务、文件传输协议（FTP）、远程登录（Telnet）等，但是这些服务仅仅适用于文本的形式。随着多媒体技术的快速发展，人们希望在网上看到的不仅仅是文字信息，还有漂亮的图片或者优美的音乐，因此 WWW（World Wide Web）技术诞生了，Internet 由此得到了广泛应用并深受用户的喜爱。

在 Internet 的发展过程中，超文本传输协议（HyperText Transfer Protocol，HTTP）和超文本标记语言（HyperText Markup Language，HTML）以及可扩展标记语言（Extensible Markup Language，XML），使文字、图像、音频和视频多媒体信息源源不断地流向 Internet 的各个角落，并使 Internet 成为各种组织的信息获取和发布平台，越来越多的企业和组织汇入到 Internet 的应用潮流中。

在 Internet 的应用中，网站（WebSite）是一个不可或缺的重要因素，网站就是单位或个人在 Internet 上建立的"信息中心"。通过网站，单位不仅可以宣传自身形象、推广产品、扩大影响力，而且能够寻求多方合作以及为客户提供快速、优质的服务，通过建立各种类型的网站，更好地实现其目标。

从内容交互角度来讲，网页分为动态网页和静态网页。静态网页是指不是应用程序直接或间接制作成 HTML 的网页，这种网页的内容是固定的，修改和更新都必须要通过专用的网页制作工具，比如 Dreamweaver。而动态网页是指使用网页脚本语言，比如 PHP、JSP、ASP.NET 等，通过脚本将网站内容动态存储到数据库，用户访问网站是通过读取数据库来动态生成网页的方法。网站上主要是一些框架基础，网页的内容大都存储在数据库中。静态网页和动态网页最大的区别，就是网页是固定内容还是可在线更新内容。

1.2.2 网站常用开发技术

（1）超文本标记语言（HTML）

HTML 是构成网页的最基本元素，已经成为一种被广泛接受的格式，通过使用标记在 Internet 上创建和查看信息。标记可以使浏览器显示文本、图形和其他的任何内容。

（2）浏览器端的编程语言

动态网页需要编写程序来实现。程序的可执行端分为 Web 浏览器端和服务器端。如果程序在浏览器端执行，则服务器必须把程序代码下载到客户端，而浏览器也要能够执行服务器下载的程序。JavaScript 和 VBScript 的使用范围局限于浏览器本身，可以通过浏览器所提供的对象来控制浏览器，制作出许多动态网页的效果。但是由于无法与 Web 服务器通信，与 Web 数据库有关的应用都无能为力。

（3）服务器端的编程语言

如果程序在服务器端执行，服务器只将执行的结果回传到客户端。相对于在浏览器端执行的程序而言，Web 服务器端的程序存取 Web 数据库就非常简单，因为程序和数据库在同一台机器上或同一局域网内。Web 服务器端的程序只需将结果传给浏览器。常见的服务器端的编程语言有 PHP、JSP、ASP.NET 等。

（4）数据库

数据库是存储信息的仓库。数据库通常要选用 Oracle、MySQL、DB2、SQL Server 等大型数据库管理系统。数据库的组织结构直接关系到数据操作的速度，因此，数据库的设计在网站建设过程中是非常重要的工作。

1.3　网页中的 HTML

1.3.1　HTML 基础知识

HTML 是一种简单、通用的标记语言。之所以叫标记语言，是因为 HTML 通过不同的标签来标记文档的不同部分。用户看到的每个 Web 页面，都是由 HTML 通过一系列定义好的标签生成的。例如:

```
<html>
<head>
<meta http-equiv="Content-Type"content="text/html;charset=gb2312"/>
<title>开放的中国农业大学欢迎您</title>
</head>
<body>
Hi，CAU!
</body>
</html>
```

网页头部的 HTML 标签是<head>和</head>，用于存储网页描述信息，例如网页标题、字符集设置、网页关键词等。其中，<title>和</title>标签用于设置网页的标题，浏览该网页时将显示在浏览器的标题栏上。<meta>标签用于设置网页的类别和语言字符集，字符集可以有 ISO-150、UTF-8、GBK、GB2312 等。<meta>标签主要用于解决网页乱码问题，网页的中文编码格式为 GB2312 和 GBK，但这两种编码缺乏国际通用性；UTF-8 为国际标准编码，一般网页编码使用该编码。

网页主体的标签是<body>和</body>，包含所要描述网页的具体内容。HTML 主体 body 标签的常用属性设置，如表 1-1 所示。

表 1-1　<body>标签的主要属性

属性代码	属性名称	示　　例
bgcolor	背景颜色	<bodybgcolor="red">
background	背景图片	<bodybackground="图片地址">
topmargin	上页边距	<bodytopmargin="0">
bottommargin	下页边距	<bodybottommargin="0">
leftmargin	左页边距	<bodyleftmargin="0">
rightmargin	右页边距	<bodyrightmargin="0">
bgsoung	背景音乐	<bgsoungsrc="音乐地址"/>

上述代码，从简单的文本编辑器，如 Windows 的记事本，到专业化的编辑工具，如 NetBeans，都可以用来编辑 HTML 文档，编辑好的 HTML 文档必须按后缀.html 或.htm 来保存，最后，通过浏览器打开 HTML 文档，来查看页面效果。

在 HTMI 文档中，标签是包含在“<” 和 “>” 之间的部分，如<p>就是一个标签。标签一般是成对使用的，如<b>和</b>会同时使用，其中<b>是开始标签，</b>是结束标签。HTML 的标签不区分大小写，因此<B>和<b>表示的含义相同。

HTML 元素由标签定义，标签所定义的内容就叫“元素”，元素包含在开始标签和结束标之间。

每一种 HTML 元素，一般都会有一个或数个属性，属性用来设置或表示元素的一些特性、名称或显示效果等。属性放在元素标签中，紧跟标签名称之后，它和标签名称之间有一个或数个空格。元素的每个属性都有一个值，属性值的设定使用“属性”=“值”的格式，可以为属性的值加上引号或不加引号。下面的 HTML 代码为标签<form >设置了 name 属性，其值为 login，表示这个表单的名称为 login。

```
<form name=“login”>
```

1．网页头部元素

HTML 使用标签<head>定义一个标头，结束标签是</head>。一般在<head>标签中设置文档的全局信息，如 HTML 文档的标题（title）、搜索引擎关键字（keyword）等。HTML 文档的放在头元素里，使用<title>标签定义。

2．标题元素

标题是指 HTML 文档中内容的标题。标题元素由标签<hl>到<h6>定义。<hl>定义最大的标题，<h6>定义最小的标题。

3．段落元素

HTML 中使用标签<p>和</p>定义一个段落。<p>表示段落的开始，</p>段落的结束。设置段落对齐方式：可以使用 align 属性对段落中的内容（文字、图片和表格等）进行对齐方式的设置，属性值有 left（左对齐，默认值）、right（右对齐）、center（居中对齐）。

标签是换行符：
标签可在 Web 页面上显示为另起一行。

4．设置文字样式

<font>和</font>标签用于设置文字的字体，被其包含的文字为样式作用区。也可以设置

于包含文字的父级标签。主要有 face、color、size 3 个属性，<font>标签属性如表 1-2 所示。

表 1-2 <font>标签的属性

属性代码	名称	说明	示例
face	字体	文字字体	<font face="宋体">
color	颜色	文字颜色，取 RGB 值或预设颜色常量	<font color="red">
size	大小	取值范围是 1～7 和+(-)1～6（表示相对于原字体大小的增量或减量），默认是 3	<font size="6">

文字其他修饰标签：

<h1></h1>…<h6></h6>：HTML 提供了 6 种文本标题的标记，标记中 h 后面的数字越大，标题文本越小。

<b></b>、<i></i>、<u></u>：这 3 种标记分别是用于对文本进行加粗、斜体、下划线的修饰效果。

<tt></tt>、<cite></cite>、<em></em>、<strong></strong>：分别用于对文本进行打字机风格字体修饰、引用方式字体修饰（斜体）、强调字体（加粗并斜体）、加重文本（加粗）的修饰效果。

为上标格式标签，多用于数学指数的表示，如某个数的平方或立方。

为下标格式标签，多用于注释，如表示数学的底数。

<strike></strike>为删除线标签，实现删除效果。

5．列表

HTML 的列表分为有序列表<ol></ol>和无序列表<ul></ul>，包含的列表项由<li></li>组成。

（1）无序列表

无序列表是指列表项之间没有先后顺序，列表标签为<ul></ul>，如下所示。

```
<ul>
        <li>列表项一<li>
        <li>列表项二<li>
        <li>列表项三<li>
        <li>列表项四<li>
</ul>
```

（2）有序列表

有序列表是指列表项之间有先后顺序，序列编号有 5 种，分别是 1、2、3；a、b、c；A、B、C；i、ii、iii、iv；I、II、III、IV，列表标签为<ol></ol>，如下所示。

```
<ol>
        <li>列表项一<li>
        <li>列表项二<li>
        <li>列表项三<li>
</ol>
```

6．链接元素

HTML 文档中指向其他 Web 资源，如另一个 HTML 页面、图片等的链接叫作“锚”。

在 HTML 中使用标签<a>和</a>定义一个锚元素，即链接元素，也就是说，在<a>和</a>之间的内容，会成为一个超链接。

```
<a href="index.html" target="_blank">进入新页面</a>
```

href 属性：指定新页面的地址。（可使用相对地址，也可使用绝对地址）。

target 属性：指定新页面的弹出位置：_self（本身）、_blank（新窗口）、_top（顶层）、_parent（父级框架）（用于框架）。

7. 表格元素

使用标签<table>和</table>定义一个表格元素。一个表格由“行”构成，每一行由数据单元构成。表格的“行”用标签<tr>和</tr>定义，数据单元用标签<td>和</td>定义。

```
<table>
    <tr>
        <td> 内容…  </td>
        <td> 内容… </td>
    </tr>
</table>
```

（1）控制表格的边框 border

基本语法：<table border ="边框大小值">。

语法解释：边框大小值由数字表示，如 1，2，3，4。数值越大，边框越粗。

（2）控制表格的边框颜色 bordercolor

基本语法：<table bordercolor ="颜色值">。

语法解释：边框颜色属性值与定义网页的背景色相同。

（3）控制表格的宽度

基本语法：<table width ="大小值">。

语法解释：表格宽度值以象素为单位。

（4）控制表格的高度

基本语法：<table height ="大小值">。

语法解释：表格宽度值以象素为单位。

（5）控制表格的背景色

基本语法：<table bgcolor ="颜色值">。

语法解释：颜色属性值与定义网页的背景色相同。

（6）控制表格的背景图片

基本语法：<table background ="背景图片地址">。

语法解释：默认情况下，背景图片会根据表格大小进行平铺显示。

（7）合并多个单元格

为了更灵活地安排表格中的各种数据，表格提供了合并单元格的功能，在布局网页时非常有用。

colspan 属性用于水平合并单元格，其值为水平合并单元格的数量。

rowspan 属性用于垂直合并单元格，其值为垂直合并单元格的数量。

8．图像元素

<img/>单标签用于在网页中显示图片，通过设置属性来控制图片的显示效果。编码方法如下：

```
<img src="cau.jpg" width="20px" height="20px" border="0" alt="校徽" />
```

这时图片 cau.jpg 和 HTML 文档应在同一目录下。

9．多媒体

1）为网页添加背景音乐。<bgsound/>单标签用于为网页添加背景音乐，编码格式如下：

```
< bgsound src = "音乐文件路径"loop = "-1|循环播放次数" / >
```

src：用于指定所链接的音乐文件路径。

loop：指定背景音乐的循环播放次数，如果设置为“-1”，则表示无限循环。

2）添加音乐、动画、视频播放器。<embed ></embed >标签用于为网页添加音乐动画和视频播放器，编码格式如下：

```
<embed src= "资源文件路径" width = "宽度" height = "高度" autostart = "true|false" > </embed >
```

src：用于指定所链接的音乐文件路径。

width：播放器宽度。

heigh:：播放器高度。

autostart：设置是否自动播放，取值 true 或 false。

10．制作滚动效果

< marquee ></marquee >标签可以使包括在标签内的内容滚动，内容可以是文字、图片、表格、多媒体等所有内容，编码格式如下：

```
< marquee direction= "方向" behavior = "方式" scrollamount = "速度" >滚动内容</marquee>
```

1.3.2 HTML 表单

Web 应用程序的开发中，通常使用表单来实现程序与用户输入的交互。用户通过在表单上输入数据，将一些信息传输给网站的程序以进行相应的处理。当用户在 Web 页面中的表单内填写好信息以后，可以通过单击按钮或链接来实现数据的提交。表单标签主要包括 form、input、textarea、select 和 option 等。

1．表单标签 form

form 标签是一个 HTML 表单必需的。一对<form>和</form>标签着表单的开始与结束。在 form 标签中，主要有两个参数：

action：用于指定表单数据的接收方。

method：用于指定表单数据的接收方法。

一个简单的表单实例的 HTML 代码：

```
<form method= "post" action = "shujuchuli.php">
</form>
```

功能描述：表单提交后，其中的数据将被 shujuchuli.php 程序接收，接收方法为 post。

注意：form 标签不能嵌套使用。

2．输入标签 input 与文本框

在 input 标签中通过 type 属性的值来区分所表示的表单元素。

input 标签的 type 属性是 text，用于表示文本框。

例如：<input name= "txtname" type = "text" value = ""Size = "20"maxlength= "15">

name：用于表示表单元素的名称，接收程序将使用该名称来获取表单元素的值。

type：input 标签的类型，这里 text 表示文本框。

value：页面打开时文本框中的初始值，这里为空。

size：表示文本框的长度。

maxlength：表示文本框中允许输入的最多字符数。

两种常见的类似于文本框的表单元素——密码框与隐藏框。它们的属性和作用与文本框相同，只是 type 的值不同。其中密码框 type 的值为 password，隐藏框 type 的值为 hidden。

例如：<input name= "txtpwd" type = "password" value = ""Size = "20" maxlength = "15">

需要注意的是密码框只是在视觉上隐藏了用户的输入。在提交表单时，程序接收到的数据将仍然是用户的输入，而不是一连串的圆点。

例如：<input name= "txtpwd" type = "hidden" value = ""Size = "20"maxlength = "15">

隐藏框不用于用户输入，只是用于存储初始信息，或接收来自页面脚本语言，在提交表单时，隐藏框中的数据与文本框一样都将被提交给用于接收数据的程序进行处理。

3．按钮

HTML 表单中的按钮分为 3 种，即提交按钮、重置按钮和普通按钮。这 3 种按钮都是通过 input 标签实现的，其区别只在于 type 的值不同。

（1）提交按钮

用于将表单中的信息提交给相应的用于接收表单数据的页面。表单提交后，页面将跳转到用于接收表单数据的页面。提交按钮是通过 type 为 submit 的 input 标签来实现的。

例如：<input type="submit"value="提交">

注：value 是按钮上显示的文字。

（2）重置按钮

重置按钮用于使表单中所有元素均恢复到初始状态。重置按钮是通过一个 type 为 reset 的 input 标签来实现的。

例如：<input type= "reset"value = "重置">

（3）普通按钮

普通按钮一般在数据交互方面没有任何作用，通常用于页面脚本如 JavaScript 的调用。普通按钮是通过一个 type 为 button 的 input 标签来实现的。

例如：<input type="button"value="按钮">

4．单选框与复选框

单选框和复选框都是通过 input 标签来实现的。

例如：<input name="radiobutton"type="radio"value="男">

注：name 表示单选框的名称。

type 的值为 radio 表示单选框，value 是单选框的值。如果选中这个单选框则返回该单选框的值。

例如：<input name="radiobutton"type="radio"value="女">

一组 name 属性相同的单选框将构成一个单选框组。在一个单选框组中，只能有一个单选框被选中。

复选框的 type 为 checkbox。

例如：<input type="checkbox"name="chk1"value="游泳">

5．多行文本域标签 textarea

textarea 标签用于定义一个文本域。文本域可以看作一个多行的文本框，与文本框实现着同样的功能——从用户浏览器接收输入的字符。

例如：<textarea name= "textareatest" cols="50"rows="10">

注：name 属性表示文本域的名称，cols 用于表示文本域的列数，rows 用于表示文本域的行数。

6．下拉框与列表框标签 select

下拉框与列表框是通过 select 与 option 标签来实现的。上下拉框与列表框也是提供给用户供选择的信息。

```
<select name="subject_type">
<option selectedvalue="H">---请选择题目类型---</option>
<option value="A">A--结合设计、科研、生产单位的题目</option>
<option value="B">B--结合教师科研的题目</option>
<option value="C">C--结合实验室建设的题目</option>
</select>
```

一对<select >和</select>标签用于声明一个下拉框。其中的每一个 option 都是下拉框中的一个选项，选中后，下拉框的值将为选中的 option 中 value 属性所指定的值。在 option 标签中增加 selected 用于表示下拉框的初始选择。

1.3.3　表单数据的接收

接收表单数据主要用两种方法：GET 和 POST。

GET 方法：HTML 表单提交数据的默认方法。如果在 form 标签中不指定 method 属性，则使用 GET 方法来提交数据。

使用 GET 方法将使表单中的数据按照"表单元素名=值"的关联形式，添加到 form 标签中 action 属性所指向的 URL 后面，使用"？"连接，并且会将各个变量使用"&"连接。提交后，页面将跳转到这个新的地址。

在 PHP 中，使用$_GET[]数组来接收使用 GET 方法传递的数据。其中方括号内为表单元素的名称，相应的数组的值为用户的输入。例如：$_GET["txtname"]。

例如：<form method= "get" action = "register.php"></form>

POST 方法：

使用 POST 方法来提交数据，必须在 form 标签中指定 method 属性为"POST"。

例如：<form method = "post" action = "register.php"></form>

使用 POST 方法会将表单中的数据放在表单的数据体中，并按照表单元素名称和值的对应关系将用户输入的数据传递到 form 标签中 action 属性所指向的 URL 地址。提交后，页面将跳转到这个地址。

在 PHP 中，使用$_POST[]数组来接收使用 POST 方法传递的数据。其中方括号内为表单元素的名称，相应的数组的值为用户的输入。例如，接收一个来自名为 txtname 的文本框的数据的 PHP 代码为：$_POST["txtname"]。

由于使用 GET 方法提交会将用户输入的数据全部显示在地址栏上，其他用户可以通过查询浏览器的历史浏览记录得到输入的数据。使用 POST 方法则不会将用户的输入保存在浏览器的历史中。因此，使用 POST 方法传输数据比 GET 更安全、可靠。

1.4 集成开发环境搭建

进行 PHP 开发之前，必须先建立开发环境。对于初学者来说，Apache、PHP 以及 MySQL 的安装和配置较为复杂，这时可以选择 XAMPP（Apache+MySQL+PHP/PERL）集成安装环境快速安装配置 PHP 服务器。集成安装环境就是将 Apache、PHP 和 MySQL 等服务器软件整合在一起，免去了单独安装配置服务器带来的麻烦，实现了 PHP 开发环境的快速搭建。

目前比较常用的集成安装环境是 XAMPP、WampServer 和 AppServ，它们都集成了 Apache 服务器、PHP 预处理器以及 MySQL 服务器。XAMPP 是一个功能强大的建站集成软件包，它可以在 Windows、Linux、Solaris、Mac OS X 等多种操作系统下安装使用，支持多语言：英文、简体中文、繁体中文、韩文、俄文、日文等。所以，本书以 XAMPP 为例介绍 PHP 服务器的安装与配置。

1.4.1 PHP 运行环境 XAMPP 的安装

1．安装前的准备工作

安装 XAMPP 之前应从其官方网站上下载安装程序（下载地址为 https://www.apachefriends.org/zh_cn/index.html），如图 1-2 所示。目前比较新的 XAMPP 版本是 XAMPP 5.6.28，具体选择哪个版本需要根据操作系统来决定。

图 1-2　XAMPP 下载页面

2．XAMPP 的安装

1）单击桌面图标，进入 XAMPP 安装页面，首先弹出“安全警告”对话框如图 1-3 所示。

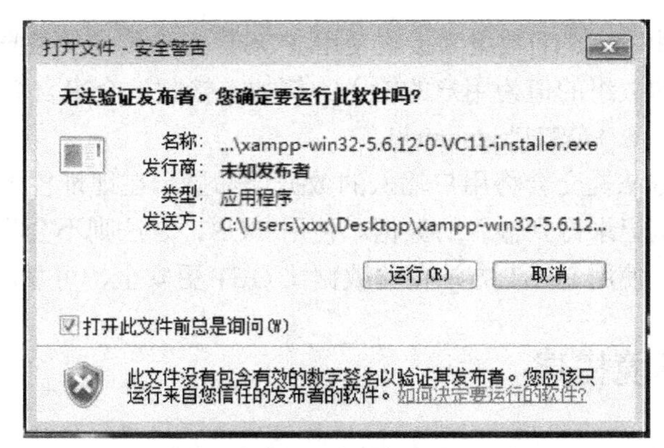

图 1-3 “安全警告”对话框

2）单击“运行”按钮，打开 Question 对话框，如图 1-4 所示。这一步为检测病毒软件影响提示。

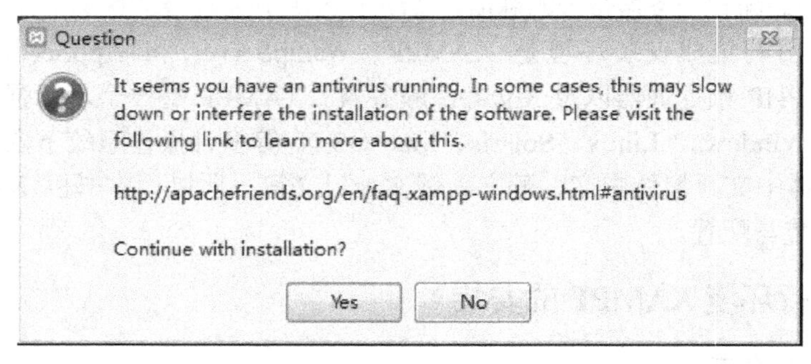

图 1-4 “question”对话框

3）单击“Yes”按钮，打开 Setup 安装页面，如图 1-5 所示。

图 1-5 进入 Setup 安装页面

4）单击“Next”按钮，打开“Select Components”对话框，选择安装功能组件，如图 1-6 所示。

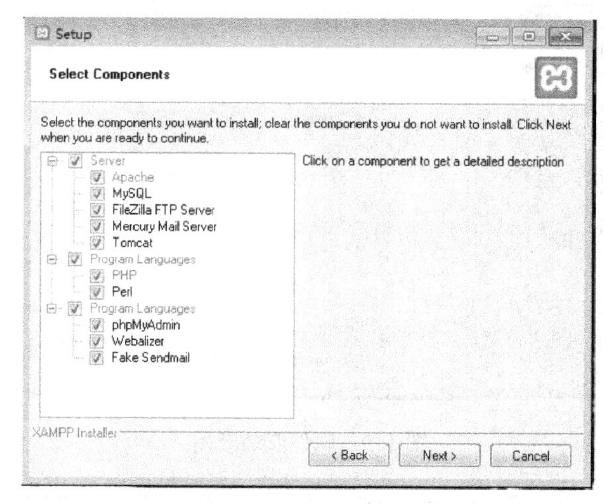

图 1-6　选择安装功能组件

5）单击“Next”按钮，打开“Installation folder”对话框，设置安装目录，如图 1-7 所示。

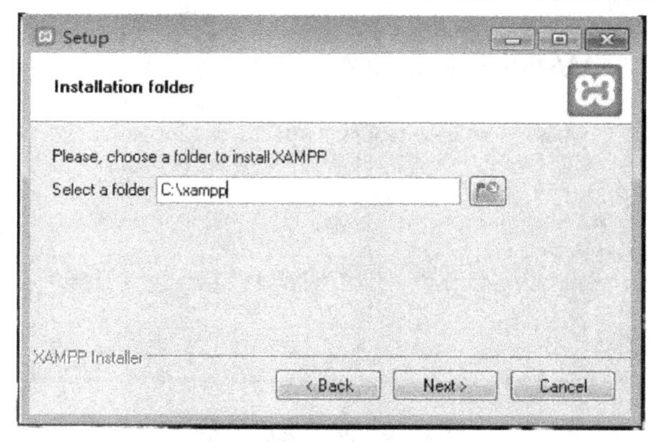

图 1-7　设置安装目录

6）默认安装地址，单击“Next”按钮，打开“Bitnami for XAMPP”对话框，此步为准备开始安装应用提醒，如图 1-8 所示。

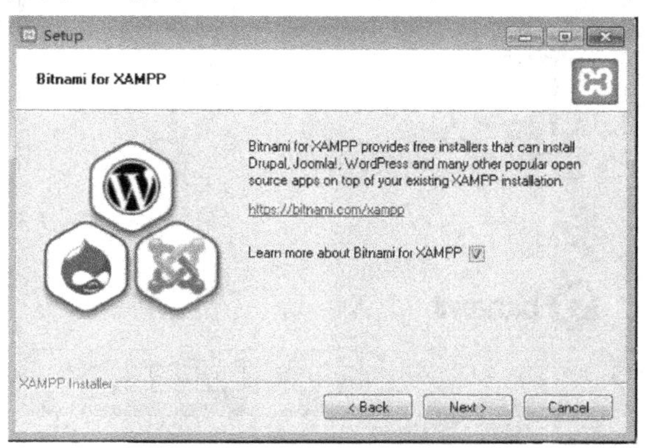

图 1-8　安装应用提醒

7）单击“Next”按钮，进入“Ready to Install”对话框，开始安装软件如图 1-9 所示。

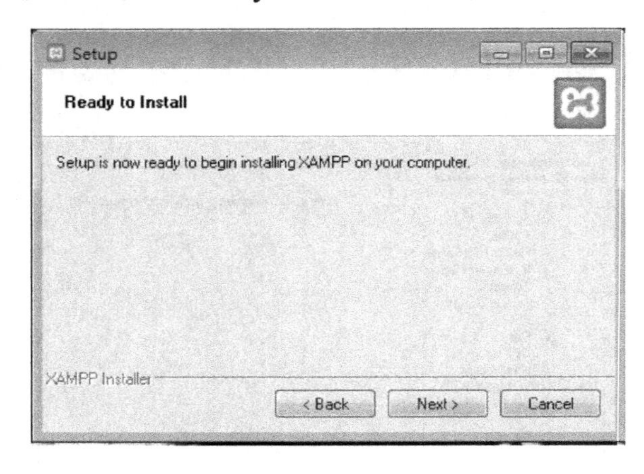

图 1-9　软件安装开始

8）单击“Next”按钮，开始执行安装，并提示安装进度，如图 1-10 所示。

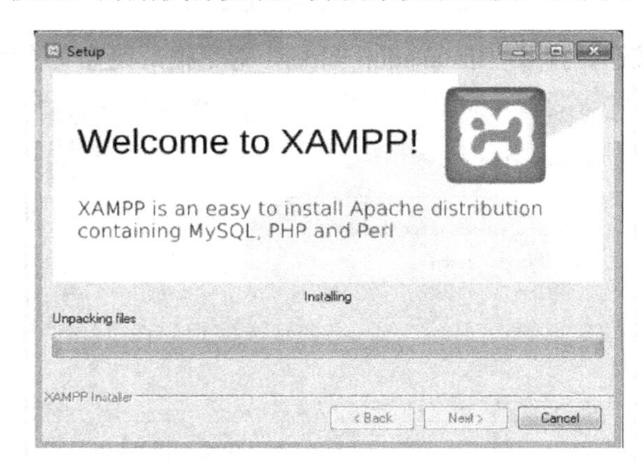

图 1-10　安装进度显示

9）等待安装完成，进入安装完成页面，如图 1-11 所示。

图 1-11　安装完成页面

10）单击“Finish”按钮，安装完成，进入图 1-12 所示 XAMPP 管理页面。

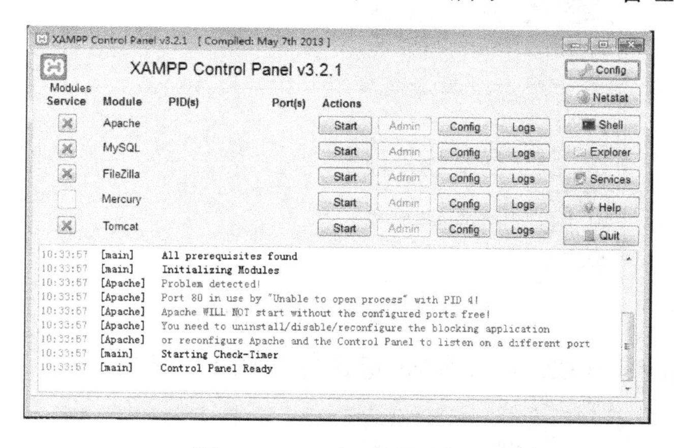

图 1-12 XAMPP 管理页面

11）单击 Apache→“Start”按钮，Apache 服务启动完成，如图 1-13 所示。此时若 80 端口被占用，Apache 将无法启动。

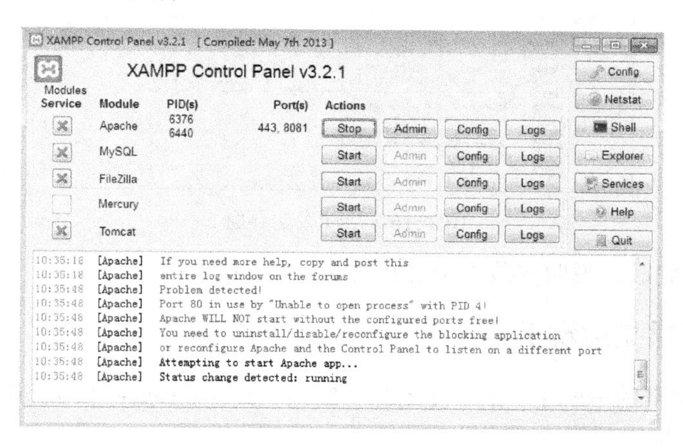

图 1-13 80 端口被占用

12）如果 Apache 无法启动，单击 Apache→Config→httpd.conf 命令把端口后 80 改为 8081，重新启动 Apache，如图 1-14、图 1-15 所示。

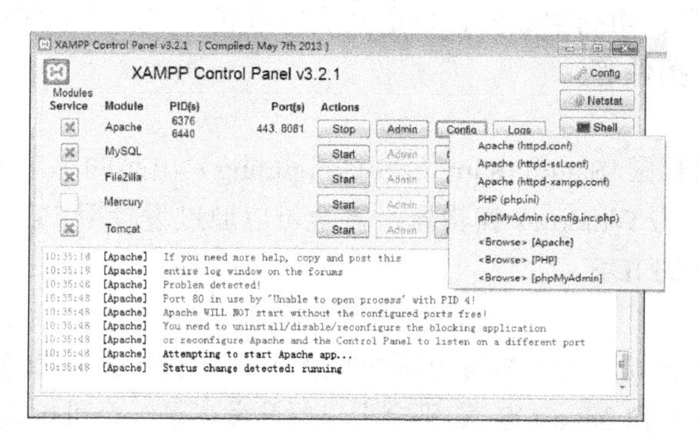

图 1-14 修改端口入口

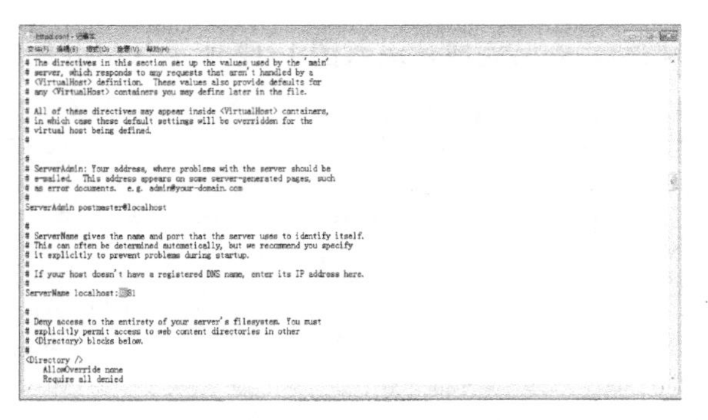

图 1-15　修改端口号为 8081

13）单击 mysql→start 按钮，启动 Mysql 服务，如图 1-16 所示。

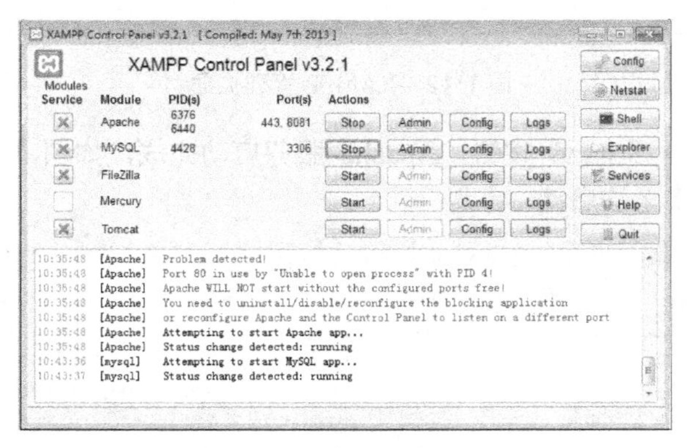

图 1-16　启动成功界面

14）启动服务完成，说明安装 XAMPP 成功。

1.4.2　PHP 开发常见编辑工具

在 PHP 中，常用的编辑工具有 PHPEdit、EditPlus、NetBeans 和 Zend Studio，接下来将分别介绍它们的特点。

1．PHPEdit

PHPEdit 是一款 Windows 操作系统下优秀的 PHP 脚本 IDE（集成开发环境）。该软件为快速、便捷地开发 PHP 脚本提供了多种工具，其功能包括语法关键词高亮、代码提示和浏览、集成 PHP 调试工具、帮助生成器、自定义快捷方式、150 多个脚本命令、键盘模板、报告生成器、快速标记、插件等。

2．EditPlus

EditPlus 是一款由韩国 Sangil Kim（ES-Computing）出品的小巧但功能强大的可处理文本、HTML 和程序语言的 Windows 编辑器，甚至可以通过设置用户工具将其作为 C、Java、PHP 等语言的一个简单的 IDE。

3．NetBeans

NetBeans 是由 Sun 公司（2009 年被甲骨文收购）建立的开放源代码软件开发工具，可以在 Windows、Linux、Solaris 和 Mac OS X 平台上进行开发，是一个可扩展的开发平台。NetBeans 开发环境可供程序员编写、编译、调试和部署程序，还可以通过插件扩展更多功能。

4．Zend Studio

Zend Studio 是 Zend 公司开发的 PHP 语言集成开发环境（IDE），它包括了 PHP 所有必需的开发组件，适合专业开发人员使用。Zend Studio 通过一整套编辑、调试、分析、优化和数据库工具，加快了软件开发周期，简化了复杂的应用方案。

在上述 4 种编辑工具中，PHPEdit 提供了多种开发工具。EditPlus 占用资源少，适合初学者使用。而 NetBeans 和 Zend Studio 虽然功能强大，但占用资源多，使用较为复杂，适合专业的开发人员使用。推荐读者使用 NetBeans 作为开发工具。

1.4.3 NetBeans 的安装与使用

1．NetBeans 的安装过程

1）通过 NetBeans 下载地址：https://netbeans.org/downloads/，进入 NetBeans 下载页面，如图 1-17 所示。下载后，双击安装包，启动安装程序，直接打开“NetBeans IDE 安装程序”对话框，如图 1-18 所示。

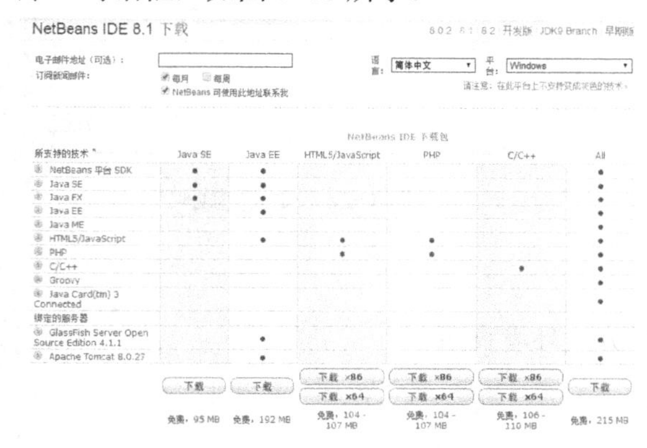

图 1-17　NetBeans 下载页面

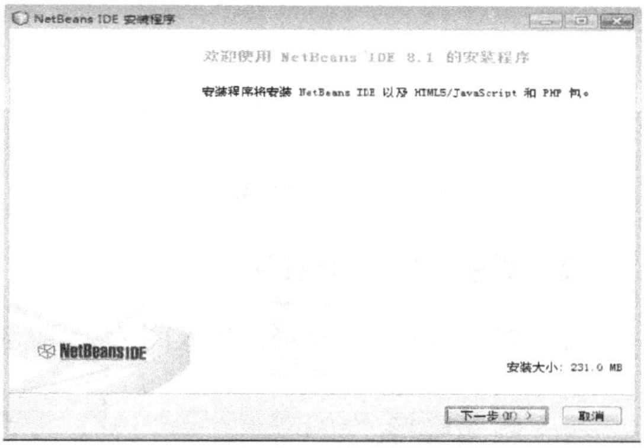

图 1-18　打开“NetBeans IDE 安装程序”对话框

2）单击“下一步”按钮，打开“许可证协议”对话框，如图 1-19 所示，选中“我接受许可协议中的条款”复选框，单击“下一步”按钮。在图 1-20 所示的“选择安装路径”对话框中，显示了 NetBeans 默认安装路径，也可以选择其他路径。

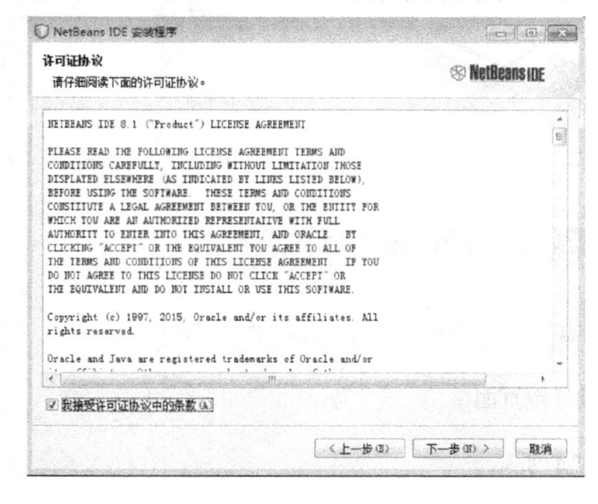

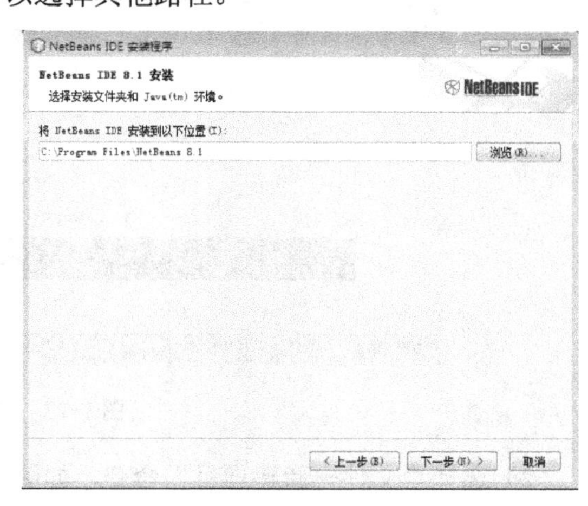

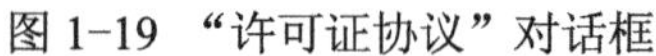

图 1-19　“许可证协议”对话框

图 1-20　选择安装路径

3）图 1-21 显示了 NetBeans 的安装路径，并可以选择是否检查软件更新信息。为了节约安装时间，可以取消选中“检查更新”复选框，不检查更新。最后单击“安装”按钮，执行安装。

4）安装完成后，会显示图 1-22 所示的对话框，NetBeans 安装完成。

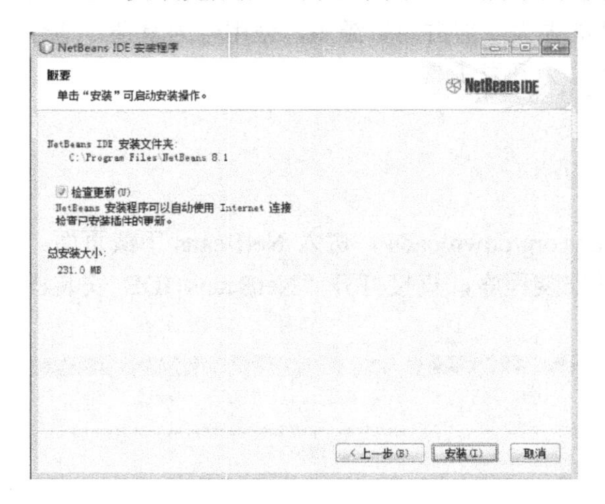

图 1-21　安装概要信息

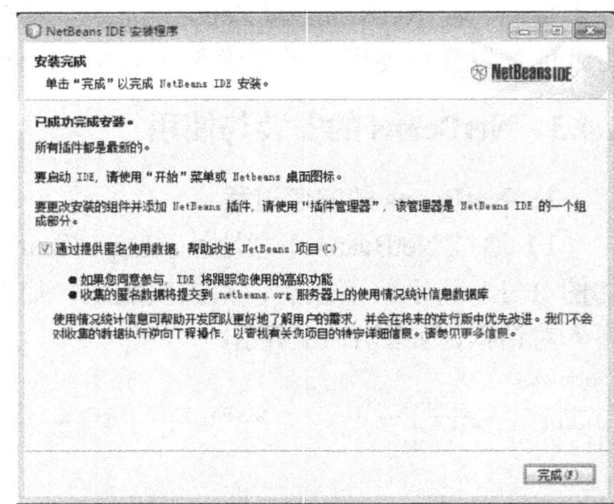

图 1-22　安装完成

2．新建一个工程项目：

1）双击桌面文件，进入图 1-23 所示的开发环境页面。

图 1-23　开发环境页面

2）选择“文件→新建项目”命令，如图 1-24 所示。

图 1-24　新建项目

3）进入新建项目页面，类别选择 PHP，项目选择 php 应用程序，如图 1-25 所示。

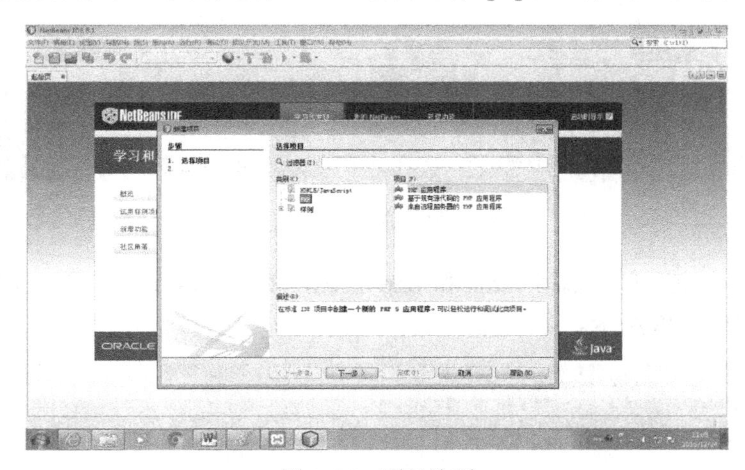

图 1-25　项目选项

4）单击“下一步”按钮，打开“名称和位置”对话框，确定项目保存信息，如图 1-26 所示。

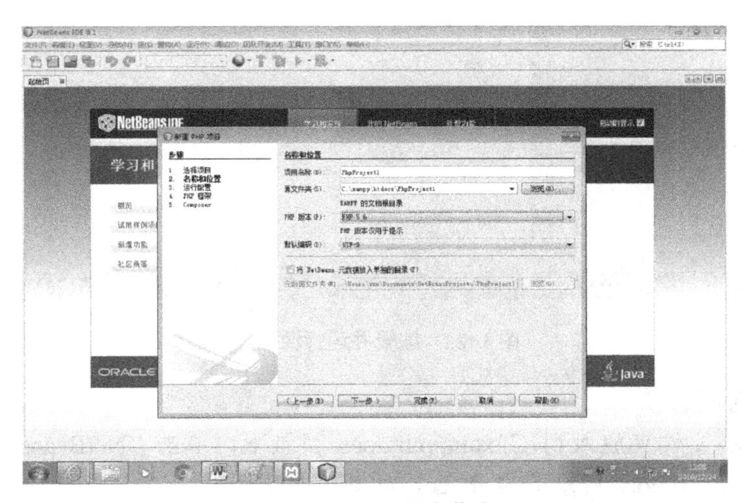

图 1-26　项目保存信息

5）单击“完成”按钮，确定访问路径，如图 1-27 所示。

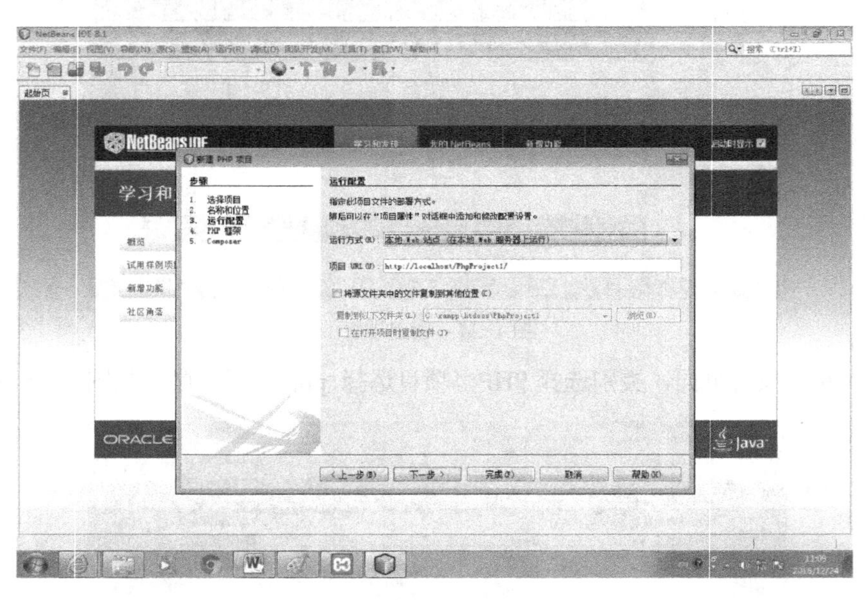

图 1-27　确定访问路径

6）新建了一个空项目，编写 html 和 php 代码，单击“运行”按钮，打开 IE 浏览器中运行该程序，如图 1-28 所示。

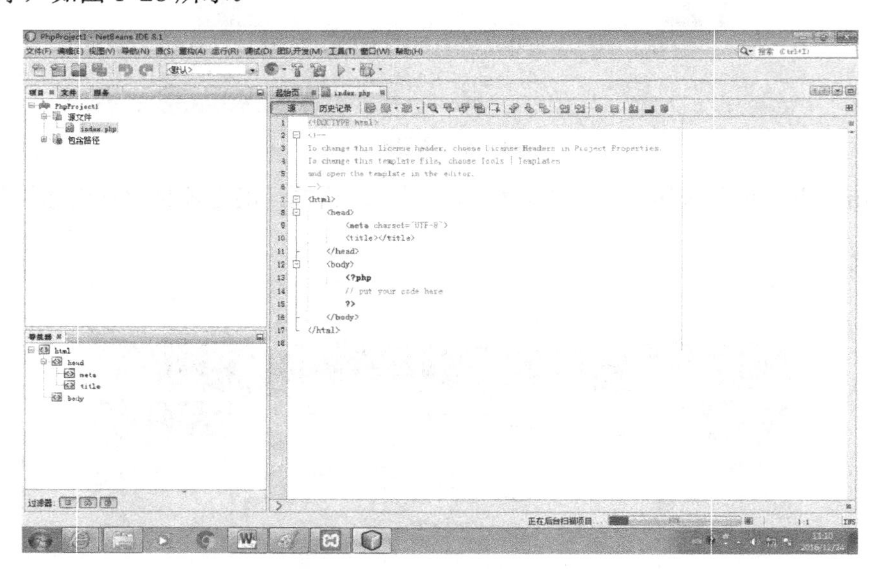

图 1-28　编辑并运行源程序

3．运行现有项目

1）把 zhuce 文件夹放入到 C:\xampp\htdocs 目录下，单击“NetBeans→文件→打开项目”，选择 C:\xampp\htdocs 目录下的 zhuce，如图 1-29 所示。

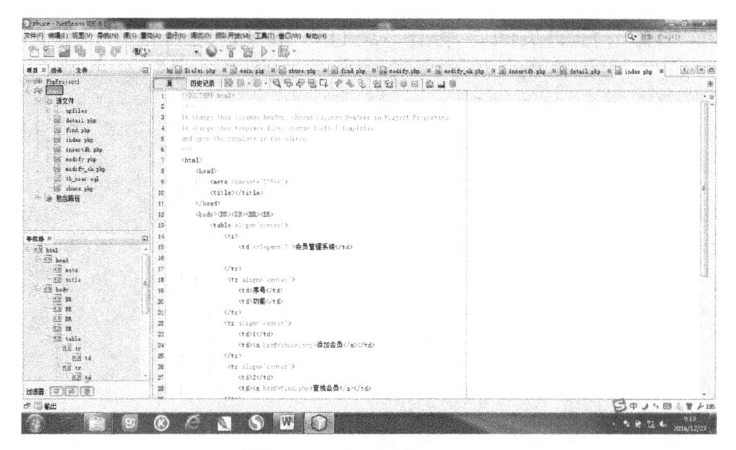

图 1-29　打开项目 zhuce

2）在 mysql 中创建名称为 huiyuan 的数据库，如图 1-30 所示。

```
Create database huiyuan ;
```

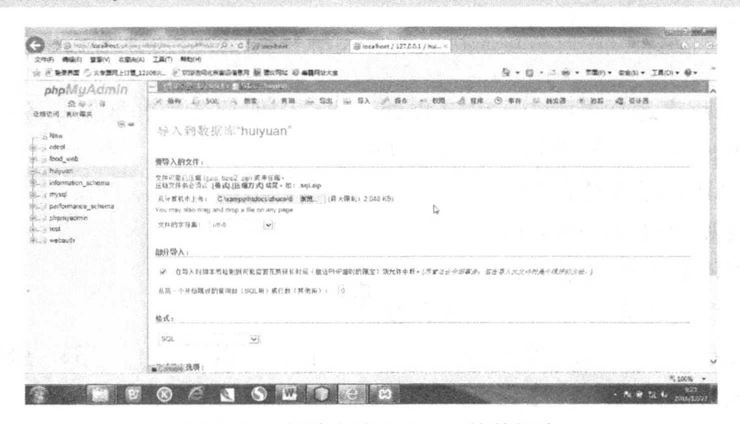

图 1-30　创建名为 huiyuan 的数据库

3）新建成功后，选择 huiyuan 数据库，导入注册的数据库。单击“执行”命令，数据库导入成功，如图 1-31 所示。

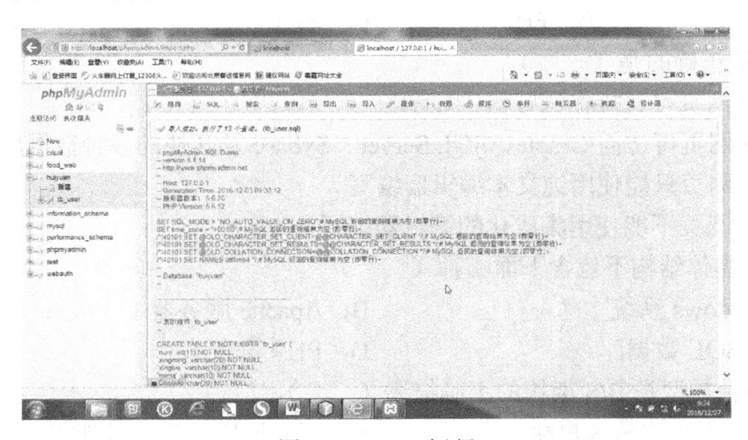

图 1-31　SQL 运行

4）在 NetBeans 中打开注册页面，单击“运行”命令，进行注册，如图 1-32 所示。

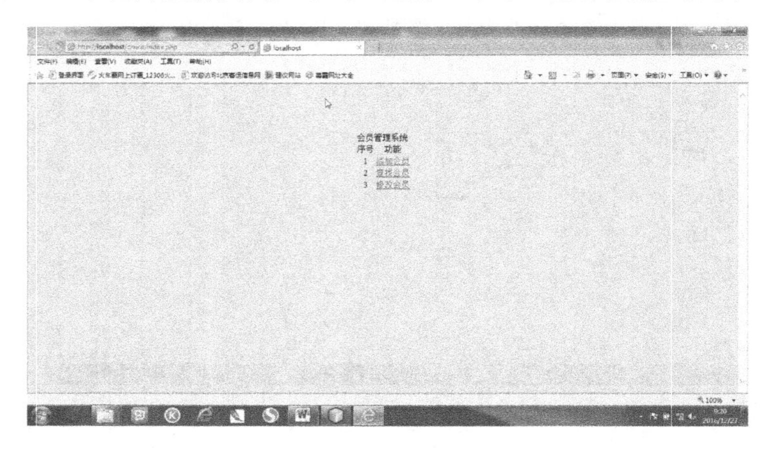

图 1-32　进行注册

思考与练习

1. 简述 PHP 程序运行过程中，PHP 预处理器、Web 服务器和数据库各自的功能。
2. 常见的 Web 服务器和数据库服务器都有哪些？
3. 简述 PHP 程序的工作原理。
4. 静态网页和动态网页的区别有哪些？
5. 简要描述网页的组成以及 HTML 表单元素。
6. PHP 是一种跨平台、（　　）的网页脚本语言。

   A. 可视化　　B. 客户端　　C. 面向过程　　D. 服务器端

7. PHP 网站可称为（　　）。

   A. 桌面应用程序　　B. PHP 应用程序

   C. Web 应用程序　　D. 网络应用程序

8. PHP 网页文件的文件扩展名为（　　）。

   A. EXE　　B. PHP　　C. BAT　　D. CLASS

9. 下列说法正确的是（　　）。

   A. PHP 网页可直接在浏览器中显示

   B. PHP 网页可访问 Oracle、SQL Server、Sybase 及其他的多种数据库

   C. PHP 网页只能使用纯文本编辑器编写

   D. PHP 网页不能使用集成化的编辑器编写

10. LAMP 具体结构不包含下面哪种（　　）。

    A. Windows 系统　　B. Apache 服务器

    C. MySQL 数据库　　D. PHP 语言

11. 以下哪种类型是 B/S 架构的正确描述（　　）。

    A. 需要客户安装客户端　　B. 不需要安装就可以使用

C．依托浏览器的网络系统　　D．不需要服务器的系统

12．PHP 的源码是（　　）。

A．开放的　　B．封闭的　　C．需购买的　　D．完全不可见的

13．读取 post 方法传递的表单元素值的方法是（　　）。

A．$_post["名称"]　　B．$_POST["名称"]

C．$post["名称"]　　D．$POST["名称"]

14．复选框的 type 属性值是（　　）。

A．checkbox　　B．radio　　C．select　　D．check

15．HTML 中，超链接用的是（　　）标签。

A．〈a>　　B．〈table>　　C．〈b>　　D．〈head>

16．HTML 中，title 标签放在什么位置（　　）。

A．body 标签里　　B．head 标签里

C．script 标签里　　D．table 标签里

第2章　PHP语法基础

本章着重讲述 PHP 基本语法以及 PHP 编码规范，详细讲解 PHP 数据类型以及数据输出等知识。通过本章学习可以从整体上了解 PHP 程序的各个组成部分。

2.1　PHP 标记及注释

2.1.1　PHP 标记

所谓标记，就是为了便于与其他内容区分所使用的一种特殊标记，PHP 共支持 4 种标记风格。

1．XML 标记风格

XML 标记风格如下所示。

```
< ?php
echo "这是 XML 标记风格";
? >
```

从上面的代码中可以看到，XML 标记风格是以“<?php”开始，以“?>”结尾的，中间包含的代码就是 PHP 语言代码。这是 PHP 最常用的标记风格，推荐使用这种标记风格，因为它不能被服务器禁用，在 XML、XHTML 中都可以使用。

2．脚本标记风格

脚本标记风格如下所示。

```
<script language="php">
echo "这是脚本风格的标记";
</script>
```

脚本标记风格是以“<script …">”开头，以“</script>”结尾。

3．简短标记风格

简短标记风格如下所示。

```
< ?
echo "这是简短风格的标记";
? >
```

如果想使用这种标记风格开发 PHP 程序，则必须保证 PHP 配置文件“php.ini”中的“short_open_tag”选项值设置为“on”。

4. ASP 标记风格

ASP 标记风格如下所示。

```
<%
echo "这是 ASP 风格的标记";
%>
```

如果想使用这种标记风格开发 PHP 程序，则必须保证 PHP 配置文件“php.ini”中的“asp_tags”设置为“on”。

2.1.2 编码规范

以 PHP 开发为例，编码规范就是融合了开发人员长时间积累下来的经验，形成一种良好统一的编程风格，这种良好统一的编程风格会在团队开发或二次开发时起到事半功倍的效果。编码规范是一种总结性的说明和介绍，并不是强制性的规则。从项目长远的发展以及团队效率来考虑，遵守编码规范是十分必要的。

1. 书写规范

（1）缩进

使用制表符（<Tab>键）缩进，缩进单位为 4 个空格左右。如果开发工具的种类多样，则需要在开发工具中统一设置。

（2）大括号{}

有两种大括号放置规则是可以使用的。

将大括号放到关键字的下方、同列。

```
if ($expr)
{
    …
}
```

首括号与关键词同行，尾括号与关键字同列。

```
if ($expr){
    …
}
```

两种方式并无太大差别，但多数人都习惯选择第一种方式。

（3）关键字、小括号、函数、运算符

不要把小括号和关键字紧贴在一起，要用空格隔开它们。如：

```
if ($expr){                    //if 和"("之间有一个空格
    …
}
```

小括号和函数要紧贴在一起，以便区分关键字和函数。如：

```
round($num)                    //round 和"("之间没有空格
```

运算符与两边的变量或表达式要有一个空格（字符连接运算符“.”除外）。如：

```
while ($boo == true){                    //$boo 和"==", true 和"=="之间都有一个空格
    …
}
```

当代码段较大时，上、下应当加入空白行，两个代码块之间只使用一个空行，禁止使用多行。

尽量不要在 return 返回语句中使用小括号。如：

```
return 1;                                //除非是必要，否则不需要使用小括号
```

2. 命名规范

使用良好的命名也是重要的编程习惯，描述性强的名称让代码更加容易阅读、理解和维护。命名遵循的基本原则是：以标准计算机英文为蓝本，杜绝一切拼音或者拼音英文混杂的命名方式，建议应用语义化的方式命名。

（1）类命名

使用大写字母作为词的分隔，其他的字母均使用小写。

名字的首字母使用大写。

不要使用下划线(“_”)。

如：Name、SuperMan、BigClassObject。

（2）类属性命名

属性命名应该以字符“m”为前缀。

前缀“m”后采用与类命名一致的规则。

“m”总是在名字的开头起修饰作用，就像以“r”开头表示引用一样。

如：mValue、mLongString 等。

（3）方法命名

方法的作用都是执行一个动作，达到一个目的。所以名称应该说明方法是做什么。一般名称的前缀和后缀都有一定的规律，如：Is（判断）、Get（得到）、Set（设置）。

方法的命名规范和类命名是一致的。如：

```
class StartStudy{                        //设置类
    $mLessonOne = "";                    //设置类属性
    $mLessonTwo = "";                    //设置类属性
function GetLessonOne(){                 //定义方法，得到属性 mLessonOne 的值
    …
}
}
```

（4）方法中参数命名

第一个字符使用小写字母。

在首字符后的所有字符都按照类命名规则首字符大写。

如：

```
class EchoAnyWord{
function EchoWord($firstWord, $secondWord){
    …
}
}
```

（5）变量命名

所有字母都使用小写。

使用“_”作为每个词的分界。

如：$msg_error、$chk_pwd 等。

（6）引用变量

引用变量要带有“r”前缀。如：

```
class Example{
    $mExam = “”;
    function SetExam(&$rExam){
        …
}
    function &rGetExam(){
        …
}
}
```

（7）全局变量

全局变量应该带前缀“g”。如：global = $gTest、global = $g。

（8）常量/全局常量

常量/全局常量，应该全部使用大写字母，单词之间用“_”来分隔。如：

```
define('DEFAULT_NUM_AVE',90);
define('DEFAULT_NUM_SUM',500);
```

（9）静态变量

静态变量应该带前缀“s”。如：

```
static $sStatus = 1;
```

（10）函数命名

所有的名称都使用小写字母，多个单词使用“_”来分割。如：

```
function this_good_idear(){
    …
}
```

以上的各种命名规则，可以组合一起来使用。如：

```
class OtherExample{
    $msValue = "";                    //该参数既是类属性，又是静态变量
}
```

2.1.3 代码注释

注释可以理解为代码中的解释和说明，是程序中不可缺少的一个重要元素。使用注释不仅能够提高程序的可读性，而且还有利于程序的后期维护工作。注释不会影响到程序的执行，因为在执行时，注释部分的内容不会被解释器执行。

PHP 的注释有 3 种风格，下面分别进行介绍。

1．C 风格的多行注释（/*…*/）

```
<?php
    /*
    echo "这是第 1 行注释信息";
    echo "这是第 2 行注释信息";
    */
    echo "使用 C 风格的注释";
?>
```

运行结果为：使用 C 风格的注释。

上面代码虽然使用 echo 输出语句分别输出了“这是第一行注释信息”“这是第 2 行注释信息”和“使用 C 风格的注释”，但是因为使用了注释符号“/*…*/”将前面两个输出语句注释掉了，所以没有被程序执行。

2．C++风格的单行注释（//）

```
<?php
echo "使用 C++风格的注释";
//echo "这就是 C++风格的注释";
?>
```

运行结果为：使用 C++风格的注释。

上面代码使用 echo 输出语句分别输出了“使用 C++风格的注释”和“这就是 C++风格的注释”，但是因为使用注释符号（//）将第 2 个输出语句注释掉了，所以不会被程序执行。

3．Shell 风格的注释（#）

```
<?php
echo "这是 Shell 脚本风格的注释";#这里的内容是看不到的
?>
```

运行结果为：这是 Shell 脚本风格的注释。

因为使用了注释符号“#”，所以在#注释符号后面的内容是不会被程序执行的。

注意：在使用单行注释时，注释内容中不要出现“?>”标志，因为解释器会认为这是 PHP 脚本，而去执行“?>”后面的代码。例如：

```
<?php
echo"这样会出错的！"//不会看到?>会看到
?>
```

运行结果为：这样会出错的！会看到?>。

程序注释是书写规范程序时很重要的一个环节。注释主要针对代码的解释和说明，用来解释脚本的用途、版权说明、版本号、生成日期、作者、内容等，有助于对程序的阅读理解。合理使用注释有以下几项原则。

1）注释语言必须准确、易懂、简洁。

2）注释在编译代码时会被忽略，不会被编译到最后的可执行文件中，所以注释不会增加可执行文件的大小。

3）注释可以书写在代码中的任意位置，但是一般写在代码的开头或者结束位置。

注：避免在一行代码或表达式的中间插入注释，否则容易使代码可理解性变差。

4）修改程序代码时，一定要同时修改相关的注释，保持代码和注释的同步。

5）在实际的代码规范中，要求注释占程序代码的比例达到 20%左右，即 100 行程序中包含 20 行左右的注释。

6）在程序块的结束行右方加注释标记，以表明某程序块的结束。

7）避免在注释中使用缩写，特别是非常用缩写。

8）注释与所描述内容进行同样的缩排，可使程序排版整齐，并方便注释的阅读与理解。

2.1.4 PHP 语句及语句块

PHP 程序一般由若干条 PHP 语句构成，每条 PHP 语句完成某项操作。PHP 中每条语句以英文“;”结束，但 PHP 结束标记之前的 PHP 语句可以省略结尾分号“;”。书写 PHP 代码时，一条 PHP 语句一般占用一行，但是一行写多条 PHP 语句或者一条 PHP 语句占用多行也是合法的（可能导致代码的可读性差，不推荐）。

如果多条 PHP 语句之间密不可分，可以使用“{”和“}”将这些 PHP 语句包含起来形成语句块。

2.2 PHP 常量及预定义常量

PHP 有时使用常量实现数据在内存中的存储，使用常量名实现内存数据的按名存取。常量用于存储不经常改变的数据信息。常量的值被定义后，在程序的整个执行期间内，这个值都有效，并且不可再次对该常量进行赋值。PHP 常量分为自定义常量和预定义常量。

2.2.1 声明和使用常量

1．使用 define()函数声明自定义常量

在 PHP 中自定义常量在使用前必须定义，使用 define()函数来定义常量，函数的语法如下：

```
define(string constant_name[,mixed value,case_sensitive=true])
```

define()函数的参数说明如表 2-1 所示。

表 2-1　define 函数的参数说明

参　　数	说　　明
constant_name	必选参数，常量名称，即标志符
value	必选参数，常量的值
case_sensitive	可选参数，指定是否大小写敏感，设定为 True，表示不敏感

注：函数中使用“[]”括起来，表示该参数是“可选参数”（不是必须的）。

2．使用 constant()函数获取常量的值

获取指定常量的值和直接使用常量名输出的效果是一样的。但函数可以动态地输出不同的常量，在使用上要灵活、方便得多。constant()函数的语法如下：

```
mixed constant(string const_name)
```

参数 const_name 为要获取常量的名称。如果成功则返回常量的值，失败则提示错误信息常量没有被定义。

3．使用 defined()函数判断常量是否已经被定义

defined()函数的语法如下：

```
bool defined(string constant_name);
```

参数 constant_name 为要获取常量的名称，成功则返回 true，否则返回 false。

【例 2-1】 使用 define()函数来定义名为 MESSAGE 的常量，使用 constant()函数来获取该常量的值，最后再使用 defined()函数来判断常量是否已经被定义。

```
<?php
/*使用 define()函数来定义名为 MESSAGE 的常量，并为其赋值为“能看到一次”，然后分别输出常量 MESSAGE 和 Message，因为没有设置 Case_sensitive 参数为 true，所以表示大小写敏感，因此执行程序时，解释器会认为没有定义该常量而输出提示，并将 Message 作为普通字符串输出 */
define("MESSAGE","能看到一次");
echo MESSAGE;
echo Message;
/*使用 define()函数来定义名为 COUNT 的常量，并为其赋值为“能看到多次”，并设置 Case_sensitive 参数为 true，表示大小写不敏感，分别输出常量 COUNT 和 Count，因为设置了大小写不敏感，因此程序会认为它和 COUNT 是同一个常量，同样会输出值*/
define("COUNT","能看到多次",true);
echo "<br>";
echo COUNT;
echo "<br>";
echo Count;
echo "<br>";
echo constant("Count");          //使用 constant 函数来获取名为 Count 常量的值，并输出
echo "<br>";                     //输出空行符
echo (defined("MESSAGE"));       //判断 MESSAGE 常量是否已被赋值，如果已被赋值输出“1”，如果未被赋值则返回 false
?>
```

运行结果如下：

```
能看到一次
Notice: Use of undefined constant Message - assumed 'Message' in C:\xampp\htdocs\chap2\index.php on line 17
Message
能看到多次
能看到多次
能看到多次
```

注：常量定义时应注意以下几点。

1）常量必须使用 define()函数定义，常量名前面不加前缀“$”符。

2）常量名由字母或者下划线开头，后面跟上任意数量的字母、数字或者下划线。

3）常量名可以全部大写、全部小写或者大小写混合，但是一般习惯是全部大写。

4）常量的作用域是全局的，不存在使用范围的问题，可以在程序任意位置进行定义和使用。

5）常量一旦被定义，其值不能在程序运行过程中修改，也不能被销毁。

2.2.2 预定义常量

内存中专门为常量的存储分配了一个空间：常量存储区。常量存储区是一块比较特殊的存储空间，位于该存储空间的常量是全局的，且在程序运行期间不能修改和销毁。PHP 中提供了很多预定义常量，可以获取 PHP 中的信息，但不能任意更改这些常量的值。预定义常量的名称及其作用如表 2-2 所示。

表 2-2 PHP 中预定义常量

常 量 名	功 能
__FILE__	默认常量，PHP 程序文件名
__LINE__	默认常量，PHP 程序行数
PHP__VERSION	内建常量，PHP 程序的版本，如“3.0.8_dev”
PHP__OS	内建常量，执行 PHP 解析器的操作系统名称，如“Windows”
TRUE	这个常量是一个真值（true）
FALSE	这个常量是一个假值（false）
NULL	一个 null 值
E__ERROR	这个常量指到最近的错误处
E__WARNING	这个常量指到最近的警告处
E__PARSE	这个常量指解析语法有潜在问题处
E__NOTICR	这个常量为发生不寻常，但不一定是错误处

注：__FILE__和__LINE__中的“__”是两条下划线，而不是一条“_”。表中以 E_开头的预定义常量，是 PHP 的错误调试部分。如需详细了解，请参考 error_reporting()函数的使用。

【例 2-2】 下面使用预定义常量来输出 PHP 中的一些信息。

```
<?php
echo "当前文件路径为：".__FILE__;                //使用__FILE__常量获取当前文件路径
echo "<br>";
echo "当前行数为：".__LINE__;                    //使用__LINE__常量获取当前所在行数
echo "<br>";
echo "当前 PHP 版本信息为：".PHP_VERSION;   //使用 PHP_VERSION 常量获取当前 PHP 版本
echo "<br>";
echo "当前操作系统为：".PHP_OS;               //使用 PHP_OS 常量获取当前操作系统
?>
```

运行结果如下：

```
当前文件路径为：C:\xampp\htdocs\chap2\index.php
当前行数为：16
当前 PHP 版本信息为：5.6.24
当前操作系统为：WINNT
```

2.3 PHP 变量

变量是可以随时改变的量，主要用于存储临时数据，是编码程序中尤为重要的一部分。在定义变量的时候，通常要为其赋值，所以在定义变量的同时，系统会自动为该变量分配一个存储空间来存储变量的值。

2.3.1 声明变量

1．变量的定义

在 PHP 中变量的语法格式如下：

```
$变量名称=变量的值
```

2．变量的命名规则

1）在 PHP 中的变量名是区分大小写的。

2）变量名必须是以符号“$”开始。

3）变量名开头可以以下划线开始。

4）变量名不能以数字字符开头。

5）变量名可以包含一些扩展字符（如重音拉丁字母），但不能包含非法扩展字符（如汉字字符和汉字字母）。

【例 2-3】 命名举例。

正确的变量命名：

```
$name="cau";              //定义一个变量，变量名为$name 变量值为 cau
$_pwd="abc123";           //定义一个变量，变量名为$pwd 变量值为 abc123
$_123number=87665;        //定义一个变量，变量名为$123number 变量值为 87665
$_Class="roof";           //定义一个变量，变量名为$_Class 变量值为 roof
```

错误的变量命名：

```
$11112_var=11112;            //变量名不能以数字字符开头
 $~%$_var="Lit";             //变量名不能包含非法字符
```

2.3.2 变量赋值

变量的赋值有三种方式。

（1）直接赋值

直接赋值就是使用“=”直接将值赋给某变量，例如：

```
<?php
$name=cau;
$number=110;
echo $name;
echo $number;
?>
```

运行结果为：

```
cau
110
```

上例中分别定义了$name 变量和$number 变量，并分别为其赋值，然后使用 echo 输出语句输出变量的值。

（2）传值赋值

传值赋值就是使用“=”将一个变量的值赋给另一个变量，例如：

```
<?php
$a=18;
$b=$a;
echo $a."<br>";
echo $b;
?>
```

运行结果为：

```
18
18
```

在上面的例子中，先定义变量 a 并赋值为 18，然后又定义变量 b，并设置变量 b 的值等于变量 a 的值，此时变量 b 的值也为 18。

（3）引用赋值

引用赋值是一个变量引用另一个变量的值，例如：

```
<?php
$a=18;
```

```
$b=&$a;
$b=28;
echo $a."<br>";
echo $b;
?>
```

运行结果为：

```
28
28
```

仔细观察一下，“$b=&$a”中多了一个“&”符号，这就是引用赋值。当执行“$b=&$a”语句时，变量 b 将指向变量 a，并且和变量 a 共用同一个值。

当执行“$b=28”时，变量 b 的值发生了变化，此时由于变量 a 和变量 b 共用同一个值，所以当变量 b 的值发生变化时，变量 a 也随之发生变化。

2.3.3 变量作用域

变量的作用域是指变量在哪些范围能被使用，在哪些范围不能被使用。PHP 中分为 3 种变量作用域，分别为局部变量、全局变量和静态变量。

1．局部变量

局部变量就是在函数的内部定义的变量，其作用域是所在函数。

【例 2-4】 自定义一个名为 example()的函数，然后分别在该函数内部及函数外部定义并输出变量 a 的值，具体代码如下：

```
<?php
function example(){
      $a="hello php!";          //在自定义函数 example()中定义变量 a
      echo "在函数内部定义的变量 a 的值为：".$a."<br>";
}
example();
$a="hello china!";              //在函数外部定义变量 a
echo "在函数外部定义的变量 a 的值为：".$a."<br>";
?>
```

运行结果为：

```
在函数内部定义的变量 a 的值为：hello php!
在函数外部定义的变量 a 的值为：hello china!
```

2．全局变量

全局变量是被定义在所有函数以外的变量，其作用域是整个 PHP 文件，但是在用户自定义函数内部是不可用的。想在用户自定义函数内部使用全局变量，要使用 global 关键词声明。

【例 2-5】 定义一个全局变量，并且在函数内部输出全局变量的值。

```
<?php
```

```
$a="hello php!";                    //在自定义函数外部声明一个变量 a
function example(){                 //自定义一个函数，名为 example
    global $a;                      //使用 global 关键词声明并使用在函数外部定义的变量 a
    echo "在函数内部获得变量 a 的值为：".$a."<br>";
}
example();
?>
```

运行结果为：

```
在函数内部获得变量 a 的值为：hello php!
```

3．静态变量

通过对全局变量的认识，可以知道在函数内部定义的变量，在函数调用结束后，其变量将会失效。但有时仍然需要该函数内的变量有效，此时就需要将变量声明为静态变量，声明静态变量只需在变量前加“static”关键字即可。

【例 2-6】 分别在函数内声明静态变量和局部变量，并且执行函数，比较执行结果有什么不同。

```
<?php
function example(){
    static $a=10;     //定义静态变量
    $a+=1;
    echo "静态变量 a 的值为：".$a."<br>";
}
function xy(){
    $b=10;            //定义局部变量
    $b+=1;
    echo "局部变量 b 的值为：".$b."<br>";
}
example();            //一次执行该函数体
example();            //二次执行该函数体
example();            //三次执行该函数体
xy();                 //一次执行该函数体
xy();                 //二次执行该函数体
xy();                 //三次执行该函数体
?>
```

运行结果为：

```
静态变量 a 的值为：11
静态变量 a 的值为：12
静态变量 a 的值为：13
局部变量 b 的值为：11
局部变量 b 的值为：11
局部变量 b 的值为：11
```

2.3.4 可变变量

可变变量是一种独特的变量，这种变量的名称是由另外一个变量的值来确定的，声明可变变量的方法是在变量名称前加两个“$”符号。

声明可变变量的语法如下：

```
$$可变变量名称=可变变量的值
```

【例 2-7】 下面举例说明声明可变变量的方法，具体代码如下:

```
<?php
$a="cau";                  //定义变量
$$a="bccd";                //声明可变变量，该变量名称为变量 a 的值
echo $a."<br>";            //输出变量 a
echo $$a."<br>";           //输出可变变量
echo $cau;                 //输出变量$cau
?>
```

运行结果为：

```
cau
bccd
bccd
```

2.3.5 外部变量

在 PHP 中，把程序中定义的变量叫内部变量，而把表单中定义的变量（即控件名称）、URL 中的参数名统称为外部变量，其值通过预定义变量$_POST、$_GET、$_REQUEST 获得。比如：带参数超链接 <a href="php 文件名？参数名=值&参数名=值">。

① $_POST["表单变量"]：取得从客户端以 POST 方式传递过来的表单变量的 value 值。

② $_GET["表单变量"]：取得从客户端以 GET 方式传递过来的表单变量的 value 值。

③ $_REQUEST["表单变量"]：取得从客户端以任意方式传递过来的表单变量的 value 值。

④ $_REQUEST["参数名"]：取得从客户端传递过来的参数值。

【例 2-8】 利用 POST 和 GET 方式提交表单，演示外部变量的使用。

```
<html>
<head>
<meta http-equiv="Content-Type" content="text/html; charset=utf-8" />
</head>
<body>
<form name="form1" method="post" action="">
用 POST 发送的学号：98044066
      <input type="text" name="XH" id="XH" />
      <input type="submit" name="btnsubmit 1"   value="提交" />
</form>
```

```
<form name="form2" method="get" action="">
用 GET 发送的姓名：李爱妮
    <input type="text" name="XM" id="XM" />
    <input type="submit" name="btnsubmit 2" value="提交" />
</form>
<?php
//使用$_POST 接收表单变量的值。
if(isset($_POST[' btnsubmit 1']))
  echo '学号：'.$_POST['XH'];
//使用$_GET 接收表单变量的值
if(isset($_GET[' btnsubmit 2']))
  echo '姓名：'.$_GET['XM'];
?>
</body>
</html>
```

运行结果为：

```
用 POST 发送的学号：98044066，单击提交后，显示："学号：98044066"；
用 GET 发送的姓名：李爱妮，单击提交后，显示："姓名：李爱妮"。
```

2.3.6 变量或常量数据类型查看函数

PHP 为变量或常量提供了常看数据类型的函数：gettype()函数和 var_dump()函数。

1．gettype()函数

语法格式：string gettype (mixed var)

函数功能：gettype()函数需要变量名（带$符号）或常量名作为参数，该函数返回变量或常量的数据类型，这些数据类型包括 integer、double、string、array、object、unknown type 等。

2．var_dump()函数

语法格式：void var_dump (mixed var)

函数功能：var_dump()函数需要传递一个变量名（带$符号）或常量名作为参数，该函数可以得到变量或常量的数据类型以及对应的值，并将这些信息输出。

函数说明：调试程序时，经常使用 var_dump()函数查看变量或常量的值、数据类型等信息。

【例 2-9】 变量或常量数据类型查看函数应用。

```
<?php
define("USERNAME","root");
$score = 97.0;
$age = 20;
$words = array(2,4,6,8,10);
echo gettype(USERNAME);
echo "<br/>";
```

```
echo gettype($score);
echo "<br/>";
echo gettype($age);
echo "<br/>";
echo gettype($words);
echo "<br/>";
var_dump(USERNAME);
echo "<br/>";
var_dump($score);
echo "<br/>";
var_dump($age);
echo "<br/>";
var_dump($words);
?>
```

运行结果如下：

```
string
double
integer
array
string(4) "root"
float(97)
int(20)
array(5) { [0]=> int(2) [1]=> int(4) [2]=> int(6) [3]=> int(8) [4]=> int(10) }
```

2.4 PHP 数据类型

计算机操作的对象是数据，而每一个数据都有其类型，具备相同类型的数据才可以彼此操作。PHP 的数据与传统的高级语言相同之处如下。

1）PHP 使用变量或常量实现数据在内存中的存储，并使用变量名（例如$userName）或常量名（例如 PI）实现了内存数据的按名存取。

2）PHP 使用等于号“=”（赋值运算符）给变量赋值。

3）PHP 不允许直接访问一个未经初始化的变量，否则 PHP 预处理器会提示 Notice 信息。

4）PHP 提供变量作用域的概念实现内存数据的安全访问控制。

5）PHP 引入了数据类型的概念修饰和管理数据。

PHP 与传统的高级语言不同之处如下。

1）PHP 变量名之前要加“$”符号标识，例如 $userName 变量。

2）PHP 是一种“弱类型的语言”，声明变量或常量时，不需要事先声明变量或常量的数据类型，PHP 会自动由 PHP 预处理器根据变量的值将变量转换成适当的数据类型。

PHP 的数据类型可以分为 4 种：标量数据类型、复合数据类型、特殊数据类型和伪类型。其中标量数据类型共有 4 种：布尔型、整型、浮点型和字符串型；复合数据类型共有两种：数组和对象；特殊数据类型有资源数据类型和空数据类型；伪类型通常在函数的定义中使用。

2.4.1 标量数据类型

标量数据类型是数据结构中最基本的单元，只能存储一个数据。PHP 中标量数据类型包括 4 种，如表 2-3 所示。

表 2-3 标量数据类型

类　型	说　明
boolean（布尔型）	这是最简单的类型。只有两个值，真（true）和假（false）
string（字符串型）	字符串就是连续的字符序列，可以是计算机所能表示的一切字符的集合
integer（整型）	整型数据类型只能包含整数。这些数据类型可以是正数或负数
float（浮点型）	浮点数据类型用来存储数字，和整型不同的是它有小数位

下面对各个数据类型进行详细介绍。

1．布尔型（boolean）

布尔型是 PHP 中较为常用的数据类型之一。它保存一个真值（TRUE）或者假值（FALSE）。布尔型数据的用法如下所示：

```
<?php
$a=TRUE;
$c=FALSE;
?>
```

注：使用 echo 输出 TRUE 时，TRUE 被自动地转换为整数 1；使用 echo 输出 FALSE 时，FALSE 被自动地转换为空字符串。

2．字符串型（string）

字符串是连续的字符序列，由数字、字母和符号组成。字符串中的每个字符只占用一个字节。字符包含以下几种类型。

1）数字类型。例如 1、2、3 等。

2）字母类型。例如 a、b、c、d 等。

3）特殊字符。例如#、$、%、^、&等。

4）不可见字符。例如\n（换行符）、\r（回车符）、\t（Tab 字符）等。

其中，不可见字符是比较特殊的一组字符，是用来控制字符串格式化输出的，在浏览器上不可见，只能看到字符串输出的结果。

【例 2-10】 运用 PHP 的不可见字符串完成字符串的格式输出。

```
<?php
echo "PHP 虚拟现实技术及应用\r 网站开发与设计\n 数据库原理及应用基础\t 程序设计基础训练";
//输出字符串
?>
```

运行结果为，在 IE 浏览器中不能直接看到不可见字符串（\r、\n 和\t）的作用效果。只有通过“查看源文件”才能看到不可见字符串的作用效果。

在 PHP 中，定义字符串有 3 种方式：单引号（'）、双引号（"）、界定符（<<<）。

单引号和双引号是经常被使用的定义方式，定义格式如下。

```
$a ='字符串';
```

或：

```
$a ="字符串";
```

注：

1）双引号中所包含的变量会自动被替换成实际数值，而在单引号中包含的变量则按普通字符串输出。

2）在定义字符串时，尽量使用单引号，因为单引号的运行速度要比双引号快。

【例 2-11】 使用单引号、双引号、界定符输出变量的值。

```
<?php
        $a="开放的中国农业大学欢迎您";
        echo "$a"."<br>";                  //使用双引号输出变量
        echo '$a'."<br>";                 //使用单引号输出$a
        //使用界定符输出变量
        echo <<<std
        $a
        std;
?>
```

运行结果为：

```
开放的中国农业大学欢迎您
$a
开放的中国农业大学欢迎您
```

注：使用界定符输出字符串时，结束标识符必须单独另起一行，并且不允许有空格。如果在标识符前后有其他符号或字符，则会发生错误。

3．整型（integer）

整型数据类型只能包含整数，即包含小数点的实数。在 32 位的操作系统中，有效的范围是-2 147 483 648～+2 147 483 647。整型数可以用十进制、八进制和十六进制来表示。如果用八进制，数字前面必须加 0，如果用十六进制，则需要加 0x。

【例 2-12】 输出八进制、十进制和十六进制的结果。

```
<?php
    $str1 = 12;                    //八进制变量
    $str2 = 012;                   //十进制变量
    $str3 = 0x12;                  //十六进制变量
```

```
        echo "数字 12 不同进制的输出结果：<p>";
        echo "十进制的结果是：$str1<br>";
        echo "八进制的结果是：$str2<br>";
        echo "十六进制的结果是：$str3";
?>
```

运行结果如下：

```
数字 12 不同进制的输出结果：
十进制的结果是：12
八进制的结果是：10
十六进制的结果是：18
```

注：如果给定的数值超出了 int 类型所能表示的最大范围，将会被当作 float 型处理，这种情况叫作整数溢出。同样，如果表达式的最后运算结果超出了 int 的范围，也会返回 float 型。

如果在 64 位的操作系统中，其运行结果可能会有所不同。

4．浮点型（float）

浮点数据类型可以用来存储整数，也可以保存小数。它提供的精度比整数大得多。在 32 位的操作系统中，有效的范围是 1.7E−308～1.7E+308。在 PHP 4.0 以前的版本中，浮点型的标识为 double，也叫双精度浮点数，两者没什么区别。

浮点型数据默认有两种书写格式，一种是标准格式，如下所示。

```
3.1415
0.333
-15.8
```

还有一种是科学记数法格式，如下所示。

```
1.58E1
849.72E-3
```

例如：

```
<?php
$a=1.36;
$b=2.35;
$c=1.58E1;              //该变量的值为 1.58*10
?>
```

注：浮点型的数值只是一个近似值，所以要尽量避免浮点型之间比较大小，因为最后的结果往往是不准确的。

2.4.2 复合数据类型

复合数据类型包括两种：array（数组）和 object（对象）。

1．数组（array）

数组是一组数据的集合，它把一系列数据组织起来，形成一个可操作的整体。数组中可以包括很多数据：标量数据、数组、对象、资源，以及PHP中支持的其他语法结构等。

数组中的每个数据称为一个元素，每个元素都有一个唯一的编号，称为索引。元素的索引只能由数字或字符串组成。元素的值可以是多种数据类型。

定义数组的语法格式如下。

```
$array['key'] = 'value';
```

或

```
$array(key1 => value1, key2 => value2…)
```

其中参数key是数组元素的索引，value是数组元素的值。

【例2-13】 数组应用示例。

```
<?php
$array[0]="虚拟现实技术及应用";                //定义$array数组的第1个元素
$array[1]="网站开发与设计";                    //定义$array数组的第2个元素
$array[2]="数据库原理及应用基础";              //定义$array数组的第3个元素
$number=array(0=>'虚拟现实技术及应用',1=>'网站开发与设计',2=>'数据库原理及应用基础'); //定义$number数组的所有元素
echo $array[0]."<br>";                         //输出$array数组的第1个元素值
echo $number[1];                               //输出$number数组的第2个元素值
?>
```

运行结果为：

```
虚拟现实技术及应用
网站开发与设计
```

PHP数组与传统高级语言的数组的不同之处如表2-4所示。

表2-4　PHP数组与传统高级语言数组的区别

区别点	传统高级语言的数组	PHP数组
下标（键）	必须从0开始，顺序连续的整数	可以是整数，也可以浮点数和字符串
元素数据类型	必须是同类型数据	可以标量数据类型数据，也可以是复合数据类型数据（如数组，对象）
长度	都是静态的，即在定义数组前必须指定数组的长度	是动态的，在定义数组时不必指定数组的长度

【例2-14】 数组区别应用示例。

```
<?php
$numbers = array(5,4,3,2,1);
$words = array("OS","MIS","database"=>"MySQL");
echo $numbers[2];              //输出：3
echo "<br/>";
```

```
echo $words["database"];      //输出:MySQL
?>
```

运行结果如下：

```
3
MySQL
```

2．对象（object）

客观世界中的一个事物就是一个对象，每个客观事物都有自己的特征和行为。从程序设计的角度来看，事物的特征就是数据，也叫成员变量；事物的行为就是方法，也叫成员方法。面向对象的程序设计方法就是利用客观事物的这种特点，将客观事物抽象为“类”，而类是对象的“模版”。

【例 2-15】 对象的应用。

```
<?php
class Movie{
    //下面是 Student 类的成员变量
    public $name;
    public $star;
    public $date;
    //下面是 Student 类的成员方法
    function getName(){
    //this 是指向当前对象
        return $this->name;
    }
    function setName($name){
        $this->name = $name;
    }
}
$movie = new Movie();
$movie->setName("战狼 II。");
echo $movie->getName();
?>
```

运行结果为：战狼 II。

上述例子中，通过使用 new 关键字实例化一个$movie 对象，然后通过如下方式访问该对象的成员变量和成员方法。

访问成员变量的方法：对象->成员变量（如$movie ->name）。

访问成员方法的方法：对象->成员方法（如$movie->getName()）。

其他有关面向对象的技术可以参考本书后面的内容。

2.4.3 特殊数据类型

特殊数据类型包括两种：resource（资源）和 null（空值）。

1．资源（resource）

资源是由专门的函数来建立和使用的。它是一种特殊的数据类型，并由程序员分配。在使用资源时，要及时地释放不需要的资源。如果程序员忘记了释放资源，系统自动启用垃圾回收机制，避免内存消耗殆尽。例如，一个“数据库的连接”就是一个资源。

2．空值（null）

空值，顾名思义，表示没有为该变量设置任何值，另外，空值（null）不区分大小写，null 和 NULL 效果是一样的。被赋予空值的情况有以下 3 种：没有赋任何值、被赋值为 null、被 unset()函数处理过的变量。

下面分别对这 3 种情况举例说明，具体代码如下：

```
<?php
$a;                     //没有赋值的变量
$b=NULL;                //被赋空值的变量
$c=3;
unset($c);              //使用 unset()函数处理后，$c 的值为空
var_dump($a);
var_dump($b);
var_dump($c);
?>
```

运行结果为：

```
Notice: Undefined variable: a in C:\xampp\htdocs\chap2\index.php on line 18
NULL NULL
Notice: Undefined variable: c in C:\xampp\htdocs\chap2\index.php on line 20
NULL
```

注：

1）var_dump()方法，判断一个变量的类型与长度，并输出变量的数值，如果变量有值，则输出是变量的值，并返回数据类型。

显示关于一个或多个表达式的结构信息，包括表达式的类型与值。数组将递归展开值，通过缩进显示其结构。

2）取消变量定义 unset()函数, unset()函数语法格式为：void　unset (mixed var)。

函数功能：取消变量 var 的定义。该函数的参数为变量名(带$符号)，函数没有返回值。

3）isset()函数,语法格式为：bool isset (mixed var)。

函数功能：检查变量 var 是否定义。该函数参数为变量名（带$号），如果变量已经定义，该函数返回布尔值 true，否则返回 false。

2.4.4　伪类型

PHP 引入 4 种伪类型用于指定一个函数的参数或返回类型。常见有如下 4 种。

1）mixed 混合类型：mixed 说明一个参数可以接受多种不同的类型，但并不是所有的类型。

2）number 数字类型：number 参数可以接受 integer 整型和 float 浮点型。

3）callback 回调类型：例如 call_user_func()函数就可接收用户自定义的函数作为一个参

数，它是 PHP 的一个内置函数。callback 函数不仅可以是一个函数，也可以是一个对象的方法，静态类的方法也可以。一个 PHP 函数用函数名字符串来传递，可以传递任何内置的或者用户自定义的函数，除了语言结构例如 array()、echo()、empty()、eval()、exit()、isset()、list()、print()、unset()等。

如果要传入一个对象的方法，需要以数组的形式来传递，数组下标 0 是对象名，下标 1 是方法名。要是没有实例化为对象的静态类，要传递其方法，要将数组 0 下标指明的对象名换成该类的名称。

除了普通的用户定义的函数外，也可以使用 create_function 来创建一个匿名的回调函数。

4）void：说明函数没有参数或返回值。

注：伪类型不能作为变量的数据类型，使用伪类型主要是为了确保函数的易读性。

2.4.5 转换数据类型

PHP 中的类型转换和 C 语言一样，非常简单。在变量前面加上一个小括号，并把目标数据类型写在小括号中即可。

PHP 中允许转换的类型如表 2-5 所示。

表 2-5 类型强制转换

转换函数	转换类型	举例
(boolean),(bool)	将其他数据类型强制转换成布尔型	$a=1; $b=(boolean)$a; $b=(bool)$a;
(string)	将其他数据类型强制转换成字符串型	$a=1; $b=(string)$a;
(integer),(int)	将其他数据类型强制转换成整型	$a=1; $b=(int)$a; $b=(integer)$a;
(float),(double),(real)	将其他数据类型强制转换成浮点型	$a=1; $b=(float)$a; $b=(double)$a; $b=(real)$a;
(array)	将其他数据类型强制转换成数组	$a=1; $b=(array)$a;
(object)	将其他数据类型强制转换成对象	$a=1; $b=(object)$a;

在进行类型转换的过程中应该注意以下几点。

1）转换成 boolean 型：null、0 和未赋值的变量或数组，会被转换为 false，其他的为真。

2）转换成整型。

① 布尔型的 false 转为 0，true 转为 1。

② 浮点型的小数部分被舍去。

③ 字符串型。如果以数字开头，就截取到非数字位，否则输出 0。

④ 当字符串转换为整型或浮点型时，如果字符是以数字开头的，就会先把数字部分转换为整型，再舍去后面的字串。如果数字中含有小数点，则会取到小数点前一位。

2.4.6 检测数据类型

PHP 中提供了很多检测数据类型的函数，可以对不同类型的数据进行检测，判断其是否属于某个类型。检测数据类型的函数如表 2-6 所示。

表 2-6　检测数据类型函数

函　　数	检 测 类 型	举　　例
is_bool	检查变量是否是布尔类型	is_book($a);
is_string	检查变量是否是字符串类型	is_string($a);
is_float/is_double	检查变量是否为浮点类型	is_float($a); is_double($a);
is_integer/is_int	检查变量是否为整数	is_integer($a); is_int($a);
is_null	检查变量是否为 null	is_null($a);
is_array	检查变量是否为数组类型	is_array($a);
is_object	检查变量是否是一个对象类型	is_object($a);
is_numeric	检查变量是否为数字或由数字组成的字符串	is_numeric($a);

【例 2-16】 下面通过几个检测数据类型的函数来检测相应的字符串类型。

```
<?php
$a=true;
$b="你好 PHP";
$c=123456;
echo "1. 变量是否为布尔型：".is_bool($a)."<br>";        //检测变量是否为布尔型
echo "2. 变量是否为字符串型：".is_string($b)."<br>";     //检测变量是否为字符串型
echo "3. 变量是否为整型：".is_int($c)."<br>";           //检测变量是否为整型
echo "4. 变量是否为浮点型：".is_float($c)."<br>";        //检测变量是否为浮点型
?>
```

运行结果为：

```
1. 变量是否为布尔型：1
2. 变量是否为字符串型：1
3. 变量是否为整型：1
4. 变量是否为浮点型：
```

注：由于变量 C 不是浮点型，所以第 4 个判断的返回值为 false，即空值。

2.4.7　PHP 数据的输出

PHP 经常使用 echo 语句向浏览器输出字符串数据，除了 echo 语句外，还可以使用 print 语句或 printf()函数向浏览器输出字符串数据。

echo 与 print 输出的是没有经过格式化的字符串，而 printf()函数则是输出经过格式化的字符串。

对于复合数据类型的数据（如数组或对象），可选用 print_r()函数输出。

如果 HTML 代码块中只嵌入一条 PHP 语句，且该 PHP 语句是一条输出语句，此时可以使用输出运算符<?= ?>输出字符串数据。

1．print 和 echo

print 和 echo 的功能几乎完全一样，都是用于向页面输出字符串。两者的区别在于：使用 echo 可以同时输出多个字符串（多个字符串之间使用逗号隔开即可），而 print 一次只能输出一个字符串。其他区别如下。

1）在 echo 前不能使用错误抑制符“@”。

2）print 也可以看作是一个有返回值的函数，此时 print 只能作为表达式的一部分，而 echo 不能。

2．输出运算符“<?= ?>”

如果 HTML 代码块中只嵌入一条 PHP 语句，且 PHP 语句是一条输出语句，此时若使用 echo 或 print 语句输出字符串不仅麻烦，而且降低领导程序的易读性。PHP 提供了使用输出运算符，输出字符串数据。例如：<?=date("Y-m-d")?>。

3．print_r()函数

对于复合数据类型的数据输出，经常使用 print_r()函数。使用 print_r()函数输出数组中的元素或对象中的成员变量时，将按照“键”=>“值”对或者“成员变量名”=>“值”的方式输出元素或对象的内容。

【例 2-17】 print_r()函数应用。

```
<?php
class Person{
        public $name = "王梦瑶";
        public $sex = "女";
        public $age = 18;
        function sing(){
                echo "她喜欢唱歌";
        }
        function dance(){
                echo "她喜欢跳舞";
        }
}
$person = new Person();
print_r($person);
echo "<br/>";
$words = array("Network","MIS","DB");
print_r($words);
?>
```

输出结果如下：

```
Person Object ( [name] => 王梦瑶 [sex] => 女 [age] => 18 )
Array ( [0] => Network [1] => MIS [2] => DB )
```

4．var_dump()函数输出每个表达式的类型和值

var_dump()函数用于判断一个变量的类型与长度，并输出变量的数值，如果变量有值，则输出是变量的值，并返回数据类型。

显示关于一个或多个表达式的结构信息，包括表达式的类型与值。数组将递归展开值，通过缩进显示其结构。

【例 2-18】 var_dump()函数应用。

```
<? php
$a = "alsdflasdf;a";
$b = var_dump($a);
echo $b;
?>
```

运行结果为：string(12) "alsdflasdf;a"。

注：var_dump()函数能打印出类型；print_r()函数只能打出值；echo()函数是正常输出；需要精确调试的时候用 var_dump()函数;一般查看的时候用 print_r()函数。

2.5 PHP 运算符

运算符是用来对变量、常量或数据进行计算的符号，它对一个值或一组值执行一个指定的操作。PHP 运算符包括算术运算符、字符串运算符、赋值运算符、位运算符、递增运算符或递减运算符等。下面分别对各种运算符进行介绍。

2.5.1 算术运算符

算术运算符主要用于处理算术运算操作，常用的算术运算符及作用如表 2-7 所示。

表 2-7 常用的算术运算符

名称	操 作 符	实例
加法运算	+	$a + $b
减法运算	-	$a-$b
乘法运算	*	$a * $b
除法运算	/	$a / $b
取余数运算	%	$a % $b

注：在算术运算符中使用“%”求余，如果被除数（$a）是负数的话，那么取得的结果也是一个负值。

【例 2-19】 通过算术运算符计算每月总的支出、剩余工资、房贷占工资的比例等。

```
<?php
$a='4500';                          //定义变量 a，月工资为 4000
$b='1750';                          //定义变量 b，房贷 1750
$c='550';                           //定义变量 b，消费金额 500
echo $c + $b .'<br>';               //计算每月总的支出金额
echo $a-$b-$c.'<br>';               //计算每月剩余工资
echo $b/$a.'<br>';                  //计算房贷占总工资的比例
echo $b%$a.'<br>';                  //计算变量 b 和变量 b 余数
?>
```

运行结果如下：

```
2300
2200
0.38888888888889
1750
```

2.5.2 字符串运算符

字符串运算符主要用于处理字符串的相关操作，在 PHP 中字符串运算符只有一个，那就是“.”，该运算符用于将两个字符串连接起来，结合到一起形成一个新的字符串。应用格式如下：

```
$a.$b
```

此运算符在前面的例子中已经使用，如例 2-19 中的：

```
echo $c + $b .'<br>';                              //计算每月总的支出金额
```

此处使用字符串运算符将$c+$b 的值与字符串“
”连接，在输出$c+$b 的值后执行换行操作。

2.5.3 赋值运算符

赋值运算符主要用于处理表达式的赋值操作，PHP 中提供了很多赋值运算符，其用法及意义如表 2-8 所示。

表 2-8 常用赋值运算符

操作	符号	实例	展开形式	意义
赋值	=	$a=b	$a=3	将右边的值赋给左边
加	+=	$a+= b	$a=$a + b	将右边的值加到左边
减	−=	$a−= b	$a=$a−b	将右边的值减到左边
乘	*=	$a*= b	$a=$a * b	将左边的值乘以右边
除	/=	$a/= b	$a=$a / b	将左边的值除以右边
连接字符	.=	$a.= b	$a=$a. b	将右边的字符加到左边
取余数	%	$a%= b	$a=$a % b	将左边的值对右边取余数

【例 2-20】 赋值运算符应用。

```
$a=5;
```

此处应用“=”运算符，为变量 *a* 赋值，下面再举一个复杂一点示例，代码如下：

```
<?php
$a=5;            //使用“=”运算符为变量 a 赋值
$b=10;           //使用“=”运算符为变量 b 赋值
$a*=$b;          //使用“*=”运算符获得变量 a 乘以变量 b 的值，并赋给变量 a
```

```
echo $a;            //输出重新赋值后变量 a 的值
?>
```

运行结果为：50。

注：在执行 i=i+1 的操作时，建议使用 i+=1 来代替。因为其符合 C/C++的习惯，摈弃效率还高。

2.5.4 递增或递减运算符

递增运算符"++"和递减运算符"--"与算术运算符有些相同，都是对数值型数据进行操作。但算术运算符适合在两个或者两个以上不同操作数的场合使用，当只有一个操作数时，就可以使用"++"或者"--"运算符。

【例 2-21】 递增和递减运算符应用。

```
<?php
$a=10;
$b=5;
$c=8;
$d=12;
echo "a=".$a."  b=".$b."  c=".$c."  d=".$d."<br>";   //输出上面
4 个变量的值， 是空格符
echo "++a=".++$a."<br>";            //计算变量 a 自加的值
echo "b++=".$b++."<br>";            //计算变量 b 自加的值
echo "--c=".--$c."<br>";            //计算变量 c 自减的值
echo "d--=".$d--."<br>";            //计算变量 d 自减的值
?>
```

运行结果为：

```
a=10  b=5  c=8  d=12
++a=11
b++=5
--c=7
d--=12
```

注：" "为 HTML 的空格标记。

上例中变量$b 自加和$d 自减后的值为什么没变？

当运算符位于变量前时（++$a），先自加，然后再返回变量的值；当运算符位于变量后时（$a++），先返回变量的值，然后再自加，即输出的是变量 a 的值，并非 a++的值。这就是为什么变量$b 自加和$d 自减后的值为什么没变的原因。

2.5.5 逻辑运算符

逻辑运算符对布尔数据进行操作，返回布尔型结果，是程序设计中一组非常重要的运算符。PHP 的逻辑运算符如表 2-9 所示。

表 2-9　PHP 的逻辑运算符

运　算　符	实　　例	结 果 为 真
&&或 and（逻辑与）	$m and $n 或$m && $n	当$m 和$n 都为真或假时，返回 true 或 false 当$m 和$N 有一个为假时，返回 flase
||或 or（逻辑或）	$m || $n 或$m or $n	当$m 和$n 都为真或假时，返回 true 或 false 当$m 和$N 有一个为真时，返回 true
xor（逻辑异或）	$m xor $n	当$m 和$n 都为真或假时，返回 true 或 false 当$m 和$N 有一个为真时，返回 true
!（逻辑非）	!$m	当$m 为假时返回 true，当$m 为真时返回 false

【例 2-22】 使用逻辑运算符判断如果变量存在，且值不为空，则执行数据的输出操作，否则弹出提示信息（变量值不能为空!）。

```
<?php
$a="";                              //如果变量 a 值为空则输出提示信息，否则输出“北京欢迎您！”
if(isset($a) && !empty($a)){           //使用 and 判断变量 a 和变量 b
      echo "北京欢迎您！";
}else{
      echo "<script>alert('变量值不能为空！');</script>";
}
?>
```

运行结果为：弹出对话框，显示信息为“变量值不能为空!”。

注：本例在 if 语句中，应用逻辑与判断当变量存在，且值不为空的情况下输出数据，否则输出提示信息。

isset()函数检查变量是否设置，如果设置则返回 true，否则返回 false。

empty()函数检测变量是否为空，如果为空则返回 true，否则返回 false。

注：当逻辑表达式中后一部分的取值不会影响整个表达式的值时，为了提高程序效率，后一部分将不再做任何数据运算。例如，表达式$a&&$b，若$a 为 false，则$b 不再计算；若$a||$b 中的$a 为 true，$b 也不需要计算。

2.5.6　比较运算符

比较运算符主要用于比较两个数据的值，返回值为一个布尔类型。PHP 中的比较运算符如表 2-10 所示。

表 2-10　PHP 的比较运算

运算符	实例	结果
<	小于	$m<$n，当$m 小于$n 时，返回 true，否则返回 false
>	大于	$m>$n，当$m 大于$n 时，返回 true，否则返回 false
<=	小于等于	$m<=$n，当$m 小于等于$n 时，返回 true，否则返回 false
>=	大于等于	$m>=$n，当$m 大于等于$n 时，返回 true，否则返回 false
==	相等	$m==$n，当$m 等于$n 时，返回 true，否则返回 false
!=	不等	$m!=$n，当$m 不等于$n 时，返回 true，否则返回 false
===	恒等	$m=== $n，当$m 等于$n，并且数据类型相同，返回 true，否则返回 false
!==	非恒等	$m! ==$n，当$m 不等于$n，并且数据类型不相同，返回 true，否则返回 false

这里面===和!==不太常见。

【例 2-23】 使用比较运算符比较小刘与小李的工资。

```
<?php
$a=6150;                                    //小刘的工资 6150
$b=6240;                                    //小李的工资 6240
echo "a=".$a."  b=".$b."<br>";
echo "a < b 的返回值为： ";
echo var_dump($a<$b)."<br>";                //比较 a 是否小于 b
echo "a >= b 的返回值为： ";
echo var_dump($a>=$b)."<br>";               //比较 a 是否大于等于 b
echo "a == b 的返回值为： ";
echo var_dump($a==$b)."<br>";               //比较 a 是否等于 b
echo "a != b 的返回值为： ";
echo var_dump($a!=$b)."<br>";               //比较 a 是否不等于 b
?>
```

运行结果为：

```
a=6150   b=6240
a < b 的返回值为：  bool(true)
a >= b 的返回值为：  bool(false)
a == b 的返回值为：  bool(false)
a != b 的返回值为：  bool(true)
```

2.5.7 条件运算符

条件运算符可以提供简单的逻辑判断，其应用格式为：表达式 1?表达式 2:表达式 3
如果表达式 1 的值为 true，则执行表达式 2，否则执行表达式 3。

【例 2-24】 条件运算符应用：

```
<?php
$a = 0.0;
$b = ($a==0)?"zero":"not zero";
echo $b;//输出：zero
?>
```

运行结果为：zero。

2.5.8 运算符的使用规则

所谓使用规则就是当表达式中包含多种运算符时，运算符的执行顺序，与数学四则运算中的先算乘除后算加减是一个道理。PHP 的运算符优先级如表 2-11 所示。

表 2-11　运算符的优先级

<table>
<tr><th>优先级别</th><th>运算符</th><th>优先级别</th><th>运算符</th></tr>
<tr><td>1</td><td>or，and，xor</td><td>9</td><td>++，--</td></tr>
<tr><td>2</td><td>赋值运算符</td><td>10</td><td>+，-（正、负号运算符），!，~</td></tr>
<tr><td>3</td><td>||，&&</td><td>11</td><td>==，!=，<></td></tr>
<tr><td>4</td><td>|，^</td><td>12</td><td><，<=，>，>=</td></tr>
<tr><td>5</td><td>&，.</td><td>13</td><td>?：</td></tr>
<tr><td>6</td><td>+，－</td><td>14</td><td>-></td></tr>
<tr><td>7</td><td>/，*，%</td><td>15</td><td>=></td></tr>
<tr><td>8</td><td><<，>></td><td></td><td></td></tr>
</table>

注：这么多的级别，如果要想都记住是不太现实的，也没有这个必要。如果写的表达式真的很复杂，而且包含较多的运算符，不妨多加（），例如：$a and (($b!= $c) or (5*(50 - $d)))。这样就会减少出现逻辑错误的可能。

思考与练习

1．PHP 的标记符支持哪几种标记风格，有何注意事项？

2．PHP 注释种类有哪些，这些注释在何种场合下使用，并如何进行 HTML 注释？

3．PHP 的数据类型有哪些，每种数据类型适用于哪种应用场合？

4．如何定义常量及获取常量的值？

5．“===”是什么运算符？请举一个例子，说明在什么情况下使用“==”会得到 true，而使用 “===”却是 false。

6．检测一个变量是否设置需要使用哪个函数？检测一个变量是否为“空”需要使用哪两个函数？这两个函数之间有何区别？

7．echo、print_r、print、var_dump 之间的区别是什么？

8．双引号和单引号的区别是什么？

9．PHP 中传值与传引用的区别。

10．isset、empty、is_null 的区别是什么？

11．任意指定 3 个数，编写程序求出 3 个数的最大值。

```
<?php
$a = 2;
$b = 5;
$c = 8;
$d = $a>$b?$a:$b;
$e = $d>$c?$d:$c;
echo "3 个数的最大值是".$e;
?>
```

12．下列说法正确的是（　　）。

A．PHP 代码只能嵌入 HTML 代码中

B．在 HTML 代码中只能开始标识<?PHP 和结束标识？>之间嵌入 PHP 程序代码

C．PHP 单行注释必须独占一行

D．在纯 PHP 代码中，可以没有 PHP 代码结束标识

13．下列 4 个选项中，可作为 PHP 常量名的是（　　）。

A．$_abc　　B．$123　　C．Abc　　D．123

14．执行下面的代码后，输出结果为（　　）。

```
<?php
$x=10;
$y=&$x;
$y="5ab";
echo $x+10;
?>
```

A．10　　B．15　　C．“5ab10”　　D．代码出错

15．要查看一个变量的数据类型,可使用函数（　　）。

A．type()　　B．gettype()　　C．GetType()　　D．Type()

16．下列关于全等运算符“===”说法正确的是（　　）。

A．只有两个变量的数据类型相同时才能比较

B．两个变量数据类型不同时，将转换为相同数据类型再比较

C．字符串和数值之间不能使用全等运算符进行比较

D．只有当两个变量的值和数据类型都相同时，结果才为 true

17．字符串的比较，是按（　　）进行比较。

A．拼音顺序　　B．ASCII 码值　　C．随机　　D．先后顺序

18．PHP 中哪个语句可以输出变量类型（　　）。

A．echo　　B．print　　C．var_dump()　　D．print_r()

19．PHP 定义变量正确的是（　　）。

A．var a = 5;　　B．$a = 10;　　C．int b = 6;　　D．var $a = 12;

20．若 x,y 为整型数据，以下语句执行的$y 结果为（　　）。

```
$x = 1;
++$x;
 $y =$x++;
```

A．1　　B．2　　C．3　　D．0

21．要查看一个结构类型变量的值,可以使用函数（　　）。

A．Print( )　　B．print( )　　C．Print_r()　　D．print_r( )

22．PHP 输出拼接字符串正确的是（　　）。

A．echo $a+"hello"　　B．echo $a+$b

C．echo $A．"hello"　　D．echo '{$a}hello'

23．PHP 如何输出反斜杠（　　）。

A．\n　代表换行　　B．\r　代表换行

C．\t　代表制表符　　　　D．\\

24．以下代码输出的结果为（　　）。

```
$a = "cc";
$cc = "dd";
echo $a=="cc"?"{$$a}":$a;
```

A．cc　　B．$a　　C．$$a　　D．dd

25．PHP 运算符中，优先级从高到低分别是（　　）。

A．关系运算符，逻辑运算符，算术运算符

B．算术运算符，关系运算符，逻辑运算符

C．逻辑运算符，算术运算符，关系运算符

D．关系运算符，算术运算符，逻辑运算符

26．PHP 中字符串的连接运算符是（　　）。

A．-　　B．+　　C．&　　D．.

27．要检查一个常量是否定义,可以使用函数（　　）。

A．defined( )　　B．isdefin( )　　C．isdefined( )　　D．无

第 3 章　PHP 流程控制语句

程序由一条条语句组成，每条语句都被用来实现一个具体的任务。在一般情况下，一段程序代码是顺序执行的，即从头到尾按顺序逐行执行。顺序执行是程序最为基本最为简单的结构。但有时却需要在某种条件下有选择地执行指定的操作，或者重复地执行某一类程序，这就是所谓的程序流程的控制问题。流程控制语句包括条件控制语句、循环控制语句和跳转语句。合理使用这些控制结构可以使程序流程清晰、可读性强，从而提高工作效率。

3.1　PHP 的三种控制结构

在编程的过程中，所有的操作都是在按照某种结构有条不紊地进行，学习 PHP 语言，不仅要掌握其中的函数、数组、字符串等实际的知识，更重要的是通过这些知识形成一种属于自己的编程思想和编程方法。要想形成属于自己的编程思想和方法，那么首先就要掌握程序设计的结构，再配合以函数、数组、字符串等实际的知识，逐步形成一种属于自己的编程方法。

程序设计的结构大致可以分为顺序结构、选择结构和循环结构 3 种。在对这三种结构的使用中，几乎很少有哪个程序是单独地使用某一种结构来完成某个操作，基本上都是其中的两种或者 3 种结构结合使用。

3.1.1　顺序结构

顺序结构是最基本的结构方式，各流程依次按顺序执行。传统流程图的表示方式与 N-S 结构化流程图的表示方式分别如图 3-1 和图 3-2 所示。执行顺序为：开始→语句 1→语句 2→…→结束。

图 3-1　顺序结构传统流程图　　图 3-2　N-S 结构化流程图

3.1.2　选择（分支）结构

选择结构就是对给定条件进行判断，条件为真时执行一个分支，条件为假时执行另一个分支。其传统流程图表示方式与 N-S 结构化流程图表示方式分别如图 3-3 和图 3-4 所示。

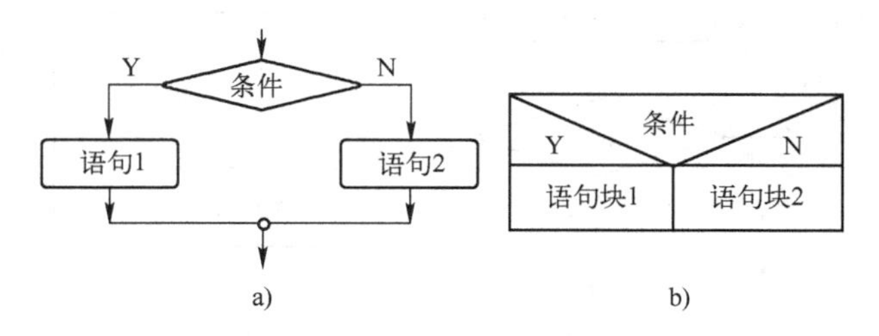

图 3-3　条件成立与否都执行语句或语句块

a) 传统流程图　b) N-S 结构化流程图

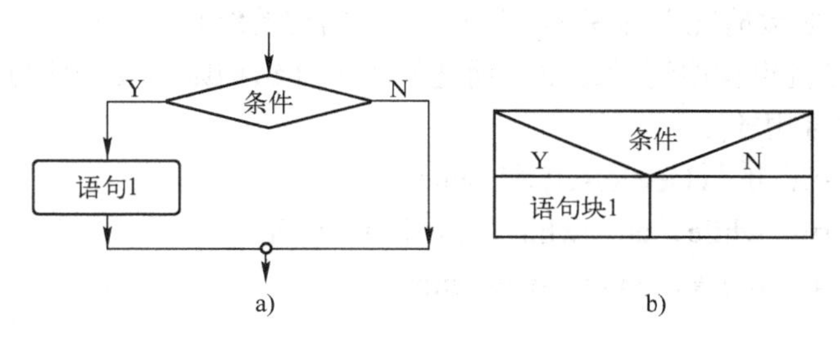

图 3-4　条件为否不执行语句或语句块

a) 传统流程图　b) N-S 结构化流程图

3.1.3　循环结构

循环结构可以按照需要多次重复执行一行或者多行代码。循环结构分为两种：前测试型循环和后测试型循环。

前测试型循环，先判断后执行。当条件为真时反复执行语句或语句块，条件为假时，跳出循环，继续执行循环后面的语句，流程图如图 3-5 所示。

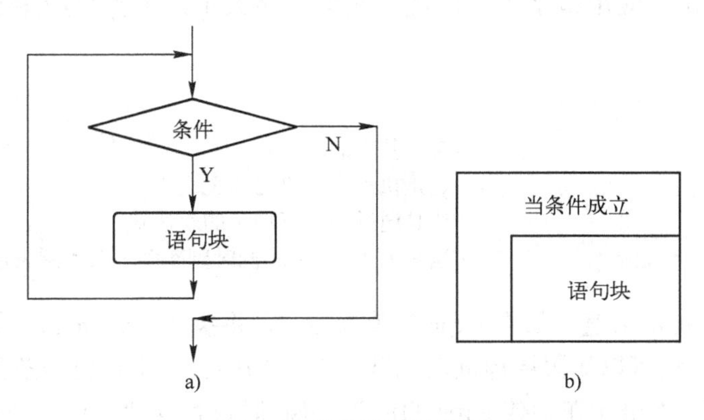

图 3-5　当型循环流程图

a) 传统流程图　b) N-S 结构化流程图

后测试型循环，先执行后判断。先执行语句或语句块，再进行条件判断，直到条件为假时，跳出循环，继续执行循环后面的语句，否则一直执行语句或语句块，流程图如图 3-6 所示。

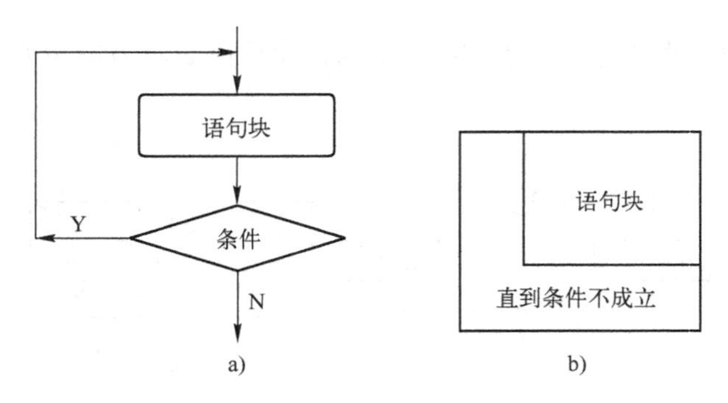

图 3-6　直到型循环流程图
a) 传统流程图　b) N-S 结构化流程图

在 PHP 中，大多数情况下程序都是以这 3 种结构的组合形式出现。其中的顺序结构很容易理解，就是直接输出程序运行结果，而选择和循环结构则需要一些特殊的控制语句来实现。包括以下 3 种控制语句。

1）条件控制语句：if、else、elseif 和 switch。

2）循环控制语句：while、do…while、for 和 foreach。

3）跳转控制语句：break、continue 和 return。

3.2　条件控制语句

所谓条件控制语句就是对语句中不同条件的值进行判断，进而根据不同的条件执行不同的语句。在条件控制语句中主要有两个语句：if 条件控制语句和 switch 多分支语句。

3.2.1　if 条件控制语句

if 条件控制语句是所有流程控制语句中最简单、最常用的一个，根据获取的不同条件判断执行不同的语句。应用范围十分广泛，无论程序大小几乎都会应用到该语句。其语法如下：

```
if (expr)
    statement ;                    //这是基本的表达式
if () {}                           //这是执行多条语句的表达式
if () {}else {}                    //这是通过 else 延伸了的表达式
if () {}elseif() {} else {}        //这是加入了 elseif 同时判断多个条件的表达式
```

参数 expr 按照布尔求值。如果 expr 的值为 true，将执行 statement，如果值为 false，则忽略 statement。if 语句可以无限层地嵌套到其他 if 语句中去，实现更多条件的执行。

else 的功能是当 if 语句在参数 expr 的值为 false 时执行其他语句，即在执行的语句不满足该条件时执行 else 后大括号中的语句。

【例 3-1】 if…else 的应用。

```
<?php
    $islove=false;                                   //为变量赋予一个逻辑值
```

```
        if ($islove ==true){                    //判断变量的逻辑值是否为真
            echo "如果爱我，我们一起去爬山";
        }
        else{
            echo "我在家看电视";
        }
    ?>
```

输出结果如下：

```
    我在家看电视
```

在同时判断多个条件的时候，PHP 提供了 elseif 的语句来扩展需求。elseif 语句被放置在 if 和 else 语句之间，满足多条件同时判断的需求。

if 语句的流程如图 3-7、图 3-8 和图 3-9 所示。

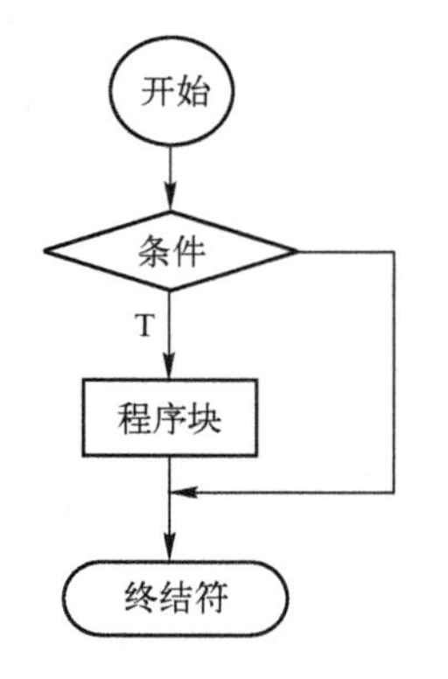

图 3-7　if 语句流程图

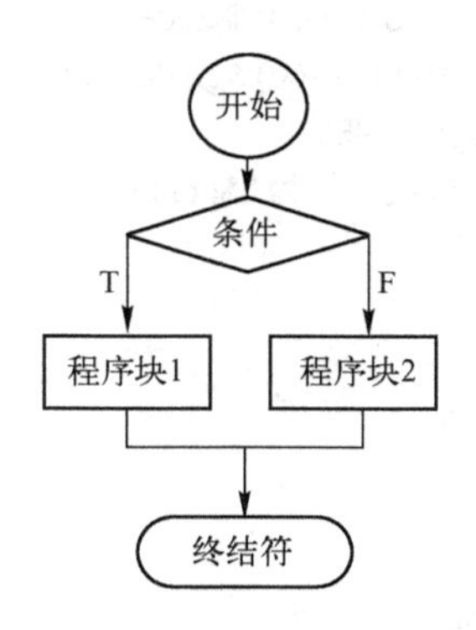

图 3-8　if…else 语句流程控制图

if 语句的流程如图 3-9 所示。

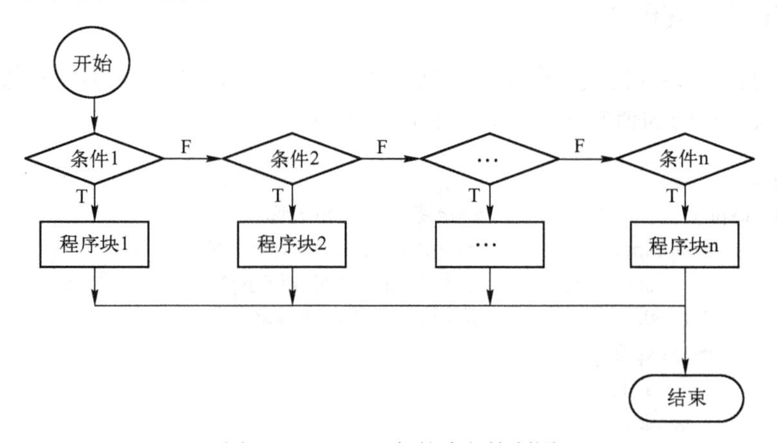

图 3-9　elseif 语句的流程控制图

【例 3-2】 从文本框输入一个百分制分数，单击“提交”按钮后，输出成绩等级。90 分以上记为“A”，80～89 分记为“B”，70～79 分记为“C”，60～69 分记为“D”，60 分以下记为“D”。

```
<html >
<head>
<meta http-equiv="Content-Type" content="text/html; charset=utf-8" />
<title>百分制分数</title>
</head>
<body>
<form id="form1" name="form1" method="post" action="">
  <input type="text" name="score" id="score" />
  <input type="submit" name="button" id="button" value="提交" />
</form>
<?php
if (isset($_POST["button"]))
{ $score=$_POST ["score"];
  if ($score>=90) $grade='A';
  elseif ($score>=80) $grade='B';
  elseif ($score>=70) $grade='C';
  elseif ($score>=60) $grade='D';
  else $grade='E';
  echo "成绩等级为".$grade;
}
?>
</body>
</html>
```

运行结果为：

```
输入：86
显示：成绩等级为 B
```

3.2.2 switch 多分支语句

switch 语句和 if 条件控制语句类似，实现将同一个表达式与很多不同的值比较，获取相同的值，并且执行相同的值对应的语句。其语法如下：

```
<?php
switch ( expr ){                    //expr 条件为变量名称
          case expr1:               //case 后的 expr1 为变量的值
               statement1;          //冒号":"后的是符合该条件时要执行的部分
            break ;                 //应用 break 来跳离循环体
          case expr2 :
               statement2 ;
            break ;
        default:
            statementN;
            break;
}
?>
```

参数说明如表 3-1 所示。

表 3-1　switch 语句参数介绍

参　数	说　明
expr	表达式的值，即 switch 语句的条件变量的名称
expr1	放置于 case 语句之后，是要与条件变量 expr 进行匹配的值中的一个
statement1	在参数 expr1 的值与条件变量 expr 的值相匹配时执行的代码
break 语句	终止语句的执行，即当语句在执行过程中，遇到 break 就停止执行，跳出循环体
default	case 的一个特例，匹配任何其他 case 都不匹配的情况，并且是最后一条 case 语句

switch 语句的流程控制如图 3-10 所示。

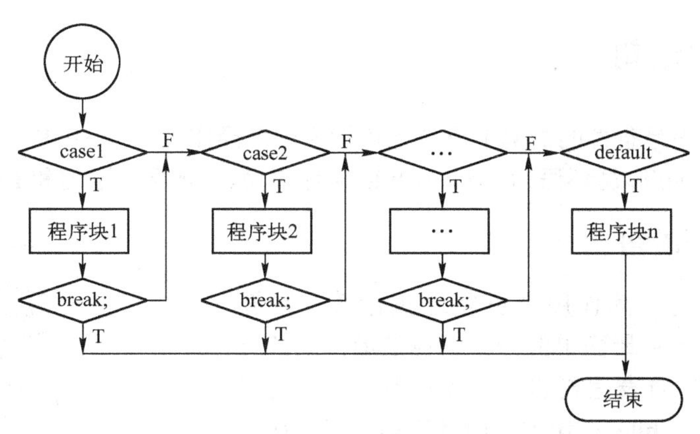

图 3-10　switch 语句流程控制图

注：

1）表达式的类型可以是数值型或者字符串型。

2）多个不同的 case 可以执行同一个语句块。

【例 3-3】 应用 switch 语句判断成绩的等级情况。

```
<?php
    $cont=49;                    //以下代码实现了根据$cont 的值，判断成绩等级的功能
    switch($cont) {
        case $cont==100;             //如果$cont 的值等于 100，则输出“满分”
            echo"满分";
            break;
       case $cont>=90;           //如果$cont 的值大于等于 90，则输出“优秀”
            echo"优秀";
            break;
        case $cont>=60;          //如果$cont 的值大于等于 60，则输出“及格”
            echo"及格";
            break;
        default:                 //如果$cont 的值小于 60，则输出“不及格”
           echo "不及格";
?>
```

运行结果为：不及格。

注：if 和 switch 语句可以从使用的效率上来进行区别，也可以从实用性角度去区分。如果从使用的效率上进行区分，在对同一个变量的不同值作条件判断时，使用 switch 语句的效率相对更高一些，尤其是判断的分支越多越明显。

如果从语句实用性的角度去区分，那 switch 语句肯定不如 if 条件语句。if 条件语句是实用性最强和应用范围最广的语句。

在程序开发的过程中，if 和 switch 语句的使用应该根据实际的情况而定，不要因为 switch 语句的效率高就一味地使用，也不要因为 if 语句常用就不应用 switch 语句。要根据实际的情况，具体问题具体分析，使用最适合的条件语句。在一般情况下可以使用 if 条件语句，但是在实现一些多条件的判断中，特别是在实现框架的功能时就应该使用 switch 语句。

3.3 循环控制语句

循环语句是在满足条件的情况下反复地执行某一个操作。在 PHP 中，提供了 4 种循环控制语句，分别是 while 循环语句、do…while 循环语句、for 循环语句和 foreach 循环语句。

3.3.1 while 循环语句

while 循环语句，其作用是反复地执行某一项操作，是循环控制语句中最简单的一个，也是最常用的一个。while 循环语句对表达式的值进行判断，当表达式为非 0 值时，执行 while 语句中的内嵌语句；当表达式的值为 0 值时，则不执行 while 语句中的内嵌语句。该语句的特点是：先判断表达式，后执行语句。while 循环控制语句的操作流程如图 3-11 所示。

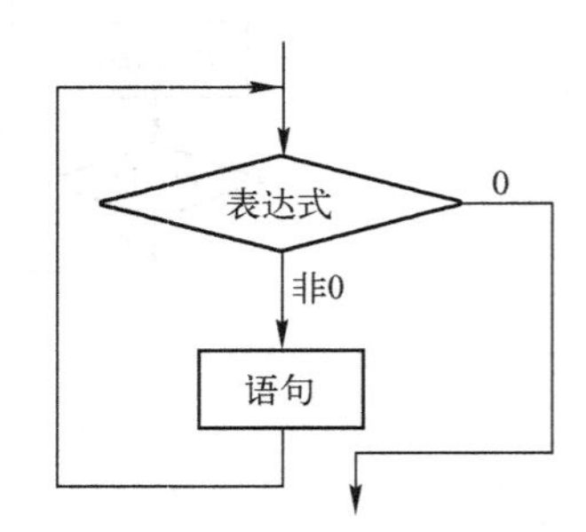

图 3-11 while 循环控制语句的操作流程

其语法如下：

```
while (expr){
        statement;                /*先判断条件，当条件满足时执行语句块否则不向下执行*/
}
```

只要 while 表达式 expr 的值为 true，就重复执行嵌套中的 statement 语句，如果 while 表达式的值一开始就是 false，则循环语句一次也不执行。

【例 3-4】 将 10 以内的偶数输出，若不是则不输出。

```
<?php
    $num = 1;
    $str = "10 以内的偶数为：";
    while($num <= 10){
        if($num % 2 == 0){
            $str .= $num." ";
        }
        $num++;
```

```
        }
        echo $str;
    ?>
```

运行结果如下：

```
    10 以内的偶数为：2 4 6 8 10
```

3.3.2 do…while 循环语句

do…while 语句也是循环控制语句中的一种，使用方式和 while 相似，也是通过判断表达式的值来输出循环语句。其语法如下：

```
    do{                          /*程序在未经判断之前就进行了一次循环，循环到 while 部分才判断条件，即使条件不满足，程序也已经运行了一次*/
            statement;
    }while(expr);
```

该语句的操作流程是：先执行一次指定的循环体语句，然后判断表达式的值，当表达式的值为非 0 时，返回重新执行循环体语句，如此反复，直到表达式的值等于 0 为止，此时循环结束。其特点是先执行循环体，然后判断循环条件是否成立。do…while 循环语句的操作流程如图 3-12 所示。

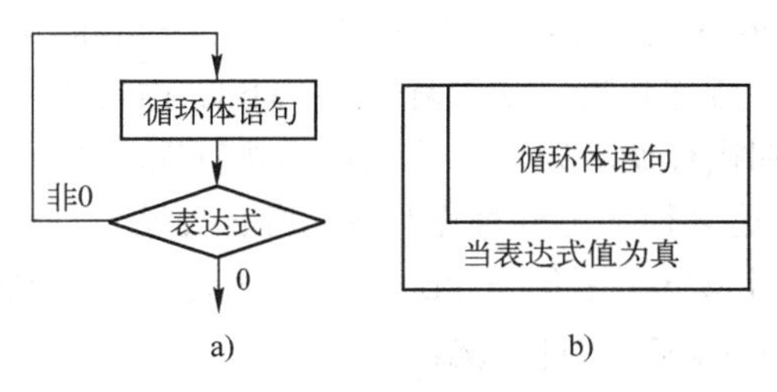

图 3-12　do…while 循环语句的操作流程
a) 操作流程图　b) N-S 流程图

【例 3-5】 通过 do…while 语句计算一个员工总的工龄工资增加情况。

```
    <?php
            $a=1;               //定义变量$a 的值为 1
            $year=5;
            do{
                $price=50*12*$a;
                echo "您第".$a."年的工龄工资为<b>".$price."</b>元<br>";
                $a++;
            }while($a<=$year);
    ?>
```

运行结果如下：

```
    您第 1 年的工龄工资为 600 元
```

```
您第 2 年的工龄工资为 1200 元
您第 3 年的工龄工资为 1800 元
您第 4 年的工龄工资为 2400 元
您第 5 年的工龄工资为 3000 元
```

前面我们已经说过，如果使用 do…while 语句计算员工的工龄工资，当变量 a 的值等于 6 时，会得到一个意想不到的结果。下面就来具体的操作一下，看具体会得到一个什么样的结果。定义变量 a 的值为 6，重新执行示例，其代码如下。

```
<?php
    $a=6;                  //当直接定义变量$a 的值为 6 时，仍可以输出第 6 年的工资
    $year=5;               //定义初始变量$year=5
    do{
        $price=50*12*$a;
        echo "您第".$a."年的工龄工资为<b>".$price."</b>元<br>";
        $a++;
    }while($a<=$year);     //当$year 等于 5 时程序没有停止，继续计算第 6 年工资，当$year 等于 6 时判断条件不符合停止循环，但是第 6 年的工资已经输出了。
?>
```

运行结果为：

```
您第 6 年的工龄工资为 3600 元
```

注：这就是 while 和 do…while 语句之间的区别。do…while 语句是先执行后判断，无论表达式的值是否为 TRUE，都将执行一次循环；而 while 语句则是首先判断表达式的值是否为 TRUE，如果为 TRUE 则执行循环语句，否则将不执行循环语句。

do…while 循环语句后边必须加上分号作为该语句的结束。

编写这个示例意在说明 while 语句与 do…while 语句在执行判断上的一个小小区别，在实际的程序开发中不会出现上述的这种情况。

3.3.3 for 循环语句

for 语句是 PHP 中最复杂的循环控制语句，拥有 3 个条件表达式。其语法如下：

```
for (expr1; expr2; expr3){
    statement
}
```

for 循环语句的参数说明如表 3-2 所示。

表 3-2　for 循环语句的参数介绍

参　数	说　明
expr1	必要参数。第 1 个条件表达式，在第一次循环开始时被执行
expr2	必要参数。第 2 个条件表达式，在每次循环开始时被执行，决定循环是否继续
expr3	必要参数。第 3 个条件表达式，在每次循环结束时被执行
statement	必要参数。满足条件后，循环执行的语句

其执行的过程：首先执行表达式 1；然后执行表达式 2，并对表达式 2 的值进行判断，如果值为 true，则执行 for 循环语句中指定的内嵌语句，如果值为 false，则结束循环，跳出 for 循环语句；最后执行表达式 3（切忌是在表达式 2 的值为真时），返回表达式 2 继续循环执行。for 循环语句的操作流程如图 3-13 所示。

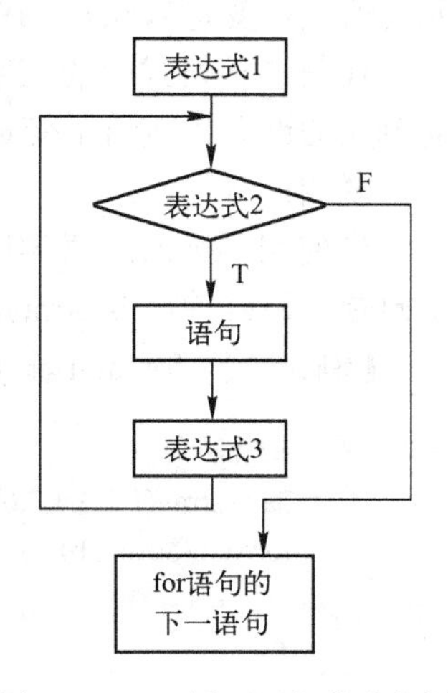

图 3-13　for 循环语句的流程图

【例 3-6】 使用 for 循环来计算 2～100 所有偶数之和。

```
<?php
    $b="";
    for($a=0;$a<=100;$a+=2){          //执行 for 循环
        $b=$a+$b;                      //计算所有偶数之和
    }
    echo "结果为：<b>".$b."</b>";
?>
```

运行结果为：结果为：2550。

注：在编程时，有时会遇到使用 for 循环的特殊语法格式来实现无限循环。语法格式为：

```
for(;;){
    …
}
```

对于这种无限循环可以通过 break 语句跳出循环。例如：

```
for(;;){
    if(x <20)
        break;
    x++;
}
```

3.3.4　foreach 循环语句

foreach 循环控制语句自 PHP4 开始被引入，主要用于处理数组，是遍历数组的一种简单方法。如果将该语句用于处理其他的数据类型或者初始化的变量，将会产生错误。该语句的语法有两种格式。

```
foreach (array_expression as $value){
    statement
}
foreach (array_expression as $key => $value){
    statement
}
```

参数 array_expression 是指定要遍历的数组，其中的$value 是数组的值，$key 是数组的键名；statement 是满足条件时要循环执行的语句。

在第一种格式中，当遍历指定的 array_expression 数组时，每次循环时，将当前数组单元的值赋给变量$value，并且将数组中的指针移动到下一个单元。

在第二种格式中的应用是相同的，只是在将当前单元的值赋给变量$value 的同时，将当前单元的键名也赋给了变量$key。

说明：

当使用 foreach 语句用于其他数据类型或者未初始化的变量时会产生错误。为了避免这个问题，最好使用 is_array()函数先来判断变量是否为数组类型。如果是，再进行其他操作。

【例 3-7】 foreach 输出数组元素值的应用。

```
<?php
$a = array(1,2,3,4,5,6);
foreach($a as $b)
    echo $b;
?>
```

输出结果为：

3.4 跳转语句

跳转语句有 3 个：break 语句、continue 语句和 return 语句。其中前两个跳转语句使用起来非常简单而且非常容易掌握，主要原因是它们都被应用在指定的环境中，如 for 循环语句中。return 语句在应用环境上较前两者相对单一，一般被用在自定义函数和面向对象的类中。

3.4.1 break 跳转语句

break 关键字可以终止当前的循环，包括 while、do…while、for、foreach 和 switch 在内的所有控制语句。

break 语句不仅可以跳出当前的循环，还可以指定跳出几重循环。格式为：

```
break   n;
```

参数 n 指定要跳出的循环数量。break 关键字的流程图如图 3-14 所示。

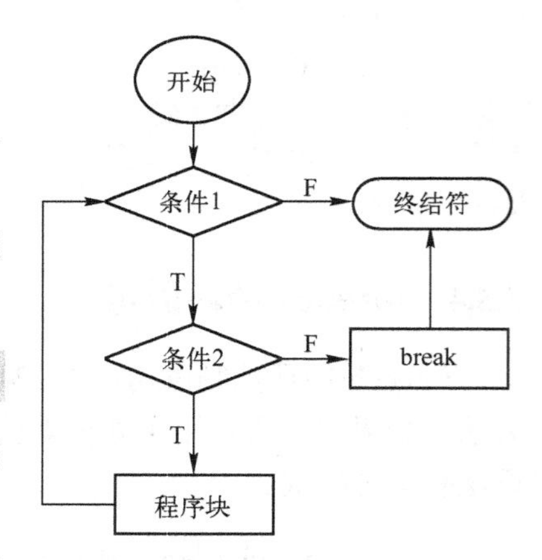

图 3-14　break 关键字的流程图

【例 3-8】 计算半径 1 到 10 的圆面积，直到面积大于 100 时为止。

```
<?php
define(PI,3.14);
for($r=1;$r<=10;$r++)
{
    $area = PI * $r * $r;
    if($area>100)
```

```
            break;

        echo "r=$r, area=$area";
        echo "<br/>";
    }
    ?>
```

运行结果如下：

```
r=1, area=3.14
r=2, area=12.56
r=3, area=28.26
r=4, area=50.24
r=5, area=78.5
```

3.4.2 continue 跳转语句

程序执行 break 后，将跳出循环，而开始继续执行循环体的后续语句。continue 跳转语句的作用没有 break 那么强大，只能终止本次循环，而进入到下一次循环中。在执行 continue 语句后，程序将结束本次循环的执行，并开始下一轮循环的执行操作。continue 也可以指定跳出几重循环。continue 跳转语句的流程图如图 3-15 所示。

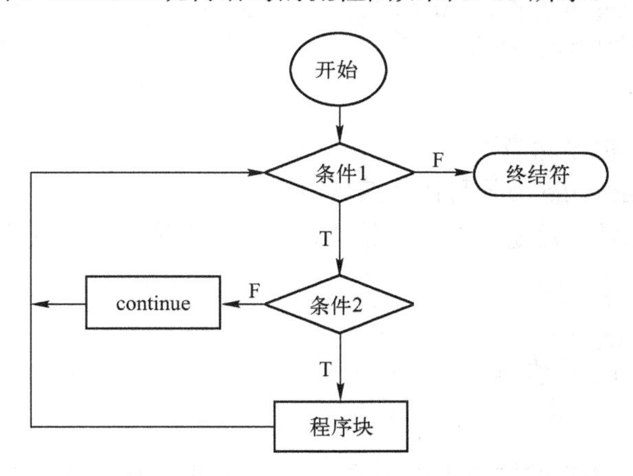

图 3-15　continue 跳转语句的流程图

【例 3-9】 使用 for 循环来计算 1 到 100 所有奇数的和。在 for 循环中，当循环到偶数时，使用 continue 实现跳转，然后继续执行奇数的运算。

```
<?php
$sum=0;
for($i=1;$i<=100;$i++){
    if($i%2==0){
        continue;
    }
    $sum=$sum + $i;
```

```
    }
    echo   $sum;
    ?>
```

运行结果为：2500。

说明：

break 和 continue 语句都是实现跳转的功能，但还是有区别的：continue 语句只是结束本次循环，并不是终止整个循环的执行，而 break 语句则是结束整个循环过程。

3.4.3 exit 语句

程序执行过程中，总会发生一些错误，比如被零除，打开一个不存在的文件或者数据库连接失败等情况。当程序发生错误之后，应用控制程序应立即终止执行剩余代码，PHP 提供的 exit 语言结构（或者 die 语言结构）可以实现这个功能。exit 语言结构终止整个 PHP 程序的执行，即后续代码不会执行。

exit 语言结构的语法格式为：void exit ([string message])。

exit 语言结构的功能：输出字符串信息 message，然后终止 PHP 程序的运行。

【例 3-10】 exit 语言结构的应用。

```
<?php
@($a = 2/0) or exit("发生被零除错误！");
echo "exit 后面的语句将不会运行！";
?>
```

运行结果为：发生被零除错误！

注：字符串信息 message 必须写在小括号内。

之所以 exit 不是函数，而是一个语言结构，是因为上述例子可以修改为：

```
<?php
@($a = 2/0) or exit;
echo "exit 后面的语句将不会运行！";
?>
```

PHP 还提供了 die 语言结构终止程序的运行，die 可以看作是 exit 的别名。例如上述例子可以修改为：

```
<?php
@($a = 2/0) or die("发生被零除错误！");
echo "die 后面的语句将不会运行！";
?>
```

3.5 PHP 文件间引用跳转

引用外部文件可以减少代码的重用性，是 PHP 编程的重要技巧。PHP 提供了 4 个非常简单却很有用的包含函数（include()、require()、include_once()、require_once()），它们允许重新使用任何类型的代码。使用任意一个语句均可将一个文件载入 PHP 脚本中，从而减少代码的重用性，提高代码维护和更新的效率。

3.5.1 include()函数

include 函数的语法格式：mixed include(string resource)。

include 函数的功能：include 语言结构将一个资源文件 resource 载入到当前 PHP 程序中。字符串参数 resource 是一个资源文件的文件名，该资源可以是本地 Web 服务器上的资源，如图片、HTML 页面、PHP 页面等，也可以是互联网上的资源。若找不到资源文件 resource，include 语言结构返回 false；若找到资源文件 resource，且资源文件 resource 没有返回值时，返回整数 1，否则返回资源文件 resource 的返回值。

注：

1）使用 include()函数载入文件时，如果被载入的文件中包含 PHP 语句，这些语句必须使用 PHP 开始和结束标记标识。

2）resouce 资源是互联网上的某个资源时，需要将配置文件 php.ini 中的选项 allow_url_include 设置为 on（allow_url_include=on），否则不能引用互联网资源。

【例 3-11】 程序文件位于同一个目录下的 include 语句的应用（即“include.php”和“main.php”位于同一个目录下）。

程序文件一：include.php

```
<?php
$color = 'red';
$fruit = 'apple';
echo "这是被引用的文件输出！<br/>";
?>
```

程序文件二：main.php

```
<?php
echo "A $color $fruit<br/>";
include "include.php";
echo "A $color $fruit<br/>";
?>
```

运行程序文件二的结果：

```
Notice: Undefined variable: color in C:\xampp\htdocs\chap3\index.php on line 16
Notice: Undefined variable: fruit in C:\xampp\htdocs\chap3\index.php on line 16
A
这是被引用的文件输出！
A red apple
```

3.5.2 include()函数和 require()函数的区别

应用 require()函数来调用文件，其应用方法和 include()函数类似，但还存在一定的区别，区别如下。

1）在使用 require()函数调用文件时，如果被引用文件发生错误或不能找到被引用文件，引用文件将提示 Warning 信息及 Fatal error 致命错误信息然后终止程序运行。而 include()函数在没有找到文件时则会输出警告，不会终止脚本的处理。

2）使用 require()函数调用文件时，只要程序一执行，会立刻调用外部文件；而通过 incldue()函数调用外部文件时，只有程序执行到该函数时，才会调用外部文件。

3.5.3 include_once()函数

随着程序资源规模的扩大，同一程序多次使用 include()或者 require()函数时有发生，而多次引用同一个资源也变得不可避免，但这可能导致文件的引用混乱问题。为了解决这类问题，PHP 提供了 include_once()函数和 require_once()函数，确保同一个资源文件只能引用一次。

include_once()函数是 include()函数的延伸，它的作用和 incldue()函数几乎是相同的，唯一的区别在于 include_once()函数会在导入文件前先检测该文件是否在该页面的其他部分被导入过，如果有则不会重复导入该文件。例如，要导入的文件中存在一些自定义函数，那么如果在同一个程序中重复导入这个文件，在第二次导入时便会发生错误，因为 PHP 不允许相同名称的函数被重复声明第二次。

include_once()函数的语法如下：void include_once (string filename);

filename 参数是指定的完整路径文件名。

include_once()函数的功能：include_once()函数将一个资源文件 resource 载入到当前 PHP 程序中。若找不到资源文件 resource，include_once()函数返回 false。若找到资源文件 resource，且该资源文件第一次载入，include_once()函数返回整数 1；若找到资源文件 resource，且该资源文件已经载入，include_once 语句返回 true。

【例 3-12】 应用 include_once()函数引用并运行制定的外部文件 top.php。

```
<html>
<head>
<meta http-equiv="Content-Type" content="text/html; charset=gb2312">
<title>应用 include_once()函数包含文件</title>
</head>
<body>
<table width="779" border="0" cellpadding="0" cellspacing="0">
  <tr>
    <td><?php include_once("top.php");?></td>
  </tr>
</table>
</body>
</html>
```

top.php 文件代码如下：

```
<html>
<head>
<title>被包含文件</title>
```

```
</head>
<body>
<table width="779" height="80" border="0" cellpadding="0" cellspacing="0">
  <tr>
    <td  bgcolor="#33CCFF">使用 include_once 语句引用的文件</td>
  </tr>
</table>
</body>
</html>
```

注：include_once()函数和 require_once()函数的区别：include_once 函数在脚本执行期间调用外部文件发生错误时，产生一个警告，而 require_once 函数则导致一个致命的错误。

思考与练习

1．列举出常用的流程控制语句（4 种）。

2．描述出 include()语句和 require()语句的区别。

3．举例说明 while 循环语句和 do…while 循环语句在应用上的不同点。

4．关于 exit( )函数与 die( )函数的说法正确的是（　　）。

A．当 exit( )函数执行会停止执行下面的脚本，而 die()无法做到

B．当 die()函数执行会停止执行下面的脚本，而 exit( )无法做到

C．die()函数等价于 exit()函数

D．die()函数于 exit()函数有直接关系

5．以下代码在页面上会输出多少行数据（　　）。

```
$attr = array(1,2,3,4);
while(list($key,$value) = each($attr))
    {
        echo $key."=>".$value."<br>";
    }
while(list($key,$value) = each($attr))
    {
        echo $key."=>".$value."<br>";
    }
```

A．4　　　　B．6　　　　C．8　　　　D．12

6．语句 for($k=0;$k=1;$k++);和语句 for($k=0;$k==1;$k++);执行的次数分别是（　　）。

A．无限和 0　　　　B．0 和无限　　　　C．都是无限　　　　D．都是 0

第4章　PHP函数

PHP 函数分为系统内部函数和用户自定义函数两种。在日常开发中，如果一个功能或者一段要经常使用，就可以把它写成自定义函数，在需要的时候进行调用。除了自定义函数外，PHP 还提供了庞大的函数库，有上千种内置函数，可以直接使用它的相应功能。在程序设计中调用函数的目的是为了简化编程、减少代码量、提高效率，达到增加代码重用性、避免重复开发的目的。

4.1　函数

在程序设计中，可以将经常使用的代码段独立出来，形成单独的子程序，这些子程序就是函数。函数只需要定义一次，之后便可以重复使用，故可以增强代码的重用性。一般而言，函数的功能较为单一，因此函数的编写和维护比较容易。

在开发过程中，经常要重复某种操作或处理，比如日期、字符串操作等，如果每个模块的操作都要重新输入一次代码，不仅增加程序员的工作量，而且对于代码后期维护及运行效果也有着较大的影响，使用 PHP 函数即可让这些问题迎刃而解。

PHP 函数种类和变量种类的划分方法相似，PHP 中有三种类型的函数：内置函数、自定义函数和变量函数。

内置函数类似于预定义变量。PHP 内置函数是 PHP 已预定义好的函数，这些函数在编程时无须定义，可以直接使用。

自定义函数类似于自定义变量，由程序员根据特定需要编写出来的代码段。和内置函数不同，自定义函数只有在定义之后才可以使用。

变量函数类似于可变变量，变量函数的函数名为一个变量。

三种类型的函数都有一个共同特点：调用函数时，对函数名大小写不敏感，例如：调用 md5()函数和调用 MD5()函数实质上是调用同一个函数。

4.1.1　定义和调用函数

如果说一个 Web 应用系统是一个加工工厂，那么一个函数可以比作一个“加工作坊”，这个“加工作坊”接收上一个“作坊”传递过来的“原料”（即参数），并对这些“原料”进行加工处理产生“产品”，再把“产品”传递给下一个“作坊”。这个过程即为函数设置一个或多个参数，函数定义了一系列的操作对这些参数进行处理，然后将处理结果返回。对于自定义函数而言，其使用过程为：程序员定义函数的参数、函数体（一系列操作）及返回值，声明函数后对函数进行调用。

创建函数的基本语法格式为：

```
function fun_name($str1,$str2,…,$strn){
        fun_body;
}
```

说明：

function：为声明自定义函数时必须使用到的关键字。

fun_name：为自定义函数的名称。

$str1,…,$strn：为函数的参数。

fun_body：为自定义函数的主体，是功能实现部分。

当函数被定义后，所要做的就是调用这个函数。调用函数的操作十分简单，只需要引用函数名并赋予正确的参数即可完成函数的调用。

【例 4-1】 定义函数 square()，计算传入参数的平方，然后连同表达式和结果全部输出。

```
<?php
    /*    声明自定义函数 */
    function square($num){
        return "$num * $num = ".$num * $num;  //返回计算后的结果
    }
    echo square(6);                           //调用函数
?>
```

运行结果为：6 * 6 = 36。

4.1.2 在函数间传递参数

在调用函数时需要向函数传递参数，被传入的参数称为实参，而函数定义的参数为形参。

参数传递的方式有按值传递、按引用传递和默认参数 3 种。

1．按值传递方式

按值传递是指将实参的值复制到对应的形参中，在函数内部的操作针对形参进行，操作的结果不会影响到实参，即函数返回后，实参的值不会改变。

【例 4-2】 首先定义一个函数 sum()，功能是将传入的参数值做一些运算后再输出。接着在函数外部定义一个变量$m，也就是要传进来的参数。最后调用函数 sum($m)，输出函数的返回值$m 和变量$m 的值。

```
<?php
function sum( $m ){                          //定义一个函数
    $m = $m * 2 + 6;
echo "在函数内：\$m = ".$m;                    //输出形参的值
}
$m = 5;
sum( $m ) ;                                  //传递值，将$m 的值传递给形参$m
echo "<p>在函数外 \$m = $m <p>" ;              //实参的值没有发生变化，输出 m=1
```

```
?>
```

运行结果如下：

```
在函数内：$m = 16
在函数外：$m = 5
```

2．按引用（地址）传递方式

按引用传递就是将实参的内存地址传递到形参中。这时，在函数内部的所有操作都会影响到实参的值，返回后实参的值会发生变化。引用传递方式就是传值时在原基础上加&号即可。

【例 4-3】 仍然使用【例 4-2】中的代码，唯一不同的地方就是函数参数多了一个&号。

```
<?php
function sum( &$m ){                          //定义一个函数，同时传递参数$m 的变量
      $m = $m * 2 + 6;
echo "在函数内：\$m = ".$m;                              //输出形参的值
}
$m = 5;
sum( $m ) ;                                   //传递值：将$m 的值传递给形参$m
echo "<p>在函数外：\$m = $m <p>" ;            //实参的值发生变化，输出 m=15
?>
```

运行结果如下：

```
在函数内：$m = 16
在函数外：$m = 16
```

3．默认参数（可选参数）

还有一种设置参数的方式，默认参数即可选参数。可以指定某个参数为可选参数，将可选参数放在参数列表末尾，并且指定其默认值为空。

【例 4-4】 使用可选参数实现一个简单的价格计算功能，设置自定义函数 values 的参数 $tax 为可选参数，其默认值为空。第一次调用该函数，并且给参数$tax 赋值 0.2，输出价格；第二次调用该函数，不给参数$tax 赋值，输出价格。

```
<?php
      function values($price,$tax=""){              //定义一个函数，其中的一个参数初始值为空
            $price=$price+($price*$tax);            //声明一个变量$price，等于两个参数的运算结果
            echo "价格:$price<br>";                 //输出价格
      }
      values(10,0.2);                               //为可选参数赋值 0.2
      values(10);                                   //没有给可选参数赋值
?>
```

运行结果如下：

```
价格:12
价格:10
```

注：当使用默认参数时，默认参数必须放在非默认参数的右侧，否则函数可能出错。从PHP 5 开始，默认值也可以通过引用传递。

4.1.3 从函数中返回值

前面介绍了如何定义和调用一个函数，并且讲解了如何在函数间传递值，这里将讲解函数的返回值。通常，函数将返回值传递给调用者的方式是使用关键字 return。

return()将函数的值返回给函数的调用者，即将程序控制权返回到调用者的作用域。如果在全局作用域内使用 return()关键字，那么将终止脚本的执行。

【例 4-5】 使用 return()函数返回一个操作数。先定义函数 values，函数的作用是输入物品的单价、重量，然后计算总金额，最后输出商品的价格。

```
<?php
    function values($price,$tax=0.25){   //定义一个函数，函数中的一个参数有默认值
        $price=$price+($price*$tax);                //计算物品金额
        return $price;                              //返回金额
    }
    echo values(10);                                //调用函数
?>
```

运行结果为：12.5。

注：return 语句只能返回一个参数，即只能返回一个值，不能一次返回多个。如果要返回多个结果，就要在函数中定义一个数组，将返回值存储在数组中返回。

4.1.4 变量函数

变量函数也称作可变函数。如果一个变量名后有圆括号，PHP 将寻找与变量的值同名的函数，并且将尝试执行它。这样就可以将不同的函数名称赋给同一个变量，赋给变量哪个函数名，在程序中使用变量名并在后面加上圆括号时，就调用哪个函数执行。类似面向对象中的多态特性。变量函数还可以被用于实现回调函数、函数表等。

【例 4-6】 首先定义 a()、b()、c()三个函数，分别用于计算两个数的和、平方和及立方和。并将三个函数的函数名（不带圆括号）以字符串的方式赋给变量$result，然后使用变量名$result 后面加上圆括号并传入两个整型参数，此时就会寻找与变量$result 的值同名的函数执行。

```
<?php
    //声明第一个函数 a，计算两个数的和，需要两个整型参数，返回计算后的值
    function a($a,$b){
        return $a+$b;
    }
    //声明第一个函数 b，计算两个数的平方和，需要两个整型参数，返回计算后的值
    function b($a,$b){
        return $a*$a+$b*$b;
    }
    //声明第一个函数 c，计算两个数的立方和，需要两个整型参数，返回计算后的值
```

```
    function c($a,$b){
        return $a*$a*$a+$b*$b*$b;
    }
    $result="a";            //将函数名‘a’赋值给变量$result，执行$result()时则调用函数 a()
    //$result="b";      将函数名‘b’赋值给变量$result，执行$result()时则调用函数 b()
    //$result="c";      将函数名‘c’赋值给变量$result，执行$result()时则调用函数 c()
    echo"运算结果是：".$result(1,5);
?>
```

运行结果为：6。

注：大多数函数都可以将函数名赋值给变量，形成变量函数。但变量函数不能用于语言结构，例如 echo()、print()、unset()、isset()、empty()、include()、require()以及类似的语句。

4.1.5　对函数的引用

按引用传递参数可以修改实参的内容。引用不仅可用于普通变量、函数参数，也可作用于函数本身。对函数的引用，就是对函数返回结果的引用。

【例 4-7】 首先定义一个函数，在函数名前加“&”符。接着通过变量$str 引用该函数，最后输出变量$str，实际上就是$tmp 的值。

```
<?php
function &example($tmp=0){                  //定义一个函数，注意加“&”符
    return $tmp;                            //返回参数$tmp
}
$str = &example("看到结果了");              //声明一个函数的引用$str
echo $str."<p>";                            //输出$str
?>
```

运行结果为：看到结果了。

注：和参数传递不同，这里必须在两个地方使用“&”符，用来说明返回的是一个引用。

4.1.6　取消引用

当不再需要引用时，可以取消引用。取消引用使用 unset 函数，它只是断开了变量名和变量内容之间的绑定，而不是销毁变量内容。

【例 4-8】 首先声明一个变量和变量的引用，输出引用后取消引用，再次调用引用和原变量。可以看到，取消引用后对原变量没有任何影响。

```
<?php
$num = 13;                                  //声明一个整型变量
$math = &$num;                              //声明一个对变量$num 的引用$math
echo "\$math is:   ".$math."<br>";          //输出引用$math
unset($math);                               //取消引用$math
echo "\$num is:   ".$num;                   //输出原变量
?>
```

运行结果为：

```
$math is: 13
$num is: 13
```

4.2　PHP 变量函数库

除了用户自行编写的函数库外，PHP 自身也提供了很多内置的函数，PHP 变量函数库就是其中一个。但并不是所有的函数都会经常用到，如表 4-1 所示。

表 4-1　常用的变量函数介绍表

函　数　名	说　　明
empty	检查一个变量是否为空，为空，返回 TRUE；否则返回 FALSE
gettype	获取变量的类型
intval	获取变量的整数值
is_array	检查变量是否为数组类型
is_int	检查变量是否为整数
is_numeric	检查变量是否为数字或由数字组成的字符串
isset	检查变量是否被设置，即是否被赋值
print_r	打印变量
settype	设置变量的类型，可将变量设为另一个类型
unset	释放给定的变量，即销毁这个变量

isset()函数检查变量是否被设置，设置则返回 TRUE，否则返回 FALSE。其语法如下：

```
bool isset ( mixed var [, mixed var [, …]])
```

参数说明：var 为必要参数，输入的变量。var2 为可选参数，此参数是输入的变量，可有多个。

【例 4-9】 应用 isset()函数和 empty()函数判断用户提交的用户名和密码是否为空。

```
<?php
if(isset($_POST['Submit']) && $_POST['Submit'] =="登录"){ //通过 isset()函数对登录按钮进行判断
$user=$_POST['user'];                    //通过$_POST 函数调用表单文本域的值
$pass=$_POST['pass'];
    if(empty($user)||empty($pass)){              //通过 if 语句判断用户名或是密码不能为空
        echo "<script>alert('用户名或密码不能为空');</script>";              //用户名或是密码为空时，
给出提示
    }
}
?>
```

运行结果为：

```
弹出对话框，提示："用户名或密码不能为空"
```

isset()只能用于变量，因为传递任何其他参数都将造成解析错误。若想检测常量是否已设置，可使用 defined()函数。

4.3 字符串与 PHP 字符串函数库

4.3.1 初识字符串

字符串是由零个或多个字符构成的一个集合。字符包含以下几种类型。

1）数字类型。例如 1、2、3 等。

2）字母类型。例如 a、b、c、d 等。

3）特殊字符。例如#、$、%、^、&等。

4）不可见字符。例如\n（换行符）、\r（回车符）、\t（Tab 字符）等。

其中，不可见字符是比较特殊的一组字符，是用来控制字符串格式化输出的，在浏览器上不可见，只能看到字符串输出的结果。

4.3.2 去掉字符串首尾空格和特殊字符

1．ltrim()函数

ltrim()函数用于去除字符串左边的空白字符或者指定字符串。语法如下：

```
string ltrim( string str [,string charlist]);
```

参数 str 是要操作的字符串对象，参数 charlist 为可选参数，需要从指定的字符串中删除哪些字符，如果不设置该参数，则所有的可选字符都将被删除。参数 charlist 的可选值:\0（NULL，空值）、\t（tab，制表符）、\n（换行符）、\x0B（垂直制表符）、" "（空白字符）、\r（回车符）。除了以上默认的过滤字符列表外，也可以在 Charlist 参数中提供要过滤的特殊字符。

2．rtrim()函数

rtrim()函数用于去除字符串右边的空白字符和特殊字符。语法如下：

```
string rtrim(string str [,string charlist]);
```

参数 str 指定操作的字符串对象，参数 charlist 为可选参数，指定需要从指定的字符串中删除哪些字符，如果不设置该参数，则所有的可选字符都将被删除。参数 charlist 的可选值同上。

3．trim()函数

trim()函数用于去除字符串开始位置和结束位置的空白字符，并返回去掉空白字符后的字符串。语法如下：

```
string trim(string str [,string charlist]);
```

参数 str 是操作的字符串对象，参数 charlist 为可选参数，指定需要从指定的字符串中删除哪些字符，如果不设置该参数，则所有的可选字符都将被删除。参数 charlist 的可选值同上。

4.3.3 截取字符串

在 PHP 中对字符串进行截取应用 substr()函数。对字符串进行截取是一个最为常用的方法。

substr()函数从字符串中按照指定位置截取一定长度的字符。如果使用一个正数作为子串起点来调用这个函数，将得到从起点到字符串结束的这个字符串；如果使用一个负数作为子串起点来调用，将得到一个原字符串尾部的一个子串，字符个数等于给定负数的绝对值。语法如下：

```
string substr ( string str, int start [, int length])
```

注：参数说明如下。

参数 str：用来指定字符串对象。

参数 start：用来指定开始截取字符串的位置，如果参数 start 为负数，则从字符串的末尾开始截取。

参数 length：为可选项，指定截取字符的个数，如果 length 为负数，则表示取到倒数第 length 个字符。

注意：substr 函数中参数 start 的指定位置是从 0 开始计算的，即字符串中的第一个字符表示为 0。

【例 4-10】 在开发 Web 程序时，为了保持整个页面的合理布局，经常需要对一些（例如：公告标题、公告内容、文章的标题、文章的内容等）超长输出的字符串内容进行截取，并通过“……”代替省略内容:

```
<html xmlns="http://www.w3.org/1999/xhtml">
<head>
<meta http-equiv="Content-Type" content="text/html; charset=gb2312" />
<title>截取字符串</title>
</head>
<body>
<?php
$str="8 月 8 日 21 时 19 分，四川省阿坝州九寨沟县（北纬 33.2 度，东经 103.82 度）发生 7.0 级
地震，震源深度 20 公里。截至 8 月 8 日 23 时 30 分，地震已造成 5 人死亡、70 余人受伤。";
if(strlen($str)>40){                          //如果文本的字符串长度大于 40
    echo substr($str,0,42)."……";           //输出文本的前 42 个字符串，然后输出省略号
}else{                                                  //如果文本的字符串长度小于 40
    echo $str;                                        //直接输出文本
}
?>
</body>
</html>
```

运行结果为：8 月 8 日 21 时 19 分，四川省阿坝州九……

说明：

1）在应用 substr()函数对字符串进行截取时，应该注意页面的编码格式，切忌页面编码格式不能设置为 UTF-8。如果页面是 UTF-8 编码格式，那么应该使用 iconv_substr()函数进行截取。

2）strlen()函数获取字符串的长度，汉字占两个字符，数字、英文、小数点、下划线和空格占一个字符。

通过 strlen()函数还可以检测字符串长度。例如，在用户注册中，通过 strlen()函数获取用户填写用户名的长度，然后判断用户名长度是否符合指定的标准。关键代码如下：

```
<?php
if(strlen($_POST["pwd"])<6){                    //检测用户密码的长度是否小于 6，弹出警告信息
    echo "<script>alert('用户密码的长度不得少于 6 位!请重新输入'); history.back();</script>";
}else{                                          //用户密码大于等于 6 位，则弹出该提示信息
    echo "用户信息输入合法！";
}
?>
```

4.3.4　分割、合成字符串

分割字符串将指定字符串中的内容按照某个规则进行分类存储，进而实现更多的功能。例如：在电子商务网站的购物车中，可以通过特殊标识符“@”将购买的多种商品组合成一个字符串存储在数据表中，在显示购物车中的商品时，通过以“@”作为分割的标识符进行拆分，将商品字符串分割成 *N* 个数组元素，最后通过 for 循环语句输出数组元素，即输出购买的商品。

字符串的分割使用 explode()函数，按照指定的规则对一个字符串进行分割，返回值为数组。语法如下：

```
array explode(string separator,string str [,int limit])
```

explode()函数的参数说明如下：

separator：必要参数，指定的分割符。如果 separator 为空字符串（""），explode()将返回 false。如果 separator 所包含的值在 str 中找不到，那么 explode()函数将返回包含 str 单个元素的数组。

str：必要参数，指定将要被进行分割的字符串。

limit：可选参数，如果设置了 limit 参数，则返回的数组包含最多 limit 个元素，而最后的元素将包含 string 的剩余部分；如果 limit 参数是负数，则返回除了最后的 limit 个元素外的所有元素。

【例 4-11】 在电子商务网站的购物车中，通过特殊标识符“@”将购买的多种商品组合成一个字符串存储在数据表中，在显示购物车中的商品时，以“@”作为分割的标识符进行拆分，将商品字符串分割成 *N* 个数组元素，最后通过 foreach 循环语句输出数组元素，即输出购买的商品，代码如下:

```
<?php
$str="电脑@手机@男士衬衫@女士挎包";                //定义字符串常量
$str_arr=explode("@",$str);                       //应用标识@分割字符串
foreach($str_arr as $key=>$value){                //使用 foreach 语句遍历数组，输出键和值
    echo $value."<br>";                           //输出商品
```

```
}
?>
```

运行结果如下：

```
电脑
手机
男士衬衫
女士挎包
```

4.3.5 md5 加密函数

md5 加密函数计算字符串的 md5 哈希值，该函数是一种编码的方式，但是不能解码。其语法如下：

```
string md5 ( string str , bool raw_output )
```

参数 str 为被加密的字符串；参数 raw_output 为布尔型，TRUE 表示加密字符串以二进制格式返回。

例如：应用 md5()函数对字符串“中国梦”进行编码。

```
<?php
	echo md5("中国梦");
?>
```

运行结果为：59110b5db0d04fe20cd8e51408e389fa。

4.4 PHP 日期时间函数库

4.4.1 格式化日期和时间

date()函数对本地日期和时间进行格式化。语法如下：

```
date(string format,[int timestamp])
```

参数 format 指定日期和时间输出的格式。例如：“Y-m-d H:i:s”，其中 Y 是 year 的第一个字母，m 是 month 的第一个字母，d 是 day 字母的第一个字母， H 是 hour 的第一个字母，i 是 minute 的第二个字母，s 是 second 的第一个字母，分别代表 Web 服务器当前的年、月、日、时、分、秒。

【例 4-12】 应用 date()函数设置不同的 format 值，输出不同格式的时间，代码如下。

```
<?php
echo "单个变量：".date("m 月");                    //输出单个日期
echo "<p>";
echo "组合变量：".date("Y-m-d");                   //输出组合参数
echo "<p>";
```

```
echo "详细的日期及时间：".date("Y-m-d H:i:s");                    //输出详细的日期和时间参数
echo "<p>";
echo "中文格式日期及时间：".date("Y 年 m 月 d 日  H 时 i 分 s 秒");      //输出中文格式时间
?>
```

运行结果如下：

```
单个变量：08 月
组合变量：2017-08-10
详细的日期及时间：2017-08-10 15:57:34
中文格式日期及时间：2017 年 08 月 10 日  15 时 57 分 34 秒
```

说明：在运行本章的实例时，也许有的读者得到的时间和系统时间并不相等，这不是程序的问题。因为在 PHP 语言中默认设置的是标准的格林威治时间，而不是北京时间。

4.4.2 获取日期和时间信息

getdate()函数获取日期和时间指定部分的相关信息。语法如下：

```
array getdate(int timestamp)
```

getdate 函数返回数组形式的日期、时间信息，如果没有时间戳，则以当前时间为准。getdate()函数返回的关联数组中元素的说明如表 4-2 所示：

表 4-2　getdate()函数说明

键名	说明	返回值
seconds	秒	0 到 59
minutes	分钟	0 到 59
hours	小时	0 到 23
mday	月份中第几天	1 到 31
wday	星期中第几天	0（表示星期日）到 6（表示星期六）
mon	月份数字	1 到 12
year	4 位数字表示的完整年份	返回的值如：2010 或 2011
yday	一年中第几天	0 到 365
weekday	星期几的完整文本表示	Sunday 到 Saturday
month	月份的完整文本表示	January 到 December
0	自从 Unix 纪元开始至今的秒数	典型值为从-2147483648 到 2147483647

4.5 正则表达式

正则表达式是一种模糊匹配模式，特别适合于模糊查找与替换。很多高级语言都逐渐支持正则表达式。正则表达式在历史上出现过两种比较流行的语法：POSIX 和 Perl，但是由于 Perl 的效率更高，因此 PHP 自 5.3.0 版本起仅支持 Perl 兼容的正则表达式。

4.5.1 正则表达式的基本知识

1. 正则表达式的定义

正则表达式是由普通字符（如字符 a～z）和特殊字符组成的字符串模式。该模式设定了一些规则，当正则表达式函数使用这些规则时，可以根据设定好的内容对指定的字符串进行匹配。使用正则表达式可以完成以下功能。

1）测试字符串的某个模式。例如，可以对一个输入字符串进行测试，看在该字符串中是否存在一个 E-mail 地址模式或一个身份证模式，这称为数据有效性验证。

2）替换文本。可以在文档中使用一个正则表达式来标志特定字符串，然后全部将其删除，或者替换为别的字符串。

3）根据模式匹配从字符串中提取一个子字符串。可以用来在文本或输入字段中查找特定字符串。

正则表达式是由普通字符、特殊字符组成的一种字符模式，它由两个斜杠(/)括住。

2. 正则表达式的特殊字符

（1）行定位符(^与$)

行定位符是用来描述字符串的边界。“$”表示行结尾，“^”表示行开始。如"^de"表示以 de 开头的字符串；"de$"，表示以 de 结尾的字符串。

（2）单词定界符

在查找的一个单词的时候，如 an 是否在一个字符串“gril and body”中存在，很明显如果匹配的话，an 肯定是可以匹配字符串“gril and body”匹配到，怎样才能让其匹配单词，而不是单词的一部分呢？这时候，可以是用单词定界符\b。

\ban\b 去匹配“gril and body”的话，就会提示匹配不到。

当然还有一个大写的\B，它的意思，和\b 正好相反，它匹配的字符串不能使一个完整的单词，而是其他单词或字符串中的一部分。如\Ban\B。

（3）选择字符(|)，表示或

选择字符表示或的意思。如 Aa|aA，表示 Aa 或者是 aA 的意思。注意使用“[]”与“|”的区别，在于“[]”只能匹配单个字符，而“|”可以匹配任意长度的字符串。在使用“[]”的时候，往往配合连接字符“-”一起使用，如[a-d]，代表 a 或 b 或 c 或 d。

（4）排除字符，排除操作

正则表达式提供了“^”来表示排除不符合的字符，^一般放在[]中。如[^1-5]，该字符不是 1～5 之间的数字。

（5）限定字符(？ *+{n，m})

限定字符主要是用来限定每个字符串出现的次数。如表 4-3 所示。

表 4-3 限定字符

限定字符	含　义	限定字符	含　义
?	零次或一次	{n}	n 次
*	零次或多次	{n,}	至少 n 次
+	一次或多次	{n,m}	n 到 m 次

如，(D+)表示一个或多个D。

（6）点号操作符

匹配任意一个字符（不包含换行符）。

（7）表达式中的反斜杠(\)

表达式中的反斜杠有多重意义，如转义、指定预定义的字符集（如表 4-4 所示）、定义断言、显示不打印的字符（如表 4-5 所示）。

表 4-4　指定预定义的字符集

字　符	含　义
\d	任意一个十进制数字[0-9]
\D	任意一个非十进制数字
\s	任意一个空白字符（空格、换行符、换页符、回车符、字表符）
\S	任意一个非空白字符
\w	任意一个单词字符
\W	任意个非单词字符

表 4-5　显示不可打印的字符

字　符	含　义	字　符	含　义
\a	报警	\n	换行
\b	退格	\r	回车
\f	换页	\t	字表符

（8）转义字符

转义字符主要是将一些特殊字符转为普通字符。而这些常用特殊字符有“.”“?”“\”等。

（9）括号字符()

在正则表达式中，小括号()的作用主要有:

改变限定符如(|、* 、^)的作用范围。如(my|your)baby，如果没有“()”，|将匹配的是要么是 my，要么是 yourbaby，有了小括号，匹配的就是 mybaby 或 yourbaby。

（10）反向引用

反向引用，就是依靠子表达式的“记忆”功能，匹配连续出现的字串或是字符。如(dqs)(pps)\1\2，表示匹配字符串 dqsppsdqspps。

（11）模式修饰符

模式修饰符的作用是设定模式，也就是正则表达式如何解释。PHP 中主要模式修饰符如表 4-6 所示：

表 4-6　模式修饰符

修　饰　符	含　义	修　饰　符	含　义
i	忽略大小写	s	单行文本模式
m	多文本模式	x	忽略空白字符

3. 正则表达式的特殊字符应用

1）身份证号码由 18 位数字或 17 位数字后加一个 X 或 Y 组成，因此，身份证号码的正则表达式为：/ [0-9]{17}[0-9XY] / 。

2）邮政编码由 6 位数字组成，因此，邮政编码的正则表达式为： / [0-9]{6}/。

3）E-mail 地址的正则表达式为：/[a-zA-Z0-9_\-] + @[a-zA-Z0-9-]+\. [a-zA-Z0-9_\.]+ /。

其中，子表达式/[a- zA- Z0- 9_\ -]匹配 E-mail 用户名，由字母、数字、下画线和“-”组成；子表达式[a- zA- Z0-9-]匹配主机的域名，由字母、数字和下画线组成；“\. ”匹配点号(.)；子表达式[a- zA-Z0-9_\.]+匹配域名的剩余部分，由字母、数字和下画线组成。

4）url 地址的正则表达式为：

/^http(s?):\/\/(?:[A-za-z0-9-]+\.)+[A-za-z]{2,4}(:\d+)?(?:[\/\?#][\/=\?%\-&～'@[\]\':+!\.#\w]*)?/。

5）手机号码的验证的正则表达式为：/1[345678]\d10/。

4.5.2 正则表达式在 PHP 中的应用

1. 字符串匹配

所谓的字符串匹配，言外之意就是判断一个字符串中，是否包含或是等于另一个字符串。如果不使用正则匹配，可以使用 PHP 中提供了很多方法进行这样的判断。

（1）不使用正则匹配（使用字符串函数）

1）strstr()函数。

```
string strstr ( string haystack,mixedneedle [, bool $before_needle = false ])
```

- haystack 是当事字符串，needle 是被查找的字符串。该函数区分大小写。
- 返回值是从 needle 开始到最后。
- 关于$needle，如果不是字符串，被当作整形来作为字符的序号来使用。
- before_needle 若为 true，则返回前东西。

Stristr()函数与 strstr()函数相同，只是它不区分大小写。

2）strop()函数。

```
int strpos ( string haystack,mixedneedle [, int $offset = 0 ] )
```

- 可选的 offset 参数可以用来指定从 haystack 中的哪一个字符开始查找。返回的数字位置是相对于 haystack 的起始位置而言的。
- stripos -查找字符串首次出现的位置（不区分大小定）。
- strrpos -计算指定字符串在目标字符串中最后一次出现的位置。
- strripos -计算指定字符串在目标字符串中最后一次出现的位置（不区分大小写）。

（2）使用正则进行匹配

在 PHP 中，提供了 preg_math()函数和 preg_match_all()函数进行正则匹配。关于这两个函数的原型如下：

```
int preg_match|preg_match_all ( string $pattern , string $subject [, array &$matches [, int $flags = 0 [, int
$offset = 0 ]]] )
```

函数功能为：搜索 subject 与 pattern 给定的正则表达式的一个匹配。

- pattern:要搜索的模式，字符串类型。
- subject :输入字符串。
- matches:如果提供了参数 matches，它将被填充为搜索结果。matches[0]将包含完整模式匹配到的文本，matches[1]将包含第一个捕获子组匹配到的文本，以此类推。
- flags:flags 可以被设置为标记值：PREG_OFFSET_CAPTURE。如果传递了这个标记，对于每一个出现的匹配返回时会附加字符串偏移量（相对于目标字符串的）。注意：这会改变填充到 matches 参数的数组，使其每个元素成为一个由第 0 个元素是匹配到的字符串，第 1 个元素是该匹配字符串在目标字符串 subject 中的偏移量。
- offset:通常，搜索从目标字符串的开始位置开始。可选参数 offset 用于指定从目标字符串的某个未知开始搜索（单位是字节）。
- 返回值：preg_match()函数返回 pattern 的匹配次数。它的值将是 0 次（不匹配）或 1 次，因为 preg_match()函数在第一次匹配后将会停止搜索。preg_match_all()函数不同于此，它会一直搜索 subject 直到到达结尾。如果发生错误 preg_match()函数返回 false。

【例 4-13】 判断字符串“http://www.baidu.com”中是否包含 baidu?

方法一：不使用正则表达式

如果不使用正则表达式，使用 strstr()函数或者 strpos()函数中任意一个都可以，在此，将使用 strstr()函数，代码如下：

```
<?php
$str='http://www.baidu.com';
function checkStr1($str,$str2)
{
    return strstr($str,$str2)?true:false;
}
echo checkStr1($str,'baidu');
 ?>
```

方法二：使用正则表达式

只需要判断字符串是否存在即可，所以选择 preg_match()函数。

```
<?php
$str=' http://www.baidu.com ';
$pattern='/baidu/';
function checkStr2($str,$str2)
{
    return preg_match($str2,$str)?true:false;
}
echo checkStr2($str,$pattern);
 ?>
```

【例 4-14】 单词定界符判断：判断字符串“I am a good boy”中是否包含单词 go。

首先判断是单词，而不是 go 这两个字母的字符串，因此比较的时候，需要比较是否包含“go”，即在字符串 go 前后有一个空格。

如果使用非正则比较，只需要调用上面的 checkStr1()函数即可，注意，第二个参数前后要加一个空格，即‘go’。如果使用正则表达式，可以考虑使用单词定界符\b，即：$pattern=‘/\bgo\b/’;，然后调用 checkStr2()函数即可。

【例 4-15】 反向引用：判断字符串“I am a good boy”中是否包含 3 个相同的字母。

此时，如果不使用正则，将会很难判断，因为字母太多了，不可能去将所有字母分别与该字符串比较，那样工作量也比较大。这时候涉及到了正则表达式的反向引用。在 PHP 正则表达式中，通过\n，来表示第 n 次匹配到的结果。如\5 代表第五次匹配到的结果。那么本例的正则表达式为：$pattern='/(\w).*\1.*\1/'; 。

需要注意的是，在使用反向匹配的时候都需要使用小括号()，匹配()里面出现的字符或字符串。

2. 字符串替换应用

（1）不使用正则匹配（使用字符串函数）

在 PHP 中当替换字符串的时候，通常可以使用 str_replace()、substr_replace()等字符串函数，这两个函数的区别如表 4-7 所示。

表 4-7 str_replace()函数、substr_replace()函数的区别

函数符	功能	描述
str_replace(find,replace,string,count)	使用一个字符串替换字符串中的另一些字符	find 必需，规定要查找的值；replace 必需，规定替换 find 中的值的值；string 必需，规定被搜索的字符串；count 可选，是一个变量，对替换数进行计数
substr_replace(string,replacement,start,length)	把字符串的一部分替换为另一个字符串。适合用于替换自定位置的字符串	string 必需，规定要检查的字符串；replacement 必需，规定要插入的字符串；start 必需，规定在字符串的何处开始替换

【例 4-16】 将字符串“hello,中国”中的 hello 替换为'你好'。

如果不使用正则表达式匹配，而使用字符函数，为：

```
$str='hello,中国';;
$str=str_replace('hello','你好',$str) ;
```

或是：

```
$str=substr_replace($str,'你好',0,5) ;
```

（2）使用正则匹配

如果使用正则替换，PHP 中提供了 preg_replace_callback()函数和 preg_replace()函数，preg_replace()函数原型如下：

```
mixed preg_replace ( mixed pattern,mixedreplacement , mixed subject[,intlimit = -1 [, int &count]])
```

函数功能描述：在字符串 subject 中，查找 pattern，然后使用 replacement 去替换，如果有 limit 则代表限制替换 limit 次。Preg_replace_callback()函数与 preg_replace()函数功能相似，不同的是 preg_replaceback()函数使用一个回调函数 callback 来代替 replacement。

使用正则匹配，上边例 4-15 实现语句如下：

```
pattern='/hello/';str=preg_replace (pattern,'你好',str);
```

3. 字符串分割应用

php 提供了 explode()函数去分割字符串，与其对应的是 implode()函数。关于 explode()函数原型如下：

```
array explode ( string delimiter,stringstring [, int $limit ] )
```

关于通过正则表达式进行字符串分割，PHP 提供了 split()函数、preg_split()函数。preg_split()函数通常是比 split()函数更快的替代方案。preg_split()函数原型如下：

```
array preg_split ( string pattern,stringsubject [, int limit=−1[,intflags = 0 ]] )
```

【例 4-17】 将字符串“http://product.dangdang.com/23882990.html”按照' / '进行分割。

方法一：

```
<?php
$str='http://product.dangdang.com/23882990.html';
$str=explode('/', $str);
var_dump($str ) ;
 ?>
```

方法二：

```
<?php
$str='http://product.dangdang.com/23882990.html';
$pattern='/\//';   /*因为/为特殊字符，需要转移*/
$str=preg_split ($pattern, $str);
var_dump($str ) ;
 ?>
```

4.5.3 正则表达式在 JavaScript 中的应用

test()函数是 JavaScript 提供的最重要的正则表达式函数，用于验证用户输入的数据是否满足指定的格式，该函数的语法格式如下：

```
正则表达式. test（字符串）
```

说明：在字符串中查找与正则表达式相匹配的内容，若找到，则返回 true;否则返回 false。若正则表达式未含“^”或“$”，只要正则表达式为字符串的子串，该函数就返回 true。若正则表达式包含“^”或“$”，只有正则表达式与字符串完全匹配，该函数才返回 true。

【例 3-18】 test()函数的用法示例。

```
<html xmlns="http://www.w3.org/1999/xhtml">
<head>
<meta http-equiv="Content-Type" content="text/html; charset=UTF-8" />
```

```
<title> test 的用法示例</title>
</head>
<body>
<script language="javascript">
var a=/\d{6}/;
var b=/^\d{6}$/;
document.write(a.test("12345678")); //返回 true
document.write(b.test("12345678")); //返回 false
</script>
</body>
</html>
```

4.5.4 正则表达式的其他特性

1. 贪婪匹配与惰性匹配特性

（1）贪婪匹配：匹配尽可能多的字符

比如，正则表达式中 m.*n，它将匹配最长以 m 开始，n 结尾的字符串。如果用它来搜索 manfakjkakn 的话，它将匹配到的字符串是 manfakjkakn 而非 man。可以这样想，当匹配到 m 的时候，它将从后面往前匹配字符 n。

（2）惰性匹配：匹配尽可能少的字符

有的时候，我们需要并不是去贪婪匹配，而是尽可能少的去匹配。这时候，就需要将其转为惰性匹配。怎样将一个贪婪匹配转为惰性匹配呢？只需要在其后面添加一个“?”即可。如 m.*?n 将匹配 manfakjkakn，匹配到的字符串是 man。惰性匹配的字符描述如表 4-8 所示。

表 4-8 惰性字符描述

字　符	描　述
*?	零次或多次，但尽可能少的匹配
+?	一次或多次，但尽可能少的匹配
??	0 次或 1 次，但尽可能少的匹配
{n,}?	至少 n 次，但尽可能少的匹配
{n,m}?	n 到 m 次，但尽可能少的匹配

2．PHP 正则表达式之回溯与固态分组

（1）回溯

首先需要清楚什么是回溯，回溯就像是在走岔路口，当遇到岔路的时候就先在每个路口做一个标记。如果走了死路，就可以照原路返回，直到遇见之前所做过的标记，标记着还未尝试过的道路。如果另条路也走不了，可以继续返回，找到下一个标记，如此重复，直到找到出路，或者直到完成所有没有尝试过的路。

比如：

```
$str='aageacwgewcaw';
$pattern='/a\w*c/i';
```

```
$str=preg_match($pattern, $str);
```

看到上面的程序，可能都清楚是什么意思，就是匹配$str 是否包含这样一个由“a+0 个或多个字母+c”不区分大小写的字符串。

（2）固态分组

固态分组，目的就是减少回溯次数， 使用(?>…)括号中的匹配时如果产生了备选状态，一旦离开括号便会被立即抛弃掉。举个典型的例子如：‘\w+:’这个表达式在进行匹配时的流程是，会优先去匹配所有的符合\w 的字符，假如字符串的末尾没有‘:’，即匹配没有找到冒号，此时触发回溯机制，该机制会迫使前面的\w+释放字符，并且在交还的字符中重新尝试与‘:’作比对。但是问题出现在这里: \w 是不包含冒号的，显然无论如何都不会匹配成功，可是依照回溯机制，引擎还是继续往前找，这就是对资源的浪费。所以就需要避免这种回溯，方法就是将前面匹配到的内容固化，不令其存储备用状态，那么引擎就会因为没有备用状态可用而只得结束匹配过程。大大减少回溯的次数。

如下边这段代码，就不会进行回溯：

```
$str='nihaoaheloo';
$pattern='/(?>\w+):/';
$rs=preg_match($pattern, $str);
```

当然有的时候，又需慎用固态分组，如下边这段代码，要检查$str 中是否包含以 a 结尾的字符串，很明显字符串中是包含字母 a 的，但是因为使用了固态分组，反而达不到想要的效果。

```
$str='nihaoahelaa';
$pattern1='/(?>\w+)a/';
$pattern2='/\w+a/';
$rs=preg_match($pattern1, $str);//0
$rs=preg_match($pattern2, $str);//1
```

注：PHP 中正则表达式在某些时候，能帮解决 PHP 函数很多困难的匹配或是替换。然而 PHP 中正则表达式的效率问题，是必须要考虑的，在某些时候，能不用正则表达式还是尽量不去用它，除非某些场合必须用到，或是我们能够有效减少其回溯次数。

思考与练习

1．用最简短的代码编写一个获取 3 个数字中最大值的函数。

2．写一个函数，尽可能高效的从一个标准 URL 中取出文件的扩展名。

3．函数的参数赋值方式有传值赋值和传地址赋值，请说明这两种赋值方式的区别，并讨论何时使用传值赋值，何时使用传地址赋值。

4．include()函数和 require()函数的区别是什么？

5．腾讯 QQ 号是从 10000 开始的整数，那么，QQ 号的正则表达式是什么？

6．使用正则表达式验证用户输入的数据是否满足如下要求：用户名不得超过 10 个字符

（字母或数字）；密码必须为 4～14 个数字；手机号码必须为 11 位数字，且第 1 位为 1；邮箱必须为有效的邮箱地址。当单击“注册”按钮后，若用户未输入或输入错误，则会在相应控件的右边显示提示信息，否则，会跳转显示输入信息。

7．下列说法正确的是（　　）。

A．PHP 函数的参数个数是固定不变的

B．可以将自定义函数名作为参数传递给另一个函数

C．call_user_ func_array()函数只能将数组作为参数传递给回调函数

D．call_user_func()调用回调函数时不能用数组作为参数

8．PHP 中关于字符串处理函数以下说法正确的是（　　）。

A．implode( )方法可以将字符串拆解为数组

B．str_replace()可以替换指定位置的字符串

C．substr( )可以截取字符串

D．strlen( )不能取到字符串的长度

9．以下代码运行结果为（　　）。

```
<?php
$first = "This course is very easy !";
$second = explode(" ",$first);
$first = implode(",", $second);
echo $first;
?>
```

A．This,course,is,very,easy,!

B．This course is very easy !

C．This course is very easy !,

D．提示错误

10．以下程序横线处应该使用的函数为（　　）。

```
<?php
        $email = 'langwan@thizlinux.com.cn';
        $str = ____($email, '@');
        $info = ____('.',$str);
        ____($info);
    ?>
```

输出结果为：

```
Array ([0] => @thizlinux [1]=>com[2]=>cn)
```

A．strchr, split, var_dump　　　　B．strstr, explode, print_r

C．strstr,explode, echo　　　　D．strchr, split, var,_dump

11．下列定义函数的方式正确的是（　　）。

A．public void Show(){　}　　　　B．function Show($a=5,$b){　}

C．function Show(a,b){ }　　　　D．functionShow(int $a){ }

PHP 中以下能输出当前时间格式像：2017-5-6 13:10:56 的是（　　）

A．echodate("Y-m-d H:i:s");　　　　B．echo time();

C．echodate();　　　　D．echotime("Y-m-d H:i:s");

12．以下不属于函数的四要素的是（　　）。

A．返回类型　　B．函数名　　C．参数列表　　D．访问修饰符

13．以下关于构造函数说法不正确的是（　　）。

A．研究一个类，首先我们要研究的函数是构造函数

B．构造函数写法和普通函数没有区别

C．构造函数执行比较特殊

D．如果父类中存在构造函数并且需要参数，子类在造对象的时候也应该传入相应的参数。

14．PHP 函数不支持的功能有（　　）。

A．可变的参数个数　　　　B．通过引用传递参数

C．通过指针传递参数　　　　D．实现递归函数

15．自定义函数中，返回函数值的关键字是（　　）。

A．returns　　B．close　　C．return　　D．back

16．下列说法不正确的是（　　）。

A．function 是定义函数的关键字

B．函数的定义必须出现在函数调用之前

C．函数可以没有返回值

D．函数定义和调用可以出现在不同的 PHP 文件中

17．下列 4 个选项中，可作为 PHP 函数名的是（　　）。

A．$_abc　　B．$123　　C．_abc　　D．123

第 5 章　PHP 数组应用

数组（Array）是一组批量的数据存储空间，这一组存储空间在内存中是相邻接的，每一个存储空间存储了一个数组元素，元素之间使用“键”（key）来识别，通过数组名和“键”的组合实现数组中每一个元素的访问。本章详细讲解数组的基本概念以及数组常用的处理函数，并对数组遍历的几种方法进行比较。

5.1　数组的基本概念

数组由多个元素组成，元素之间相互独立，并使用“键”（key）来识别，每个元素相当于一个变量，用来保存数据。因此可以将数组视为一串内存空间连续的变量组合。

5.1.1　为什么引入数组

使用标量数据类型定义的变量只能存储单个“数据”，仅依靠标量数据类型远不能解决现实生活中的一些常见问题，例如一个设置个人信息的页面，如图 5-1 所示。

性格特点：	☐ 外向	☐ 内向	☐ 谨慎	☐ 胆大	☐ 浪漫	☐ 淳朴
	☑ 幽默风趣	☑ 乐天达观	☐ 刚毅坚强	☐ 憨厚大气	☐ 精明能干	☐ 富有正义
	☐ 热心助人	☐ 善解人意	☐ 成熟稳重	☐ 单纯可爱	☐ 精力充沛	☐ 其他
兴趣爱好：	☐ 时尚	☐ 旅游	☑ 电影	☑ 音乐	☐ 体育	☐ 宗教
	☐ 美食	☐ 交友	☐ 文学	☐ 艺术	☐ 游戏	☐ 政治
	☐ 购物	☐ 上网	☐ 健身	☐ 美容	☐ 宠物	☐ 读书杂志
	☐ 休闲娱乐	☑ 电脑	☑ 软件	☐ 数码产品	☐ 摄影	☐ 家电音响
	☐ 汽车	☐ 流行服饰	☐ 育儿	☐ 健康	☐ 教育培训	☐ 留学移民
	☐ 招聘	☐ 投资理财	☐ 房产装修	☐ 经商创业	☐ 其他	
喜欢的颜色：	☑ 红色	☐ 橙色	☐ 黄色	☑ 绿色	☐ 青色	☑ 蓝色
	☐ 紫色	☐ 黑色	☑ 白色	☐ 灰色	☐ 粉红色	☐ 咖啡色
	☐ 银色	☐ 金色	☐ 其他			

图 5-1　个人信息页面

从图 5-1 可以得出以下两点。

1）用户可选的“兴趣爱好”选项的个数有 35 项之多，编程过程中不可能为 35 个“兴趣爱好”选项设置 35 个变量与之对应。

2）“兴趣爱好”选项的个数有可能会继续增加，无法确定选项个数。

为此，需引入数组数据类型更好地解决上述问题。

5.1.2 数组是什么

数组是一组数据的集合，将数据按照一定规则组织起来，形成一个可操作的整体。数组是对大量数据进行有效组织和管理的手段之一，通过数组函数可以对大量性质相同的数据进行存储、排序、插入、删除等操作，从而可以有效地提高程序开发效率及改善程序的编写方式。

数组的本质是储存、管理和操作一组变量。数组与变量的比较效果如图 5-2 所示。

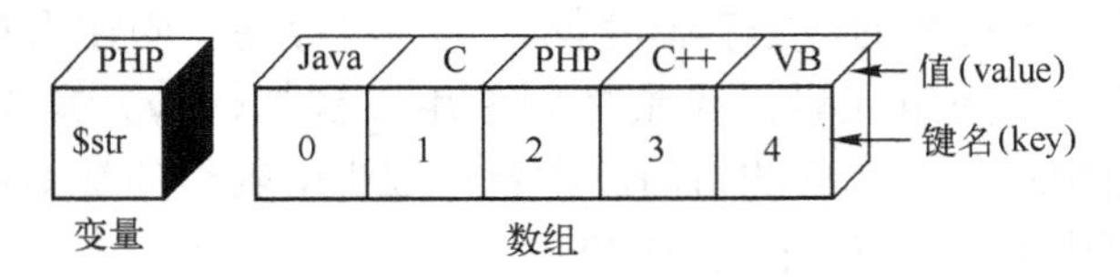

图 5-2　变量与数组

变量中保存单个数据，而数组中保存的则是多个变量的集合。使用数组的目的就是将多个相互关联的数据组织在一起形成一个整体，作为一个单元使用。

数组中的每个实体都包含两项：键和值。其中，键可以是数字、字符串或者数字和字符串的组合，用于标识数组中相应的值；而值被称为数组中的元素，可以定义为任意数据类型，甚至是混合类型。最终通过键来获取相应的值。例如，一个足球队通常会有几十人，认识他们的时候首先会把他们看作某队的成员，然后通过他们的号码来区分每一名队员。这时候，球队就是一个数组，而号码就是数组的下标（键）。当指明是几号队员的时候，就找到了这名队员（值）。

5.1.3 数组的类型

PHP 中将数组分为一维数组、二维数组和多维数组。无论是一维还是多维，都可以统一将数组分为两种：数字索引数组（indexed array）和关联数组（associative array）。数字索引数组使用数字作为键名（图 5-2 中展示的就是一个数字索引数组），关联数组使用字符串作为键名（如图 5-3 所示）。

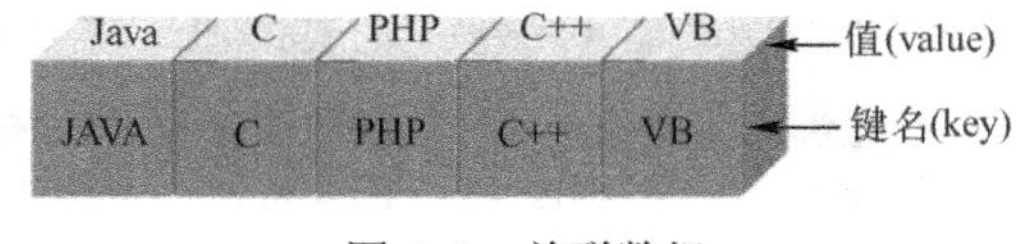

图 5-3　关联数组

（1）数字索引数组

数字索引数组，下标（键名）由数字组成，默认从 0 开始，每个数字对应数组元素在数组中的位置，不需要特别指定，PHP 会自动为数字索引数组的键名赋一个整数值，然后从这个值开始自动增量。当然，也可以指定从某个具体位置开始保存数据。

数组中的每个实体都包含两项：键名和值。可以通过键名来获取相应数组元素（值），如果键名是数值那么就是数字索引数组，如果键名是数值与字符串的混合，那么就是关联数组。

下面创建一个数字索引数组，代码如下：

```
$arr_int = array ("虚拟现实技术及应用","网站开发与设计","数据库原理及应用基础");      //声明数字索引数组
```

（2）关联数组

关联数组，下标（键名）由数值和字符串混合的形式组成。如果一个数组中，有一个键名不是数字，那么这个数组就叫作关联数组。

关联数组（associative array）使用字符串键名来访问存储在数组中的值，如图 5-2 所示。

下面创建一个关联索引数组，代码如下：

```
$arr_string = array ("PHP"=>"PHP 程序设计","Java"=>"Java 程序设计","C#"=>"C#程序设计");
//声明关联数组
```

说明：关联数组的键名可以是任何一个整数或字符串。如果键名是一个字符串，则要给这个键名或索引加上个定界修饰符——单引号（'）或双引号（"）。对于数字索引数组，为了避免不必要的麻烦，最好也加上定界符。

5.2 声明数组

PHP 中声明数组的规则如下。

1）数组的名称由一个符号（$）开始，第一个字符是字母或下划线，其后是任意数量的字母、数字或下划线。

2）在同一个程序中，标量变量和数组变量都不能重名。例如，如果已经存在一个名称为$string 的变量，而又创建一个名称为$string 的数组，那么前一个变量就会被覆盖。

3）数组的名称区分大小写，如$String 与$string 是不同的。

声明数组的方法有两种，分别为用户声明和函数声明。下面介绍用户如何自己创建数组和使用什么函数可以直接创建数组。

5.2.1 用户创建数组

用户创建数组应用的是标识符“[]”，通过标识符“[]”可以直接为数组元素赋值。其基本格式如下：

```
$arr['key'] = value;
$arr['0'] = value;
```

其中 key 可以是 int 型或者字符串型数据，value 可以是任何值。

【例 5-1】 应用标识符“[]”创建数组 array，然后应用 print_r()函数输出数组元素。

```
<?php
$array['0']="数据库原理及应用基础";          //通过标识符[]定义数组元素值
$array['1']="虚拟现实技术及应用";            //通过标识符[]定义数组元素值
$array['2']="Office 高级应用";               //通过标识符[]定义数组元素值
$array['3']="网站开发与设计";                //通过标识符[]定义数组元素值
print_r($array);                             //输出所创建数组的结构
?>
```

运行结果为：Array ([0] => 数据库原理及应用基础 [1] => 虚拟现实技术及应用 [2] => Office 高级应用 [3] => 网站开发与设计)

说明：本例中使用 print_r()函数输出数组元素，因为使用 print_r 输出数组，将会按照一定格式输出数组中所有的键名和元素。而使用 echo 语句可以输出数组中指定的某个元素。

注：

1）用户创建数组，比较适合创建不知大小的数组，或者创建大小可能发生改变的数组。

2）切忌在通过标识符[]直接为数组元素赋值，同一数组元素中的数组名称必须相同。

3）如果数组元素中的“键”是一个浮点数，则“键”将被强制转换为整数（例如浮点数 8.0 将被强制转换为整数 8)；如果“键”是 TRUE 或 FALSE，则“键”将被强制转换为整数 1 或 0。

4）如果数组元素中的“键”是一个字符串，且该字符串完全符合整数格式时，数组元素的“键”将被强制转换为整数（例如 "9" 将被强制转换为整数 9)。

5）由于数组元素中的“键”唯一标识一个元素，因此数组中元素的“键”不能相等（使用= =比较）。如果两个数组元素的“键”相等，“键”对应的“值”将被覆盖。

6）不要在 array() 语言结构中使用诸如“red=>"red"”键值对的方式创建数组元素，也不要使用诸如$colors[red] = “red”的赋值语句的方式创建数组元素，否则程序的可读性及运行效率将大打折扣。

5.2.2 函数创建数组

PHP 中最常用的创建数组的函数是 array()，其语法如下：

```
array array ( [mixed…])
```

参数 mixed 的格式为“key => value”，多个参数 mixed 用逗号分开，分别定义键名（key）和值（value）。

应用 array()函数声明数组时，数组下标（键名）既可以是数值索引也可以是关联索引。下标与数组元素值之间用“=>”进行连接，不同数组元素之间用逗号进行分隔。

应用 array()函数定义数组时，可以在函数体中只给出数组元素值，而不必给出键名。

说明：

1）数组中的索引（key）可以是字符串或数字。如果省略了索引，会自动产生从 0 开始的整数索引。如果索引是整数，则下一个产生的索引将是目前最大的整数索引+1。如果定义了两个完全相同的索引，则后面一个会覆盖前一个。

2）数组中的各数据元素的数据类型可以不同，也可以是数组类型。当 mixed 是数组类型时，就是二维数组。

【例 5-2】 应用 array()函数声明数组，并输出数组中的元素。

```
<?php
$arr_string=array('one'=>'php','two'=>'java');          //以字符串作为数组索引，指定关键字
print_r($arr_string);                                    //通过 print_r()函数输出数组
echo "<br>";
echo $arr_string['one']."<br>";                          //输出数组中的索引为 Java 的元素
$arr_int=array('php','java');                            //以数字作为数组索引，从 0 开始，没有指定关键字
```

```
print_r($arr_int);                    //输出整个数组
echo "<br>";
echo $arr_int['0']."<br>";            //输出数组中的第 1 个元素
$arr_key=array(0 =>'数据库原理及应用基础', 1 =>'虚拟现实技术及应用', 1 =>'Office 高级应用');
//指定相同的索引
print_r($arr_key);                    //输出整个数组，发现只有两个元素
?>
```

运行结果如下：

```
Array ( [one] => php [two] => java )
php
Array ( [0] => php [1] => java )
php
Array ( [0] => 数据库原理及应用基础 [1] => Office 高级应用 )
```

5.2.3 创建二维数组

上述创建的数组都是只有一列数据内容的，因此称为一维数组。如果将两个一维数组组合成一个数组，那么就称为二维数组。

【例 5-3】 用 array()函数创建一个二维数组，并输出数组的结构。

```
<?php
$str = array (
 "计算机类图书"=>array ("数据库原理及应用基础","大数据技术及应用","Office 高级应用"),
     "历史图书"=>array ("1"=>"明朝那些事儿","2"=>"鱼羊野史","3"=>"从晚清到民国"),
     "文学图书"=>array ("地平线",3=>"编年史","摇滚记")
     );                              //声明二维数组
print_r ($str) ;                      //输出数组元素
?>
```

运行结果为：

```
Array ( [计算机类图书] => Array ( [0] => 数据库原理及应用基础 [1] => 大数据技术及应用 [2] =>
Office 高级应用 )
[历史图书] => Array ( [1] => 明朝那些事儿 [2] => 鱼羊野史 [3] => 从晚清到民国 )
[文学图书] => Array ( [0] => 地平线 [3] => 编年史 [4] => 摇滚记 ) )
```

5.3 数组遍历与输出

5.3.1 访问数组元素

访问数组元素值的方法和访问变量值的方法相同：通过指定数组名并在方括号内指定“键名”的方式“访问”数组元素的“值”。使用这样的方法访问数组，不仅可以读取某个数组元素的“值”，还可以为数组添加数组元素以及修改数组元素的“值”，并可以像访问“变量”的方法访问数组元素的值。

【例 5-4】 数组元素访问应用。

```
<?php
$colors = array("red"=>"red","green"=>"green","white"=>"white","blue"=>"blue");
$colors["black"] = "black";   //为数组添加数组元素："black"=>"black"
$colors["red"] = "#FF0000";  //修改键为"red"的元素值："red"=>"#FF0000"
print_r($colors);
echo "<br/>";
if(isset($colors["green"])){    //使用 isset()函数判断键为"green"的数组元素是否定义
    echo "我喜欢绿色。";
}
echo "<br/>";
unset($colors["green"]);        //使用 unset()函数取消键为"green"的数组元素定义
if(!isset($colors["green"])){
    echo "我又不喜欢绿色了。";
}
echo "<br/>";
echo gettype($colors["blue"]);        //使用 gettype()函数查看键为"blue"的数组元素的数据类型
echo "<br/>";
var_dump($colors["blue"]);            //使用 var_dump()函数得到键为"blue"的数组元素的数据类型
?>
```

运行结果如下：

```
Array([red]=>#FF0000[green]=>green[white]=>white[blue]=>blue[black]=>black)
我喜欢绿色。
我又不喜欢绿色了。
string
string(4)"blue"
```

PHP 提供两种变量赋值方式：传值赋值和传地址赋值，对于数组同样适用。

【例 5-5】 数组传值赋值应用。

```
<?php
$colors1 = array("red"=>"red","green"=>"green","white"=>"white");
$colors2 = $colors1;
$colors2["blue"] = "blue";//为数组$colors2 添加元素："blue"=>"blue"
$colors2["red"] = "#FF0000";//修改数组$colors2“键”为"red"的元素值："red"=>"#FF0000"
print_r($colors1);
echo "<br/>";
print_r($colors2);//输出：
?>
```

运行结果如下：

```
Array ( [red] => red [green] => green [white] => white )
Array ( [red] => #FF0000 [green] => green [white] => white [blue] => blue )
```

【例 5-6】 数组传地址赋值应用。

```
<?php
```

```
$colors1 = array("red"=>"red","green"=>"green","white"=>"white");
$colors2 = &$colors1;
$colors2["blue"] = "blue";//为数组$colors1 和$colors2 添加数组元素："blue"=>"blue"
$colors2["red"] = "#FF0000";//修改数组$colors1 和$colors2 的元素值："red"=>"#FF0000"
print_r($colors1);
echo "<br/>";
print_r($colors2);
?>
```

运行结果如下：

```
Array ( [red] => #FF0000 [green] => green [white] => white [blue] => blue )
Array ( [red] => #FF0000 [green] => green [white] => white [blue] => blue )
```

5.3.2 数组遍历方式

遍历数组就是按照一定的顺序依次访问数组中的每个元素，直到访问完为止。PHP 中可以通过流程语句（foreach 和 for 循环语句）和函数（list()和 each()）来遍历数组，下面分别介绍这几种遍历数组的方法。

1．foreach

前面章节介绍了 foreach 语句的循环结构，下面使用该语句来遍历数组。

【例 5-7】 使用 foreach 语句遍历一维数组$str。

```
<?php
//创建数组
$str=array('中国农业大学'=>'www.cau.edu.cn',
    '教育部'=>'www.moe.gov.cn',
);
echo "原数组：";
print_r($str);
echo "<br>";
echo "遍历后的值：";
foreach($str as $link){          //遍历数组
        echo $link."  ";
}
?>
```

运行结果如下：

```
原数组：Array ( [中国农业大学] => www.cau.edu.cn [教育部] => www.moe.gov.cn )
遍历后的值：www.cau.edu.cn   www.moe.gov.cn
```

上面的例子中是将数组的值遍历输出，下面将数组的键名和元素值都遍历输出，只需将上例中的 foreach 循环语句改为：

```
foreach($str as $key=>$link){
        echo "$key----$link"."<br>";          //对应输出数组中的键名和元素值
}
```

运行结果如下：

```
原数组：Array ( [中国农业大学] => www.cau.edu.cn [教育部] => www.moe.gov.cn )
遍历后的值：中国农业大学----www.cau.edu.cn
教育部----www.moe.gov.cn
```

【例 5-8】 遍历二维数组应用。

```
<?php
    //定义数组，存储订货单中商品信息
    $goods = array(
     array('name'=>'主板','price'=>'379','producing'=>'深圳','num'=>3),
     array('name'=>'显卡','price'=>'799','producing'=>'上海','num'=>2),
     array('name'=>'硬盘','price'=>'589','producing'=>'北京','num'=>5)
    );
    //商品价格总计
    $total = 0;
    //拼接订货单中信息
    $str = '<h2>商品订货单</h2>';
    $str .= '<table class="bordered">';
   $str .= '<tr><td>商品名称</td><td>单价(元)</td><td>产地</td><td>数量(个)</td><td>总价(元)
</td></tr>';
    //循环数组
    foreach($goods as $values){
        $str .= '<tr>';
        foreach($values as $v){
            $str .='<td>'.$v.'</td>';
        }
        //计算并拼接每件商品的总价格
        $sum = $values['price']*$values['num'];
        $str .= '<td>'.$sum.'</td>';
         $str .= '</tr>';
        //计算订货单中所有商品总价格
        $total += $sum;
    }
    $str .= '<tr><td colspan="5">小计：<span>'.$total.'元</span></td></tr></table>';
    echo $str;
?>
```

运行结果如下：

商品订货单

商品名称	单价（元）	产地	数量（个）	总价（元）
主板	379	深圳	3	1137
显卡	799	上海	2	1598
硬盘	589	北京	5	2945
小计 5680 元				

2．for 语句遍历数组

如果要遍历的数组是数字索引数组，并且数组的索引值为连续的整数时，可以使用 for 循环来遍历，但前提条件是需要应用 count()函数获取到数组中元素的数量，然后将获取的元素数量作为 for 循环执行的条件，才能完成数组的遍历。

【例 5-9】 使用 for 循环来遍历数组。

```
<?php
$array=array(                                    //定义数组
            "0"=>"数据库原理及应用基础",
            "1"=>"虚拟现实技术及应用",
            "2"=>"Office 高级应用",
            "3"=>"网站开发与设计"
            );
for($i=0;$i<count($array);$i++){                 //使用 for 循环遍历数组
    echo $array[$i]."<br>";                      //输出数组元素
}
?>
```

运行结果如下：

```
数据库原理及应用基础
虚拟现实技术及应用
Office 高级应用
网站开发与设计
```

3．通过数组函数 list()和 each()遍历数组

（1）list()函数

list()函数将数组中的值赋给一些变量，该函数仅能用于数字索引的数组，且数字索引从 0 开始。语法如下：

```
void list ( mixed…)
```

参数 mixed 为被赋值的变量名称。

（2）each()函数

each()函数返回数组中的键名和对应的值，并向前移动数组指针。其语法如下：

```
array each ( array array)
```

参数 array 为输入的数组。

【例 5-10】 下面使用 list()函数和 each()函数来遍历数组$array。

```
<?php
$array=array(                                    //定义数组
        "0"=>"数据库原理及应用基础",
        "1"=>"虚拟现实技术及应用",
        "2"=>"Office 高级应用",
```

```
        "3"=>"网站开发与设计"
        );
/*
使用 list 函数获取 each 函数中返回数组的值
并分别赋给$name 和$value，然后使用 while 循环输出
*/
while(list($name,$value)=each($array)){
    echo $name=$value."<br>";          //输出 list 函数获取到的键名和值
}
?>
```

运行结果如下：

```
数据库原理及应用基础
虚拟现实技术及应用
Office 高级应用
网站开发与设计
```

5.3.3 数组元素输出

在前面已经实践过数组的输出，就是 print_r()函数和 echo 语句。

print_r()函数可以输出数组的结构，也可以使用 var_dump()函数，同样是输出数组的结构。

echo 语句则是单纯的输出数组中的某个元素，而且要有标识符[]和数组索引的配合，其格式是“echo $array[0]”。同样还有 print 语句，它也可以单纯地输出数组中的某个元素值。

5.4 数组的处理函数

5.4.1 获取数组中最后一个元素

在 PHP 中，通过 array_pop()函数可以获取并返回数组中的最后一个元素，并将数组的长度减一，如果数组为空（或者不是数组）将返回 null。语法如下：

```
mixed array_pop ( array &array)
```

参数 array 为输入的数组。

【例 5-11】 首先应用 array_push()函数向数组中添加元素，然后应用 array_pop()函数获取数组中最后一个元素，最后输出最后一个元素值。代码如下：

```
<?php
$array=array(0 =>'数据库原理及应用基础', 1 =>'虚拟现实技术及应用');   //声明数组
array_push($array,'Office 高级应用','网站开发与设计');             //向数组中添加元素
$last_array=array_pop($array);                                   //获取数组中最后一个元素
echo $last_array;                                                //返回结果为网站开发与设计
?>
```

运行结果为：网站开发与设计。

5.4.2 删除数组中重复元素

在 PHP 中，使用 array_unique()函数可以将数组中重复的元素删除，语法如下：

```
array array_unique ( array array)
```

参数 array 为输入的数组。

注：虽然 array_unique()函数只保留重复值的第一个键名。但是，这第一个键名并不是在未排序的数组中同一个值的第一个出现的键名，只有当两个字符串的表达式完全相同时（(string) $elem1 === (string) $elem2），第一个单元才被保留。

【例 5-12】 首先定义一个数组，然后应用 array_push()函数向数组中添加元素，并输出数组，最后应用 array_unique()函数，删除数组中重复元素，并输出数组，代码如下:

```
<?php
$arr_int = array ("PHP", "Java","VC");          //定义数组
array_push ($arr_int, "PHP","VC");              //向数组中添加元素
print_r($arr_int);                              //输出添加后的数组
$result=array_unique($arr_int);                 //删除添加后数组中重复的元素
print_r($result);                               //输出删除重复元素后的数组
?>
```

运行结果为：

```
Array ( [0] => PHP [1] => Java [2] => VC [3] => PHP [4] => VC ) Array ( [0] => PHP [1] => Java [2] => VC )
```

注：使用 unset()函数可删除数组中的某个元素，例如将上例中$arr_int 数组的第 2 个元素删除，代码如下：

```
unset($arr_int[1]);
```

5.4.3 获取数组中指定元素的键名

获取数组中指定元素的键名可以使用 array_search()函数或者 array_keys()函数。

1）array_search()函数可获取数组中指定元素的键名。成功返回元素的键名，否则返回 false。其语法如下：

```
mixed array_search ( mixed needle, array haystack [, bool strict])
```

array_search()函数的参数说明如表 5-1 所示。

表 5-1 array_search()函数的参数说明

参 数	说 明
needle	指定在数组中搜索的值，如果 needle 是字符串，则比较以区分大小写的方式进行
haystack	指定被搜索的数组
strict	可选参数，如果值为 TRUE，还将在 haystack 中检查 needle 的类型

说明：array_search()函数是区分字母大小写的。

【例 5-13】 使用 array_search()函数获取数组中元素的键名。

```
<?php
$arr=array("苹果","桔子","香蕉","梨");  //创建数组，数组中有 4 个元素
$name=array_search("香蕉",$arr);        //使用 array_search 获取$arr 数组中“香蕉”的键名，然后将获取的结果赋给$name 变量
echo $name;                              //输出结果
?>
```

运行结果为：2。

2）array_keys()函数获取数组中重复元素的所有键名。如果查询的元素在数组中出现两次以上，那么 array_search()函数则返回第一个匹配的键名。如果想要返回所有匹配的键名，则需要使用 array_keys()函数。语法如下：

```
array array_keys ( array input [, mixed search_value [, bool strict]] )
```

array_keys() 返回 input 数组中的数字或者字符串的键名。如果指定可选参数 search_value，则只返回该值的键名。否则 input 数组中的所有键名都会被返回。

【例 5-14】 使用 array_keys 函数来获取数组中重复元素的所有键名。

```
<?php
$arr=array("苹果","桔子","香蕉","梨","香蕉");
$name=array_keys($arr,"香蕉");          //使用 array_keys 获取$arr 数组中“香蕉”的所有键值
print_r($name);                    //因为 array_keys 函数返回的是数组类型的值，所以使用 print_r 输出
?>
```

运行结果为：Array ([0] => 2 [1] => 4)。

5.4.4 数组键与值的排序

在 PHP 中拥有 4 个基本的数组排序函数，分别为 sort()、rsort()、ksort()、krsort()函数，分别对应的排序功能为数组值正序、值倒序、键正序、键倒序。使用起来都比较简单，因为它们是无返回值的地址模式函数，因此只需要排序的数组变量放到函数的制定参数中即可。格式如下：

```
void asort ( array &array [, int sort_flags])
void rsort ( array &array [, int sort_flags])
int ksort   ( array &array [, int sort_flags])
int krsort ( array &array [, int sort_flags])
```

array 必要参数。输入的数组；sort_flags 可选参数。可改变排序的行为，排序类型标记：

a）SORT_REGULAR（正常比较单元）。

b）SORT_NUMERIC（单元被作为数字来比较）。

c）SORT_STRING（单元被作为字符串来比较）。

【例 5-15】 分别应用 sort()、rsort()、ksort()、krsort()函数对数组进行值正序、值倒序、键正序、键倒序的排列。

```
<?php
$arr=array("C"=>10,"A"=>2,"B"=>20);
sort($arr);                 //值正序
print_r($arr);
$arr=array("C"=>10,"A"=>2,"B"=>20);
rsort($arr);                //值倒序
print_r($arr);
$arr=array("C"=>10,"A"=>2,"B"=>20);
ksort($arr);                //键正序
print_r($arr);
$arr=array("C"=>10,"A"=>2,"B"=>20);
krsort($arr);               //键倒序
print_r($arr);
?>
```

运行效果为：

```
Array ( [0] => 2 [1] => 10 [2] => 20 ) Array ( [0] => 20 [1] => 10 [2] => 2 ) Array ( [A] => 2 [B] => 20
[C] => 10 ) Array ( [C] => 10 [B] => 20 [A] => 2 )
```

5.4.5 字符串与数组的转换

通过字符串函数 explode()可以将字符串分割成数组，而通过数组函数 implode()可以将数组中的元素组合成一个新字符串。implode()函数的语法如下：

```
string implode(string glue, array pieces)
```

参数 glue 是字符串类型，指定分隔符。参数 pieces 是数组类型，指定要被合并的数组。

例如：应用 implode()函数将数组中的内容以*为分隔符进行连接，从而组合成一个新的字符串，代码如下：

```
<?php
$str="PHP 编程宝典*NET 编程宝典*ASP 编程宝典*JSP 编程宝典";        //定义字符串常量
$str_arr=explode("*",$str);                                      //应用标识*分割字符串
$array=implode("*",$str_arr);                                    //将数组合成字符串
echo $array;                                                     //输出字符串
?>
```

运行结果为：

```
PHP 编程宝典*NET 编程宝典*ASP 编程宝典*JSP 编程宝典
```

思考与练习

1．sort()、asort()和 ksort()三者之间有什么差别？分别在什么情况下会使用上面 3 个函数？

2．有一数组$b=array(9，6，7，5，3，8);，请将其重新排序，按从小到大的顺序输出。

3．关于赋值语句“$a[]=5”，下列说法正确的是（　　）。

A．当前元素值被修改为 5

B．创建一个有 5 个元素的数组

C．将数组最后一个元素的值修改为 5

D．在数组末尾添加一个数组元素，其值为 5

4．下列说法正确的是（　　）。

A．数组的下标必须为数字，且从 0 开始

B．数组的下标可以是字符串

C．数组中的元素类型必顺一致

D．数组的下标必须是连续的

5．要得到字符串中字符的个数，可使用（　　）函数。

A．Strlen()　　B．count()　　C．len()　　D．str_count()

6．执行下下面的代码后，输出结果为（　　）。

```
<?php
$x=array(array(1,2),array("ab","cd"));
echo count($x,1);
?>
```

A．6　　B．2　　C．4　　D．3

7．以下代码输出的结果为（　　）。

```
<?php
$attr = array("0"=>"aa","1"=>"bb","2"=>"cc");          加了索引是关联数组
echo $attr[1];
?>
```

A．会报错！　　B．aa　　C．输出为空　　D．bb

8．下面没有将 john 添加到 users 数组中的选项是（　　）。

A．$users[] = "john";

B．array_add($users, "john");

C．array_push($users, "john");

D．$users [“aa”]= "john" ;

9．以下说法正确的是（　　）。

A．$attr 代表数组，那么数组长度可以通过$attr.length 取到

B．unset()方法不能删除数组里面的某个元素

C．PHP 的数组里面可以存储任意类型的数据

D．PHP 里面只有索引数组

10．使用（　　）函数可以求得数组的大小。

A．count( )　　B．conut( )

C．$_COUNT["名称"]　　D．$_CONUT["名称"]

11．以下代码运行结果为（　　）。

```
$A=array("Monday","Tuesday",3=>"Wednesday");   echo $A[3];
```

A．Monday　　B．Tuesday

C．Wednesday　　D．没有显示

12．新建一个数组的函数是（　　）。

A．array　　B．next　　C．count　　D．reset

第 6 章　Web 互动与会话技术

使用 PHP 和 HTML 可以制作出内容丰富的动态网页。网站可以通过 HTML 完成数据的处理，通过 PHP 与数据库交互。客户端与服务器端通过两种存储机制：Cookie 和 Session，前者是从一个 Web 页到下一个页面的数据传递方法，存储在客户端；后者是让数据在页面中持续有效的方法，存储在服务器端。本章将介绍 HTTP 请求/响应模型，前端数据互动，Cookie 与 Session 的基础知识以及应用。

6.1　HTTP 请求/响应模型

6.1.1　HTTP 的通信机制

HTTP 协议是一个基于请求与响应模式的、无状态的、应用层的协议，通常基于 TCP 进行连接，绝大多数的 Web 开发都是构建在 HTTP 协议之上的 Web 应用。HTTP 协议旧的标准是 HTTP/1.0，目前最通用的标准是 HTTP/1.1。HTTP/1.1 是在 HTTP/1.0 基础上的升级，增加了一些功能，全面兼容 HTTP/1.0。

在一次完整的 HTTP 通信过程中，Web 浏览器与 Web 服务器之间将完成下列 4 个步骤，如图 6-1 所示。

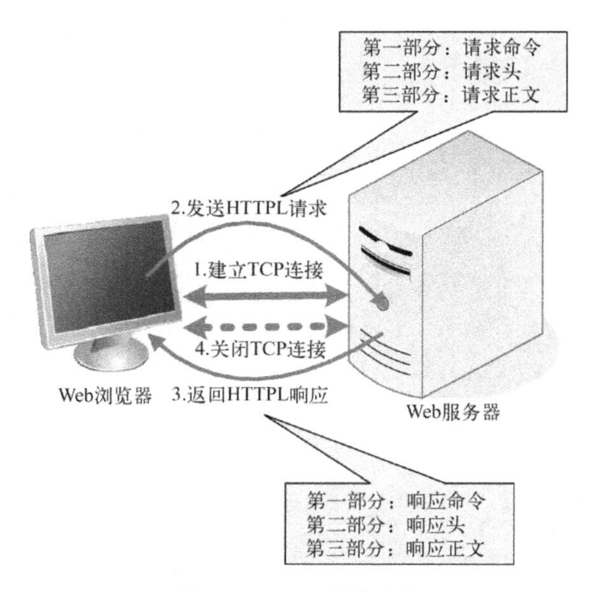

图 6-1　HTTP 通信过程

（1）建立 TCP 连接

在 HTTP 工作开始之前，Web 浏览器首先要通过网络与 Web 服务器建立连接，该连接是通过 TCP 协议来完成的，该协议与 IP 协议共同构建 Internet，即 TCP/IP 协议，因此 Internet 又被称作是 TCP/IP 网络，如图 6-2 所示。HTTP 是比 TCP 更高层次的应用层协议，根据规则，只有低层 TCP 协议建立之后才能进行更高层的 HTTP 协议的连接，因此，首先要建立 TCP 连接，在默认情况下 TCP 连接的端口号是 80，但其他的端口号也是可用的。

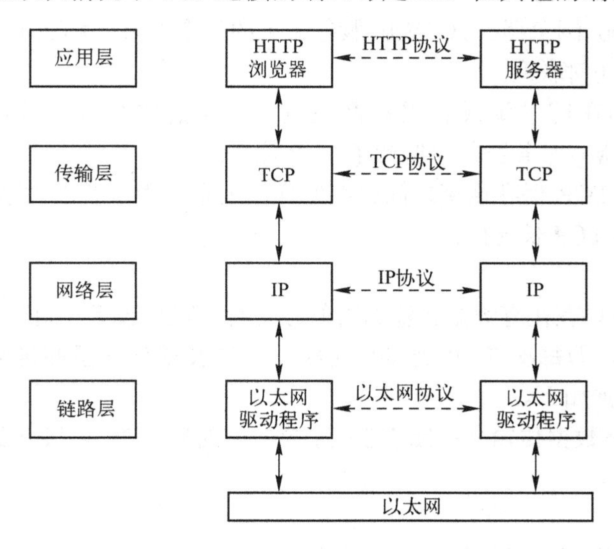

图 6-2　建立 TCP 连接

（2）Web 浏览器向 Web 服务器发送 HTTP 请求

一旦建立了 TCP 连接，Web 浏览器就可以向 Web 服务器发送 HTTP 请求。当浏览器向 Web 服务器发出 HTTP 请求时，它向 Web 服务器传递了一个数据块，也就是 HTTP 请求信息，HTTP 请求信息由以下 3 部分组成。

第一部分：请求命令。

第二部分：请求头。

第三部分：请求正文。

（3）Web 服务器向 Web 浏览器发送 HTTP 响应

Web 浏览器向 Web 服务器发出 HTTP 请求后，服务器会向浏览器回送响应。当 Web 服务器向 Web 浏览器回送响应时，它向 Web 浏览器传递了一个数据块，也就是 HTTP 响应信息，HTTP 响应信息也是由以下 3 部分组成。

第一部分：响应命令。

第二部分：响应头。

第三部分：响应正文。

（4）Web 服务器关闭 TCP 连接

在一般情况下，一旦 Web 服务器向浏览器发送了响应数据，它就要关闭 TCP 连接。然而如果浏览器在请求头或者服务器在响应头信息中加入了代码：Connection:keep-alive，则 TCP 连接在发送后将仍然保持打开状态，这样，浏览器可以通过相同的 TCP 连接继续发送

HTTP 请求。保持连接节省了为每个请求建立新 TCP 连接所需的时间，还节约了网络带宽。

6.1.2 HTTP 的无状态特性

HTTP 是无状态的协议。无状态是指当一个 Web 浏览器向某个 Web 服务器的页面发送请求（Request）后，Web 服务器收到该请求进行处理，然后将处理结果作为响应（Response）返回给 Web 浏览器，Web 浏览器与 Web 服务器都不保留当前 HTTP 通信的相关信息。也就是说，Web 浏览器打开 Web 服务器上的一个网页，和之前打开这个服务器上的另一个网页之间没有任何联系。

然而如果浏览器在请求头或者服务器在响应头信息中加入了代码：Connection:keep-alive，此时表示浏览器与服务器之间保持了 TCP 连接。

HTTP 无状态与 TCP 保存连接之间存在怎样的关系？为了便于大家理解，可将 TCP 连接分为 TCP 短连接和 TCP 长连接。

1. TCP 短连接

TCP 短连接就是只有在有数据传输的时候才进行 TCP 连接，浏览器与服务器传送数据完毕后马上断开连接，即每次 TCP 连接只完成一对请求/响应消息的传送，如图 6-3 所示。TCP 短连接的操作步骤如下。

创建 TCP 连接→数据传输→关闭 TCP 连接……创建 TCP 连接→数据传输→关闭 TCP 连接

2. TCP 长连接

TCP 长连接就是指浏览器与服务器一旦建立了 TCP 连接，每个 TCP 连接上可以连续进行多次请求/响应消息的传送，即便浏览器与服务器之间没有数据传送，浏览器与服务器之间也将一直保持 TCP 连接，如图 6-4 所示。TCP 长连接的操作步骤如下。

创建 TCP 连接→数据传输……（保持连接）……数据传输→关闭 TCP 连接

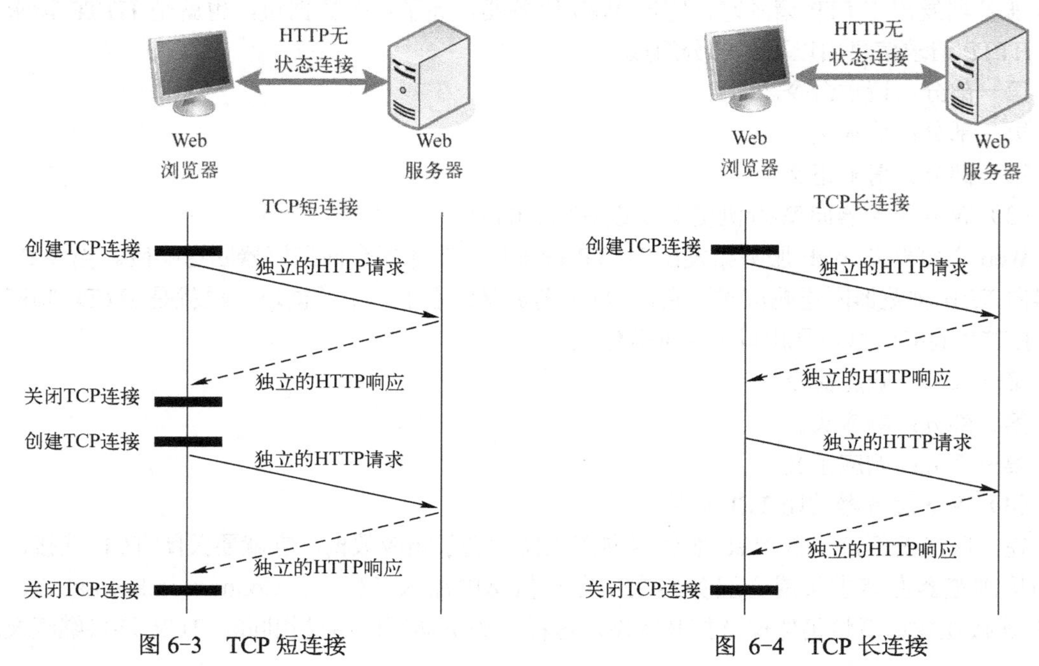

图 6-3　TCP 短连接　　　　图 6-4　TCP 长连接

从图 6-4 中可以看出，虽然 TCP 保持了连接，但浏览器与服务器之间的每次 HTTP 请求都是独立的，也就是说，Keep-Alive 也没能改变 HTTP 无状态这个结果。

3．HTTP 请求信息

当浏览器向 Web 服务器发出 HTTP 请求时，它向 Web 服务器传递了一个数据块，也就是 HTTP 请求信息，HTTP 请求信息由以下 3 部分组成。

第一部分：请求命令。

第二部分：请求头。

第三部分：请求正文。

下面是一个 HTTP 请求的例子。

第一部分	GET/2/zhuce.php HTTP/1.1
第二部分	Accept:image/gif.image/jpeg,*/* Accept-Language:zh-cn Connection:Keep-Alive Host:localhost User-Agent:Mozila/4.0(compatible;MSIE5.01;WindowNT5.0) Accept-Encoding:gzip,deflate
空行	空行
第三部分	userName=admin&password=123456

（1）HTTP 请求信息的第一部分是请求命令

请求命令的格式是“请求方法 URL 协议/协议版本号”，如“GET/2/zhuce.php HTTP/1.1”。

上述代码中“GET”代表请求方法，根据 HTTP 标准，HTTP 请求可以使用多种请求方法。例如，HTTP/1.1 支持 7 种请求方法：GET、POST、HEAD、OPTIONS、PUT、DELETE 和 TARCE，其中 GET 和 POST 最为常用。

“/2/zhuce.php”表示 URL。URL 完整地指定了要访问的网络资源，通常只要给出相对于服务器的根目录的相对路径即可，因此总是以“/”开头。

“HTTP/1.1”代表协议和协议的版本。

（2）HTTP 请求信息的第二部分是请求头

浏览器发送请求命令之后，还要以头信息的形式向 Web 服务器发送一些别的信息，请求头信息中包含许多有关浏览器环境和请求正文的有用信息，其中请求头可以声明浏览器所用的语言、请求正文的长度等。

（3）HTTP 请求信息的第三部分是请求正文

请求头和请求正文之间是一个空行，这个空行非常重要，它表示请求头已经结束，接下来的是请求正文。请求正文中可以包含客户提交的查询字符串信息，例如：

```
userName=admin&password=123456
```

在上述例子的 HTTP 请求中，由于请求方法是 GET 请求，请求正文只有一行内容。在实际应用中，如果请求方法是 POST 请求，此时请求正文可以包含更多的内容。

4．HTTP 响应信息

HTTP 响应与 HTTP 请求相似，HTTP 响应也由以下 3 个部分构成。

第一部分：响应命令。

第二部分：响应头。

第三部分：响应正文。

下面是一个 HTTP 响应的例子。

第一部分	HTTP/1.1200OK
第二部分	Server:Apache2.2.4 Date:Mon,6Oct201013:23:42GMT Content-Type:text/plain Last-Moified:Mon,6Oct201013:23:42GMT Content-Length:112
空行	空行
第三部分	<html> <head> <title>HTTP 响应示例<title> </head> <body> HelloHTTP! </body> </html>

（1）HTTP 响应信息的第一部分是响应命令

响应命令的格式是“协议版本号响应状态码状态码描述”，如“HTTP/1.12000K”。

响应状态码 200 表示 Web 服务器已经成功地处理了浏览器发出的请求（200 表示成功）。HTTP 响应状态码反映了 Web 服务器处理 HTTP 请求的状态信息。HTTP 响应状态码由 3 位数字构成，其中首位数字定义了状态码的类型，HTTP 响应状态码，如下所示。

1xx：请求收到，继续处理。

2xx：操作成功收到，分析、接受。

3xx：完成此请求必须进一步处理。

4xx：请求包含一个错误语法或不能完成。

5xx：表示服务器不能完成对请求的处理，如 500。

（2）HTTP 响应信息的第二部分是响应头

服务器返回响应命令之后，还要以头信息的形式向 Web 浏览器发送一些别的信息，响应头信息中包含许多有关服务器环境和响应正文的有用信息，其中包括服务器类型、日期时间、内容类型和内容长度等，例如：

```
Server:Apache2.2.4
Date:Mon,6Oct201013:23:42GMT
Content-Type:text/plain
Last-Moified:Mon,6Oct201013:23:42GMT
Content-Length:112
```

HTTP 响应头中包括内容类型（ContentType）信息，内容类型是指 Web 服务器向 Web 浏览器返回的文件都有与之相关的类型，即 Web 服务器告诉 Web 浏览器该响应正文的种类，是 HTML 文档、GIF 格式图像、声音文件还是独立的应用程序。大多数 Web 浏览器都拥有一系列可配置的辅助应用程序，这些辅助应用程序告诉浏览器如何根据内容类型处理 Web 服务器发送过来的响应正文。

（3）HTTP 响应信息的第三部分是响应正文

Web 服务器向浏览器发送头信息后，它会发送一个空行来表示头信息的发送到此结束，接着，它就以 Content-Type 和 Content-Length 响应头信息所描述的格式，向浏览器发送所请求的实际数据，即响应正文。简单地说，响应正文就是服务器返回的 HTML 页面，在通常情况下，响应正文包括可视的 HTML 数据、图片等信息。例如：

```
<html>
<head>
<title>HTTP 响应示例<title>
</head>
<body>
Hello cau!
</body>
</html>
```

浏览器收到响应正文后，调用适当的程序打开响应正文。例如，给定的例子中，响应头中 Content-Type 的值是 text/plain，浏览器则会调用记事本程序打开响应正文。

6.2 页面间的参数传递方式

正如上一节说叙述，HTTP 是无状态的协议，Web 浏览器打开 Web 服务器上的一个网页，和之前打开这个服务器上的另一个网页之间没有任何联系，那么会有很多问题，比如某个浏览器用户打开某网站的登录页面并成功登录后，再去访问该网站的其他页面时，HTTP 协议无法识别该用户已登录。在同一个网站内，通过 HTTP 无状态协议，如何跟踪某个浏览器用户，并实时记录该浏览器用户发送的连续请求呢？其答案是浏览器用户打开某网站的登录页面并成功登录后，如果该登录页面向该网站的其他页面传递一个“已经成功登录”的参数消息，那么，问题就会迎刃而解。而这正是会话控制的思想。即如果实现了同一个网站不同动态页面之间的参数传递，就可以跟踪同一个浏览器用户的连续请求。换句话说，会话控制允许 Web 服务器跟踪同一个浏览器用户的连续请求，实现同一个网站多个动态页面之间的参数传递。

实现网页间参数的传递有 5 种方法。

1）利用 form 表单的隐藏域 hidden，在表单数据提交时传递参数，这种方法需要和 form 表单一起使用。

2）利用超级链接通过 URL 查询字符串传递参数。

3）使用 header()函数重定向功能或 JavaScript 重定向功能，通过 URL 查询字符串传递参数。

4）使用 Cookie 将浏览器用户的个人资料存储在浏览器端主机中，其他 PHP 程序通过读取浏览器端主机中的 Cookie 信息实现页面间的参数传递。

5）使用 Session 将浏览器用户的个人资料存储在 Web 服务器中，其他 PHP 程序通过读取服务器端主机中的 Session 信息实现页面间的参数传递。

6.3 浏览器端数据提交方式

HTTP 是 Web 应用系统所使用的最为重要的协议，它是基于“请求/响应”模式的。对于 PHP 程序而言，浏览器向 Web 服务器某 PHP 程序发送一个“HTTP 请求”，该 PHP 程序接收到该“请求”后，接收“请求”数据，然后再对这些“请求”数据进行处理，最后由 Web 服务器将处理结果作为“响应”返回给浏览器。

最为常用的 HTTP 请求方法有 GET 请求和 POST 请求。即浏览器向 Web 服务器提交数据的方式主要有两种：GET 提交方式和 POST 提交方式。当浏览器向 Web 服务器发送一个“GET 请求”时，浏览器以 GET 方式向 Web 服务器“提交”数据；当浏览器向 Web 服务器发送一个“POST 请求”时，浏览器以 POST 方式向 Web 服务器“提交”数据。

6.3.1 GET 提交方式

GET 提交方式是将“请求”数据以查询字符串（Query String）格式附在 URL 之后“提交”数据。例如：

http://localhost/2/register.php?userName=victor&password=1234&confirmPassword=1234。

在这个 URL 中，问号“?”表示查询字符串的开始，问号“?”后面的字符串参数“username=victor&password=1234&confirmPassword=1234”为查询字符串。可以看出：查询字符串可以包含多个参数，每个参数以“参数名=参数值”的格式定义，参数之间使用“&”相连，最后再将查询字符串使用“？”附在 URL 之后。

另外，FORM 表单也提供了 GET 提交方式。

除此以外，使用超链接<a></a>标签也可以实现浏览器端 GET 提交方式。

6.3.2 POST 提交方式

POST 数据提交方式一般通过 FORM 表单实现，由于在默认情况下 FORM 表单的数据提交方式为 GET 方式，必须在 FORM 表单的<form />标签中加入属性：method="post"，将数据提交方式修改为 POST 方式。

【例 6-1】 POST 方式提交数据。

```
<form action="register.php" method="post" enctype="multipart/form-data">
用 户 名：
<input type="text" name="userName" />
<br/>
登录密码：
<input type="password" name="password" size="20" maxlength="15" />
<br/>
确认密码：
<input type="password" name="confirmPassword" size="20" maxlength="15" />
<br/>
<input type="submit" name="submit1" value="提交" />
<br/>
重置按钮：
<input type="reset" name="cancel" value="重新填写" />
</form>
处理 POST 方式提交数据代码：
<?php
```

```
$username=$_POST['userName'];
$password=$_POST['password'];
$confirmPassword=$_POST['confirmPassword'];
if($password ==$confirmPassword){
echo "注册成功！";
}else{
 echo "你输入的密码和确认密码不一致，请重新输入！";
}
?>
```

运行结果为：

```
输入：
用户名：张三
登录密码：123
确定密码：123
显示注册成功！
```

6.3.3 两种提交方式的比较

POST 提交方式比 GET 提交方式安全。这是由于 GET 提交方式提交的数据将出现在 URL 查询字符串中，并且这些带有查询字符串的 URL 可以被浏览器缓存到历史记录中。因此诸如用户注册、登录等系统，不建议使用 GET 提交方式。

POST 提交方式可以提交更多的数据。理论上讲 POST 提交方式提交的数据没有大小限制，而 GET 提交方式提交的数据由于出现在 URL 查询字符串中，而 URL 的长度是受限制的（例如 IE 浏览器对 URL 长度的限制是 2083 字节）。例如：新闻发布系统中提交篇幅较长的新闻信息时，不建议使用 GET 提交方式；带有文件上传功能的 FORM 表单则必须使用 POST 提交方式。

不同的“提交”方式对应的服务器端数据“采集”方式不同。

6.4 在 PHP 脚本中使用 JavaScript 编程

JavaScript 是一种基于对象和事件驱动的脚本语言，具有较好的安全性能。它可以把 Java 语言的优势应用到网页程序设计当中。使用 JavaScript 可以在一个 Web 页面中链接多个对象，与 Web 客户端交互作用，从而开发客户端的应用程序等。在 PHP 脚本中使用 JavaScript 编程可以扩展 PHP 的功能，使应用程序更灵活方便。本节介绍在本书后面实例中用到的一些基本的 JavaScript 技术。

6.4.1 JavaScript 脚本的使用

在 PHP 脚本中使用 JavaScript 脚本时，JavaScript 代码需要在<Script Language = “JavaScript” >和</Script>中使用。

【例 6-2】 一个简单的在 PHP 脚本中使用 JavaScript 脚本实例。

```
<HTML>
<HEAD><TITLE>简单的 JavaScript 代码</TITLE></HEAD>
<BODY>
<Script Language ="JavaScript">
 // 下面是 JavaScript 代码
  document.write("这是一个在 PHP 脚本中使用 JavaScript 的脚本实例!");
  document.close();
</Script>
</BODY>
</HTML>
```

运行后，页面显示：这是一个在 PHP 脚本中使用 JavaScript 脚本的实例！

注：document 是 JavaScript 的文档对象，document.write()用于在文档中输出字符串，document.close()用于关闭输出操作。

注：在 JavaScript 中，使用//表示程序中的注释，服务器在解释程序时，将不考虑一行程序中字符//后面的代码。

6.4.2 数据类型和变量

JavaScript 包含 4 种基本的数据类型，如表 6-1 所示。

表 6-1 JavaScript 的数据类型

类型	具体描述
数值类型	包括整数和实数
字符串类型	由单引号或双引号括起来的字符
布尔类型	包含 True 和 False
空值	即 null。如果引用一个没有定义的变量，则返回空值

在 JavaScript 中，可以使用 var 关键字声明变量，声明变量时不要求指明变量的数据类型。例如：var x;

也可以在定义变量时为其赋值，例如：var x=2，或者不定义变量，而通过使用变量来确定其类型。例如：

```
x=1;
str = "This is a dog";
exit=false;
```

6.4.3 弹出警告对话框

在 Web 应用程序中，经常需要弹出一个警告对话框，提示用户注意事项。HTML 语言并不提供此功能。PHP 是服务器端的脚本语言，也不能在客户端弹出对话框。可以使用 JavaScript 的 alert()函数实现此功能。

【例 6-3】 在网页中添加一个“单击试一下”超链接，单击此超链接，弹出一个消息对话框。

```
<HTML>
```

```
<HEAD><TITLE>演示使用 Window.alert()的使用</TITLE></HEAD>
<BODY>
<Script LANGUAGE = JavaScript>
  function Clickme() {
  alert("欢迎使用 JavaScript");
  }
</Script>
<p><a href=# onclick="Clickme()">单击试一下</a></p>
</BODY>
</HTML>
```

这段程序定义了一个 JavaScript 函数 Clickme()，其功能是调用 alert()函数弹出一个显示“欢迎使用 JavaScript”的消息对话框。在网页的 HTML 代码中使用<a hrefy onclick = “Clickme()”>单击试一下</a>的方法调用 Clickme()函数。

onclick 是 JavaScript 中的单击事件，当用户单击指定对象时，触发此事件，可以执行 onclick 后面定义的操作。

6.4.4 弹出确认对话框

与 alert()方法相近，可以使用 confirm0 函数显示一个请求确认对话框。确认对话框包含一个“确定”按钮和一个“取消”按钮。在程序中，当用户单击“确定”按钮时，confirm()函数返回 True；当用户单击“取消”按钮时，confirm0 函数返回 False。程序可以根据用户的选择决定执行的操作。

【例 6-4】 在网页中添加一个“删除数据”超链接，单击此超链接，弹出一个确认对话框。如果用户单击“确定”按钮，则弹出一个显示“成功删除数据”的消息对话框；如果用户单击“取消”按钮，则弹出一个显示“没有删除数据”的消息对话框。

```
<HTML>
<HEAD><TITLE>演示使用 Window.confirm()的使用</TITLE></HEAD>
<BODY>
<Script LANGUAGE = JavaScript>
  function Checkme() {
    if (confirm("是否确定删除数据?") == = true)
      alert("成功删除数据");
    else
      alert("没有删除数据");
  }
</Script>
<p><a href=# onclick="Checkme()">删除数据</a></p>
</BODY>
</HTML>
```

运行结果为：单击“删除数据”，弹出一个“是否确定删除数据？”的对话框。

6.4.5 document 对象

document 是常用的 JavaScript 对象，用于管理网页文档。前面已经介绍了使用

document.write()用于在文档中输出字符串的方法。本小节再简单介绍一下 document 对象的属性、方法、子对象和集合。

1. 常用属性

document 对象的常用属性如表 6-2 所示。

表 6-2　document 对象的常用属性

类　型	具 体 描 述
title	设置文档标题等价于 HTML 的 title 标签
bgColor	设置页面背景色
fgColor	设置前景色（文本颜色）
linkColor	未单击过的链接颜色
alinkColor	激活链接（焦点在此链接上）的颜色
vlinkColor	已单击过的链接颜色
URL	设置 URL 属性从而在同一窗口打开另一网页
fileCreatedDate	文件建立日期，只读属性
fileModifiedDate	文件修改日期，只读属性
fileSize	文件大小，只读属性
cookie	设置和读出 cookie
charset	设置字符集 简体中文为 gb2312

2. 常用方法

document 对象的常用方法如表 6-3 所示。

表 6-3　document 对象的常用方法

类　型	具 体 描 述
write	动态向页面写入内容
.createElement(Tag)	创建一个 html 标签对象
getElementByld(ID)	获得指定 ID 值的对象
getElementsByName(Nane)	获得指定 Name 值的对象

3. 子对象和集合

document 对象的常用子对象和集合如表 6-4 所示。

表 6-4　document 对象的常用子对象和集合

类　型	具 体 描 述
主体子对象 body	指定文档主体的开始和结束等价于<body>…<body>
位置子对象 location	指定窗口所显示文档的完整（绝对）URL
选区子对象 selection	表示当前网页中的选中内容
images 集合	表示页面中的图像
forms 集合	表示页面中的表单

【例 6-5】 演示 document 对象使用的实例。

```
<HTML>
 <HEAD>
  <TITLE> New Document </TITLE>
 </HEAD>
 <BODY>
  <IMG SRC="1.jpg" WIDTH="170" HEIGHT="100" BORDER="0" ALT=""><br/>
  <SCRIPT LANGUAGE="JavaScript">
  <!--
 document.write("文件地址:"+document.location+"<br/>")
 document.write("文件标题:"+document.title+"<br/>");
 document.write("图片路径:"+document.images[0].src+"<br/>");
 document.write("文本颜色:"+document.fgColor+"<br/>");
 document.write("背景颜色:"+document.bgColor+"<br/>");
  //-->
  </SCRIPT>
 </BODY>
</HTML>
```

运行结果为：

```
文件地址：Http://localhost/chap6/index.php
文件标题：演示 document 对象使用
图片路径：http://localhost/chap6/1.jpg
```

6.4.6 弹出新窗口

Window.open()函数的功能是打开一个新窗口，可以设置窗口中显示的网页内容、标题、窗口的属性等，语法如下：

```
window.open(url, name, features, replace)
```

Window.open 函数的参数如表 6-5 所示。

表 6-5 Window.open 函数的参数描述

参　数	描　述
URL	一个可选的字符串，声明了要在新窗口中显示的文档的 URL。如果省略了这个参数，或者它的值是空字符串，那么新窗口就不会显示任何文档
name	一个可选的字符串，该字符串是一个由逗号分隔的特征列表，其中包括数字、字母和下划线，该字符声明了新窗口的名称。这个名称可以用作标记 <a> 和 <form> 的属性 target 的值。如果该参数指定了一个已经存在的窗口，那么 open() 方法就不再创建一个新窗口，而只是返回对指定窗口的引用。在这种情况下，features 将被忽略
features	一个可选的字符串，声明了新窗口要显示的标准浏览器的特征。如果省略该参数，新窗口将具有所有标准特征。在窗口特征这个表格中，我们对该字符串的格式进行了详细的说明
replace	一个可选的布尔值。规定了装载到窗口的 URL 是在窗口的浏览历史中创建一个新条目，还是替换浏览历史中的当前条目。支持下面的值： ● true - URL 替换浏览历史中的当前条目 ● false - URL 在浏览历史中创建新的条目

注：请不要混淆 Window.open()函数与 Document.open()函数，这两者的功能完全不同。为了使代码清楚明白，请使用 Window.open()，而不要使用 open()。

【例 6-6】 演示使用 Window.open()函数打开一个新窗口。

```
<html>
<head>
<script type="text/javascript">
function open_win()
{
window.open("http://www.w3school.com.cn")
}
</script>
</head>
<body>
<input type=button value="Open Window" onclick="open_win()" />
</body>
</html>
```

运行结果为：

```
显示一个打开窗口的按钮，单击后弹出百度首页。
```

6.5 Cookie 管理

Cookie 是在 HTTP 下，服务器或脚本可以维护客户工作站上信息的一种方式。Cookie 的使用很普遍，许多提供个人化服务的网站都是利用 Cookie 来辨认使用者，以方便送出为使用者“量身定做”的内容，如 Web 接口的免费 E-mail 网站，就需要用到 Cookie。有效地使用 Cookie 可以轻松完成很多复杂任务。

6.5.1 了解 Cookie

本节首先简单介绍 Cookie 是什么以及 Cookie 能做什么。希望读者通过本节的学习对 Cookie 有一个清晰的认识。

1．什么是 Cookie

Cookie 是一种在远程浏览器端存储数据并以此来跟踪和识别用户的机制。简单地说，Cookie 是 Web 服务器暂时存储在用户硬盘上的一个文本文件，并随后被 Web 浏览器读取。当用户再次访问 Web 网站时，网站通过读取 Cookies 文件记录这位访客的特定信息（如上次访问的位置、花费的时间、用户名和密码等），从而迅速做出响应，如在页面中不需要输入用户的 ID 和密码即可直接登录网站等。

文本文件的命令格式如下：

```
用户名@网站地址[数字].txt
```

举一个简单的例子，如果用户的系统盘为 C 盘，操作系统为 Windows 2000/XP/2003，当使用 IE 浏览器访问 Web 网站时，Web 服务器会自动以上述的命令格式生成相应的

Cookies 文本文件，并存储在用户硬盘的指定位置。

注：在 Cookies 文件夹下，每个 Cookie 文件都是一个简单而又普通的文本文件，而不是程序。Cookies 中的内容大多都经过了加密处理，因此，表面看来只是一些字母和数字组合，而只有服务器的 CGI 处理程序才知道它们真正的含义。

2．Cookie 的功能

Web 服务器可以应用 Cookie 包含信息的任意性来筛选并经常性地维护这些信息，以判断在 HTTP 传输中的状态。Cookie 常用于以下 3 个方面。

1）记录访客的某些信息。如可以利用 Cookie 记录用户访问网页的次数，或者记录访客曾经输入过的信息，另外，某些网站可以使用 Cookie 自动记录访客上次登录的用户名。

2）在页面之间传递变量。浏览器并不会保存当前页面上的任何变量信息，当页面被关闭时页面上的任何变量信息将随之消失。如果用户声明一个变量 id=8，要把这个变量传递到另一个页面，可以把变量 id 以 Cookie 形式保存下来，然后在下一页通过读取该 Cookie 来获取变量的值。

3）将所查看的 Internet 页存储在 Cookies 临时文件夹中，这样可以提高以后浏览的速度。

注：一般不要用 Cookie 保存数据集或其他大量数据。并非所有的浏览器都支持 Cookie，并且数据信息是以明文文本的形式保存在客户端计算机中，因此最好不要保存敏感的、未加密的数据，否则会影响网络的安全性。

6.5.2　创建 Cookie

在 PHP 中通过 setcookie()函数创建 Cookie。在创建 Cookie 之前必须了解的是，Cookie 是 HTTP 头标的组成部分，而头标必须在页面其他内容之前发送，它必须最先输出，即使在 setcookie()函数前输出一个 HTML 标记或 echo 语句，甚至一个空行都会导致程序出错。

语法：

```
bool setcookie(string name[,string value[,int expire[, string path[,string domain[,bool secure]]]]])
```

setcookie()函数的参数说明如表 6-6 所示。

表 6-6　setcookie()函数的参数说明

参数	说明	举例
name	Cookie 的变量名	可以通过$_COOKIE["cookiename"]调用变量名为 cookiename 的 Cookie
value	Cookie 变量的值，该值保存在客户端，不能用来保存敏感数据	可以通过$_COOKIE["values"]获取名为 values 的值
expire	Cookie 的失效时间，expire 是标准的 UNIX 时间标记，可以用 time()函数或 mktime()函数获取，单位为秒	如果不设置 Cookie 的失效时间，那么 Cookie 将永远有效，除非手动将其删除
path	Cookie 在服务器端的有效路径	如果该参数设置为“/”，则它就在整个 domain 内有效，如果设置为“/11”，它就在 domain 下的/11 目录及子目录内有效。默认是当前目录
domain	Cookie 有效的域名	如果要使 Cookie 在 cau.edu.cn 域名下的所有子域都有效，应该设置为 cau.edu.cn
secure	指明 Cookie 是否仅通过安全的 HTTPS，值为 0 或 1	如果值为 1，则 Cookie 只能在 HTTPS 连接上有效；如果值为默认值 0，则 Cookie 在 HTTP 和 HTTPS 连接上均有效

【例 6-7】 使用 setcookie()函数创建 Cookie 的实例。

```
<?php
setcookie("TMCookie",'www.cau.edu.cn');
setcookie("TMCookie", 'www.cau.edu.cn', time()+60);          //设置 Cookie 有效时间为 60 秒
//设置有效时间为 60 秒，有效目录为“/tm/”，有效域名为“cau.edu.cn”及其所有子域名
setcookie("TMCookie", $value, time()+3600, "/tm/",". cau.edu.cn", 1);
?>
```

运行本实例，在 Cookies 文件夹下会自动生成一个 Cookie 文件，名为 administrator@1[1].txt，Cookie 的有效期为 60 秒，在 Cookie 失效后，Cookies 文件自动删除。

6.5.3 读取 Cookie

在 PHP 中可以直接通过超级全局数组$_COOKIE[]来读取浏览器端的 Cookie 值。

【例 6-8】 下面是使用 print_r()函数读取 Cookie 变量的实例。

```
<?php
if(!isset($_COOKIE["visittime"])){          //判断 Cookie 文件是否存在，如果不存在
    setcookie("visittime",date("y-m-d H:i:s"));             //设置一个 Cookie 变量
    echo "欢迎您第一次访问网站！";                          //输出字符串
}else{                                                      //如果 Cookie 存在
    setcookie("visittime",date("y-m-d H:i:s"),time()+60);   //设置带 Cookie 失效时间的变量
  echo "您上次访问网站的时间为：".$_COOKIE["visittime"];   //输出上次访问网站的时间
    echo "<br>";                                            //输出回车符
}
    echo "您本次访问网站的时间为：  ".date("y-m-d H:i:s"); //输出当前的访问时间
?>
```

在上面的代码中，首先使用 isset()函数检测 Cookie 文件是否存在，如果不存在，则使用 setcookie()函数创建一个 Cookie，并输出相应的字符串。如果 Cookie 文件存在，则使用 setcookie()函数设置 Cookie 文件失效的时间，并输出用户上次访问网站的时间。最后在页面输出访问本次网站的当前时间。

首次运行本实例，由于没有检测到 Cookie 文件，运行结果为：欢迎您第一次访问网站！您本次访问网站的时间为：17-08-29 15:14:12 。如果用户在 Cookie 设置到期时间（本例为 60 秒）前刷新或再次访问该实例，运行结果为：

您上次访问网站的时间为：17-08-29 15:14:12

您本次访问网站的时间为： 17-08-29 15:18:55

注：如果未设置 Cookie 的到期时间，则在关闭浏览器时自动删除 Cookie 数据。如果为 Cookie 设置了到期时间，浏览器将会记住 Cookie 数据，即使用户重新启动计算机，只要没到期，再访问网站时也会获得上次运行的数据信息。

6.5.4 删除 Cookie

当 Cookie 被创建后，如果没有设置它的失效时间，其 Cookie 文件会在关闭浏览器时被

自动删除。那么如何在关闭浏览器之前删除 Cookie 文件呢？方法有两种：一种是使用 setcookie()函数删除，另一种是使用浏览器手动删除 Cookie。下面分别进行介绍。

1．使用 setcookie()函数删除 Cookie

删除 Cookie 和创建 Cookie 的方式基本类似，删除 Cookie 也使用 setcookie()函数。删除 Cookie 只需要将 setcookie()函数中的第二个参数设置为空值，将第 3 个参数 Cookie 的过期时间设置为小于系统的当前时间即可。

例如，将 Cookie 的过期时间设置为当前时间减 1 秒。

```
setcookie("name", "", time()-1);
```

在上面的代码中，time()函数返回以秒表示的当前时间戳，把过期时间减 1 秒就会得到过去的时间，从而删除 Cookie。

说明：把过期时间设置为 0，可以直接删除 Cookie。

2．使用浏览器手动删除 Cookie

在使用 Cookie 时，Cookie 自动生成一个文本文件存储在 IE 浏览器的 Cookies 临时文件夹中。使用浏览器删除 Cookie 文件是非常便捷的方法。具体操作步骤如下。

选择 IE 浏览器中的“工具”/“Internet 选项”命令，打开“Internet 选项”对话框，在“常规”选项卡中单击“删除 Cookies”按钮，将弹出“删除 Cookies”对话框，单击“确定”按钮，即可成功删除全部 Cookie 文件。

6.5.5 Cookie 的生命周期

如果 Cookie 不设定过期时间，就表示它的生命周期为浏览器会话的期间，只要关闭 IE 浏览器，Cookie 就会自动消失。这种 Cookie 被称为会话 Cookie，一般不保存在硬盘上，而是保存在内存中。

如果设置了过期时间，那么浏览器会把 Cookie 保存到硬盘中，再次打开 IE 浏览器时会依然有效，直到它的有效期超时。

虽然 Cookie 可以长期保存在客户端浏览器中，但也不是一成不变的。因为浏览器允许最多存储 300 个 Cookie 文件，而且每个 Cookie 文件支持最大容量为 4KB；每个域名最多支持 20 个 Cookie，如果达到限制时，浏览器会自动地随机删除 Cookies。

6.6 Session 管理

对比 Cookie，会话文件中保存的数据是在 PHP 脚本中以变量的形式创建的，创建的会话变量在生命周期（20min）中可以被跨页的请求所引用。另外，Session 是存储在服务器端的会话，相对安全，并且不像 Cookie 那样有存储长度的限制。

6.6.1 了解 Session

1．什么是 Session

Session 被译成中文为“会话”，其本义是指有始有终的一系列动作/消息，如打电话时从拿起电话拨号到挂断电话这中间的一系列过程可以称之为一个 Session。

在计算机专业术语中，Session 是指一个终端用户与交互系统进行通信的时间间隔，通常指从注册进入系统到注销退出系统之间所经过的时间。因此，Session 实际上是一个特定的时间概念。

2．Session 工作原理

当启动一个 Session 会话的时候，会有一个随机且唯一的 Session_id，也就是生成的 Session 的文件名生成，这个时候 Session_id 存储在服务器的内存中，当我们关闭页面的时候此 id 会自动注销，重新登录此页面，会再次生成一个随机且唯一的 id。

3．Session 的功能

Session 在 Web 技术中占有非常重要的分量。由于网页是一种无状态的连接程序，因此无法得知用户的浏览状态。因此必须通过 Session 记录用户的有关信息，以供用户再次以此身份对 Web 服务器提供要求时做确认。例如，在电子商务网站中，通过 Session 记录用户登录的信息，以及用户所购买的商品，如果没有 Session，那么用户就会每进入一个页面都登录一遍用户名和密码。

另外，Session 会话适用于存储用户的信息量比较少的情况。如果用户需要存储的信息量相对较少，并用对存储内容不需要长期存储，那么使用 Session 把信息存储到服务器端比较适合。

注：Session 是将信息保存在服务器上，并通过一个 Session ID 来传递客户端的信息；Cookie 是将信息以文本文件的形式保存在客户端，并由浏览器进行管理和维护，所以使用 Session 要比 Cookie 更安全。

6.6.2　创建 Session

创建一个 Session 需要通过以下几个步骤实现：

启动 Session→注册 Session→使用 Session→删除 Session

下面对以上几个步骤进行详细介绍。

1．启动 Session

启动 PHP Session 的方式有两种：一种是使用 session_start()函数，另一种是使用 session_register()函数为 Session 登录一个变量来隐含地启动 Session。

注：通常，session_start()函数在页面开始位置调用，然后 Session 变量被登录到数据 $_SESSION。

在 PHP 中有两种方法可以创建 Session。

通过 session_start ()函数创建 Session。

1）session_start()函数用于创建一个 Session。语法为：

```
bool  session_start(void) ;
```

说明：使用 session_start()函数之前浏览器不能有任何输出，否则会产生错误。

2）通过 session_register()函数创建 Session。

session_register()函数用来为 Session 登录一个变量来隐含地启动 Session，但要求设置 php.ini 文件的选项，将 register_globals 指令设置为 on，然后重新启动 Apache 服务器。

注：使用 session_register()函数时，不需要调用 session_start()函数，PHP 会在注册变量

之后隐含地调用 session_start()函数。

2. 注册 Session

Session 变量被启动后，全部保存在数组$_SESSION 中。通过数组$_SESSION 创建一个 Session 变量很容易，只要直接给该数组添加一个元素即可。

例如，启动 Session，创建一个 Session 变量并赋予空值。

```
<?php
session_start();                          //启动 Session
$_SESSION["admin"] = null;                //声明一个名为 admin 的变量，并赋空值
?>
```

3. 使用 Session

首先需要判断 Session 变量是否有一个 Session ID 存在，如果不存在，就创建一个，并且使其能够通过全局数组$_SESSION 进行访问。如果已经存在，则将这个已注册的 Session 变量载入以供用户使用。

例如，判断存储用户名的 Session Session 变量是否为空，如果不为空，则将该 Session 变量赋给$myvalue。

```
<?php
if ( !empty ( $_SESSION['session_name']))     //判断用于存储用户名的 Session 会话变量是否为空
    $myvalue = $_SESSION['session_name'] ;        //将会话变量赋给一个变量$myvalue
?>
```

4. 删除 Session

删除 Session 的方法主要有删除单个 Session、删除多个 Session 和结束当前的 Session 3 种，下面分别介绍。

（1）删除单个 Session

删除 Session 变量，同数组的操作一样，直接注销$_SESSION 数组的某个元素即可。

例如，注销$_SESSION['user']变量，可以使用 unset()函数。

```
unset ( $_SESSION['user'] ) ;
```

注：使用 unset()函数时，要注意$_SESSION 数组中某元素不能省略，即不可以一次注销整个数组，这样会禁止整个 Session 的功能，如 unset($_SESSION) 函数会将全局变量$_SESSION 销毁，而且没有办法将其恢复，用户也不能再注册$_SESSION 变量。如果读者要删除多个或全部 Session，可采用下面的两种方法。

（2）删除多个 Session

如果想要一次注销所有的 Session 变量，可以将一个空的数组赋值给$_SESSION。

```
$_SESSION = array() ;
```

（3）结束当前的 Session

如果整个 Session 已经结束，首先应该注销所有的 Session 变量，然后使用 session_destroy()函数清除结束当前的 Session，并清空 Session 中的所有资源，彻底销毁 Session。

```
session_destroy()
```

6.6.3 Session 设置时间

在大多数论坛中都会有在登录时对登录时间进行选择，如保存一个星期、保存一个月等。这个时候我们就可以通过 Cookie 设置登录的失效时间，现在可能很多人会说，Cookie 不是比不上 Session 安全吗？我们是否可以使用 Session 设置登录的失效时间？答案是肯定的。我们对 Session 的失效时间设定分为两种情况。

1．客户端没有禁止 Cookie

【例 6-9】 使用 session_set_cookie_params()设置 Session 的失效时间，此函数是 Session 结合 Cookie 设置失效时间，如想要让 Session 在 1 分钟后失效。

```
<?php
$time = 1 * 60;                              // 设置 session 失效时间
session_set_cookie_params($time);            // 使用函数
session_start();                             // 初始化 session
$_SESSION[username] = 'cau';
?>
```

注：session_set_cookie_params()必须在 session_start()之前调用。

说明：不推荐使用此函数，此函数在一些浏览器上会出现问题。所以我们一般都使用手动设置失效时间。

【例 6-10】 使用 setcookie()创建并给出 Cookie 中失效时间，现在同样使用 setcookie()函数对 Session 设置失效时间，如让 Session 在 1 分钟后失效。

```
<?php
session_start();
$time = 1 * 60;                                                  // 给出 session 失效时间
setcookie(session_name(),session_id(),time()+$time,"/");         // 使用 setcookie 手动设置 session 失效时间
$_SESSION['user'] = "cau";
?>
```

说明：session_name 是 Session 的名称，session_id 是判断客户端用户的标识，因为 session_id 是随机产生并且唯一的名称，所以 Session 是安全的，当然并不是绝对安全。失效时间和 Cookie 的失效时间使用一样，最后一个参数为可选参数，是放置 Cookie 的路径。

2．客户端禁止 Cookie

当客户端禁用 Cookie 的时候 Session 页面间传递会失效，大家可以将客户端禁止 Cookie 想象成一家大型连锁超市，如果在其中一家超市内办理了会员卡，但是超市之间并没有联网，那么我们的会员卡就只能在办理的那家超市使用。解决这个问题有 4 种方法。

1）在登录之前告之用户必须打开 Cookie，这是很多论坛的做法（暂且算一种方法）。

2）设置 php.ini 文件中的 session.use_trans_sid = 1，或者编译的时候打开了 - enable-trans-sid 选项，让 PHP 自动跨页面传递 session_id。

3）通过 GET，隐藏表单传递 session_id。

4）使用文件或者数据库存储 Session_id，在页面间传递中手动调用。

第 2 种情况我们并不做详细讲解，因为根据建设网站我们并不能修改服务器中的 php.ini 文件。第 3 种情况我们就不可以使用 Cookie 设置保存时间，但是登录情况没有变化。第 4 种也是最为重要的一种，在将来大家开发企业级网站时，如果遇到 Session 文件将服务器速度带慢，就可以使用。在 Session 高级应用中会对其做详细解说。

【例 6-11】 第 3 种情况使用 GET 方式传输关键。

```
<form id="form1" name="form1" method="get" action="common.php?<?=session_name(); ?>=<?=session_id(); ?>">
```

接收页面头部详细代码：

```
<?php
$sess_name = session_name();                // 取得 session 名称
$sess_id = $_GET[$sess_name];               // 取得 session_id GET 方式
session_id($sess_id);                       // 关键步骤
session_start();
$_SESSION['admin'] = 'moe';
?>
```

说明：session 原理为请求该页面之后会产生一个 session_id，如果这个时候禁止了 Cookie 我们就无法传递 session_id，在请求下一个页面的时候就会重新产生一个 session_id，就造成了 Session 在页面间传递失效。

6.7 Session 高级应用

6.7.1 Session 临时文件

在服务器中，如果我们将所有用户的 Session 都保存到临时目录中，会降低服务器的安全性和服务器的效率，导致打开服务器所在的站点会非常得慢。

【例 6-12】 现在我们使用 PHP 函数 session_save_path()存储 session 临时文件，缓解因临时文件的存储导致服务器效率降低的问题和站点打开缓慢的问题。实例如下。

```
<?php
$path = './tmp/';                      // 设置 session 存储路径
session_save_path($path);
session_start();                       // 初始化 session
$_SESSION[username] = true;
?>
```

注：session_save_path()函数应用在 session_start()函数之前调用。

6.7.2 Session 缓存

Session 的缓存是将网页中的内容临时存储到客户端 IE 浏览器的 Temporary Internet Files 文件夹下，并且可以设置缓存的时间。当网页第一次被浏览后，页面的部分内容在规定的时间内就被临时存储在客户端的临时文件夹中，这样我们在下次访问这个页面时，就可以直接读取缓存中的内容，从而提高网站的浏览效率。

Session 缓存的完成使用的是 session_cache_limiter()函数，其语法如下：

```
string session_cache_limiter ( [string cache_limiter])
```

参数 cache_limiter 为 public 或 private。同时 Session 缓存并不是指在服务器端而是客户端缓存，在服务器中没有显示。

缓存时间的设置，使用的是 session_cache_expiry()函数，其语法如下：

```
int session_cache_expire ( [int new_cache_expire])
```

参数 cache_expire 是 Session 缓存的时间数字，单位是分钟。

注：这两个 Session 缓存函数必须在 session_start()调用之前使用，否则出错。

【例 6-13】 下面我们通过实例了解 Session 缓存页面过程。

```
<?php
session_cache_limiter('private');
$cache_limit = session_cache_limiter();                // 开启客户端缓存
session_cache_expire(30);
$cache_expire = session_cache_expire();                // 设定客户端缓存时间
session_start();
?>
```

运行后没有任何显示。

6.7.3 Session 数据库存储

我们虽然通过改变 Session 存储文件夹使 Session 不至于将临时文件夹填满而造成站点瘫痪，但是我们可以计算一下，如果一个大型网站一天登录 1000 人，一个月登录了 30000 人，这个时候站点中存在 30000 个 Session 文件，要在这 30000 个文件中查询一个 Session_id 应该不是件快速的事情。那么这个时候我们就可以应用 Session 数据库存储，也就是 PHP 中的 session_set_save_handler()函数。其语法如下：

```
bool session_set_save_handler ( string open, string close, string read, string write, string destroy, string gc)
```

session_set_save_handler()函数的参数说明如表 6-7 所示。

表 6-7 session_set_save_handler()函数的参数说明

参　数	说　明
open(save_path,session_name)	找到 session 存储地址，取出变量名称
close()	不需要参数，关闭数据库
read(key)	读取 session 键值，key 对应 session_id
write(key,data)	其中 data 对应设置的 session 变量
destroy(key)	注销 session 对应 session 键值
gc(expiry_time)	清除过期 session 记录

读者可能对此函数不是很理解，一般应用参数直接使用变量，但是此函数中参数为 6 个函数，而且在调用的时候只是调用函数名称的字符串，现在就给大家详细地讲解，我们将 6 个参数（函数）分开给讲解，最后会把这些封装进类中，等大家学习完面向对象编程就会有一个非常清晰的印象了。

1）封装 session_open()函数，将数据库连接。

```
function _session_open($save_path,$session_name)
{
    global $handle;
    $handle = mysql_connect('localhost','root','111') or die('数据库连接失败');
// 连接 MySQL 数据库
    mysql_select_db('db_database11',$handle) or die('数据库中没有此库名');
// 找到数据库
    return(true);
}
```

说明：我们看到$save_path 和$session_name 两个参数并没有用到，在这里我们可以将其去掉，但是希望读者可以加入，因为一般使用都是存在这两个变量的。

2）封装 session_close()函数，关闭数据库连接。

```
function _session_close()
{
    global $handle;
    mysql_close($handle);
    return(true);
}
```

说明：在这个参数中不需要任何参数，所以不论是 Session 存储到数据库中，还是存储到文件中只需返回 true 就可以。但是如果是 MySQL 数据库最好是将数据库关闭，这样保证以后不会出现麻烦。

3）封装 session_read()函数，在函数中我们设定当前时间的 UNIX 时间戳，根据$key 值查找 Session 名称及内容。

```
function _session_read($key)
{
    global $handle;                              // 全局变量$handle 连接数据库
    $time = time();                              // 设定当前时间
    $sql = "select session_data from tb_session where session_key = '$key' and session_time > $time";
    $result = mysql_query($sql,$handle);
    $row = mysql_fetch_array($result);
    if ($row){
        return($row['session_data']);            // 返回 Session 名称及内容
    }else{
        return(false);
```

说明：我们存储进数据库中的 session_expiry 是 UNIX 时间戳。

4）封装 session_write()函数，函数中设定 Session 失效时间，查找到 Session 名称及内容，如果查询结果为空，则将页面中 Session 根据 session_id、session_name、失效时间插入数据库中；如果查询结果不为空，则根据$key 修改数据库中 Session 存储信息，返回执行结果。

```
        function _session_write($key,$data)
        {
            global $handle;
            $time = 60*60;                                          // 设置失效时间
            $lapse_time = time() + $time;                           // 得到 UNIX 时间戳
            $sql = "select session_data from tb_session where session_key = '$key' and session_time >
$lapse_time";
            $result = mysql_query($sql,$handle);
            if (mysql_num_rows($result) == = 0 ) {                  // 没有结果
                $sql = "insert into tb_session values('$key','$data',$lapse_time)";
        // 插入数据库 sql 语句
                $result = mysql_query($sql,$handle);
            }else{
                $sql = "update tb_session set session_key = '$key',session_data = '$data',session_time =
$lapse_time where session_key = '$key'";                            // 修改数据库 sql 语句
                $result = mysql_query($sql,$handle);
            }
            return($result);
```

5）封装 session_destroy()函数，根据$key 值将数据库中 Session 删除。

```
        function _session_destroy($key)
        {
            global $handle;
            $sql = "delete from tb_session where session_key = '$key'"; // 删除数据库 sql 语句
            $result = mysql_query($sql,$handle);
            return($result);
        }
```

6）封装 session_gc()函数，根据给出的失效时间删除过期 Session。

```
        function _session_gc($expiry_time)
        {
            global $handle;
            $lapse_time = time();                         // 将参数$expiry_time 赋值为当前时间戳
            $sql = "delete from tb_session where expiry_time < $lapse_time";
        // 删除数据库 sql 语句
            $result = mysql_query($sql,$handle);
            return($result);
        }
```

以上为 session_set_save_handler()函数的 6 个参数（函数）的介绍。

【例 6-14】 下面我们通过函数 session_set_save_handler()实现 Session 存储数据库。

```
        session_set_save_handler('_session_open','_session_close','_session_read','_session_write','_session_destr
oy','_session_gc');
        session_start();
        // 下面为我们定义的 Session
        $_SESSION['user'] = 'cau';
        $_SESSION['pwd'] = 'moe';
```

6.8 PHP 页面跳转

6.8.1 header()函数

header()函数是 PHP 中进行页面跳转的一种十分简单的方法。header()函数的主要功能是将 HTTP 协议标头（header）输出到浏览器。

header()函数的定义如下：

```
void header (string string [,bool replace [,int http_response_code]])
```

可选参数 replace 指明是替换前一条类似标头还是添加一条相同类型的标头，默认为替换。

第二个可选参数 http_response_code 强制将 HTTP 相应代码设为指定值。Header()函数中 Location 类型的标头是一种特殊的 header 调用，常用来实现页面跳转。

注意：

1）location 和“:”号间不能有空格，否则不会跳转。

2）在用 header 前不能有任何的输出。

3）header 后的 PHP 代码还会被执行。

【例 6-15】 将浏览器重定向到中国农业大学学校主页。

```
<?php
//重定向浏览器
header("Location:http://www.cau.edu.cn");
//确保重定向后，后续代码不会被执行
exit;
?>
```

代码运行后，实现跳转到百度首页。

6.8.2 Meta 标签

Meta 标签是 HTML 中负责提供文档元信息的标签，在 PHP 程序中使用该标签，也可以实现页面跳转。若定义 http-equiv 为 refresh，则打开该页面时将根据 content 规定的值在一定时间内跳转到相应页面。

若设置 content="秒数;url=网址"，则定义了经过多长时间后页面跳转到指定的网址。例如，使用 meta 标签实现疫苗后页面自动跳转到中国农业大学学校主页。

```
< meta http-equiv = "refresh" content = "1;url=http:// www.cau.edu.cn " >
```

【例 6-16】 实现在该页面中停留一秒后页面自动跳转到 www.cau.edu.cn。

```
<?php
$url="http://www.cau.edu.cn";
?>
<html>
<head>
<meta http-equiv="refresh" content="1;
url=<?php echo$url;?>">
</head>
<body>
页面只停留一秒……
</body>
</html>
```

代码运行后 1 秒钟，跳转到百度首页。

6.8.3 JavaScript 脚本

在 Javascript 脚本中实现页面跳转，例如：

```
<?php
$url="http://www.cau.edu.cn" ;
echo " <script language = 'javascript' type = 'text/javascript' > ";
echo " window.location.href = '$url' ";
echo " </script > ";
?>
```

运行后，跳转到百度首页。

也可以将代码放在按钮控件的 onclick 事件之后，例如：

```
<input type="submit" name=" btnlogin " id="btnlogin" value="登录" onclick="javascript 语句">
```

6.8.4 在 HTML 标记中实现跳转

在 HTML 标记中，使用提交表单、文件超链接都能够实现页面的跳转。

1．提交表单

将<form>标记的 action 属性设置为要跳转的页面，提交表单后，就跳转到该页面。例如：

```
<form name="form1" method="post" action="login.php">
      <input name="txtsno" type="text" id=" txtsno " size="6">
      <input type="submit" name=" btnlogin " id="btnlogin" value="登录">
</form>
```

2. 文件超链接

```
语法格式：<a href="文件名">
例如，<a href="http://www.cau.edu.cn/"   target="_blank">跳转</a>
```

思考与练习

1．提交表单数据有哪几种方法，PHP 如何获取表单提交的数据？

2．如何完成对 Session 过期时间的设置？

3．禁用 Cookie 后 Seesion 还能用吗?

4．Session 与 Cookie 的区别有哪些？Cookie 的运行原理是什么？Session 的运行原理是什么？

5．设计一个 PHP 程序。实现在浏览器中输出 URL 方式时，可以输出 URL 中包含的多个参数值，输出时每个参数值占一行。

6．HTTP 状态码分类有哪些，含义是什么？

7．下列说法不正确的是（　　）。

A．GET 方式向服务器提交的数据保存在$_GET 中

B．POST 方式向服务器提交的数据保存在$_POST 中

C．Cookie 方式向服务器提交的数据保存在$_COOKIE 中

D．$_REQUEST 包含了$_GET、$_POST 和$_COOKIE 中的数据

8．在浏览器地址栏中输入带参数的 URL 的数据提交方法是（　　）。

A．get　　B．post　　C．cookie　　D．session

9．下列说法正确的是（　　）。

A．GET 方式是指在浏览器地址栏中输入数据

B．POST 方式是指通过 HTML 表单提交数据的方式

C．在表单中可同时使用 get 和 post 方式提交数据

D．上述说明均不正确

10．Cookie 的值存储在（　　）。

A．内存中　　B．程序中　　C．客户端　　D．服务器端

11．下列说法正确的是（　　）。

A．Cookie 在客户端创建并保存在客户端 Cookie 文件中

B．Session 在服务器端创建并保存在服务器端 Session 文件中

C．Cookie 若未设置过期时间，则可永久有效

D．Session 和 Cookie 作用类似，可以替换使用

12．在用浏览器查看网页时出现 404 错误可能的原因是（　　）。

A．页面源代码错误　　B．文件不存在

C．与数据库连接错误　　D．权限不足

13．Session 会话的值存储在（　　）。

A．硬盘上　　B．网页中　　C．客户端　　D．服务器端

14．在 PHP 中总是包含所有总客户端发出的 Cookies 数据的变量数组是（　　）。

A．$_COOKIE　　B．$_COOKIES

C．$_GETCOOKIE　　D．$_GETCOOKIES

15．在 html 中嵌入 javaScript，应该使用的标记是（　　）。

A．<script language="javascript">　　B．<head> </head>

C．<body> </body>　　D．<!--....//..>

16．读取 get 方法传递的表单元素值的方法是（　　）。

A．$_GET["名称"]　　B．$get["名称"]

C．$GEG["名称"]　　D．$_get["名称"]

第 7 章　MySQL 数据库

数据库作为程序中数据的主要载体，在整个 Web 应用系统中扮演着重要的角色。PHP 自身可以与大多数数据库进行连接，但 MySQL 数据库是开源界所公认的、与 PHP 结合得最好的数据库，其具有安全、跨平台、体积小、高效等特点，可谓 PHP 的“黄金搭档”。在本章中将对 MySQL 数据库的基础知识进行系统讲解，为下一章中实现 PHP 与 MySQL 数据库库的完美结合打下坚实的基础。

7.1　MySQL 概述

MySQL 由瑞典 MySQLAB 公司开发。2008 年 1 月 MySQL 被美国的 SUN 公司收购，2009 年 4 月 SUN 公司又被甲骨文（Oracle）公司收购。MySQL 进入 Oracle 产品体系后，获得了甲骨文公司更多研发投入，同时，甲骨文公司也为 MySQL 的发展注入新的活力。

目前，随着淘宝、百度、新浪微博等公司将部分业务数据迁移到 MySQL 数据库中，MySQL 以其开源、免费、体积小、便于安装，而且功能强大等特点，成为全球最受欢迎的数据库管理系统之一。

7.1.1　MySQL 的特点

1）MySQL 是一个关系数据库管理系统，把数据存储在表格中，使用标准的结构化查询语言——SQL 进行访问数据库。

2）MySQL 是完全免费的，在网上可以任意下载，并且可以查看到它的源文件，进行必要的修改。

3）MySQL 服务器的功能齐全，运行的速度极快，十分可靠，有很好的安全性。

4）MySQL 服务器在客户、服务器或嵌入系统中使用，是一个客户机/服务器结构的系统，能够支持多线程，支持多个不同的客户程序和管理工具。

7.1.2　SQL 和 MySQL

SQL（Structured Query Language，结构化查询语言），与其说是一门语言，倒不如说是一种标准，数据库系统的工业标准。大多数的 RDBMS 开发商的 SQL 都基于这个标准，虽然在有些地方并不是完全相同，但这并不妨碍对 SQL 的学习和使用。

下面给出 SQL 标准的关键字及其功能，如表 7-1 所示。

表 7-1　SQL 标准语句

功能类型	SQL 关键字	功能
数据查询语言	Select	从一个或多个表中查询数据
数据定义语言	Create/Alter/Drop table Create/Alter/Drop index	创建/修改/删除表 创建/修改/删除索引
数据操纵语言	Insert Delete Update	向表中插入新数据 删除表中的数据 更新表中现有的数据
数据控制语言	Grant Revoke	为用户赋予特权 收回用户的特权

7.2　操作 MySQL 数据库

针对 MySQL 数据库的操作可以分为创建、选择和删除 3 种。

7.2.1　创建新数据库

在 MySQL 中，应用 CREATE DATABASE 语句创建数据库。其语法格式为：CREATE DATABASE db_name；其中，db_name 是要创建的数据库名称，该名称必须是合法的，对于数据库的命名，有如下规则。

1）不能与其他数据库重名。

2）名称可以由任意字母、阿拉伯数字，下划线“_”或者“$”组成，可以使用上述的任意字符开头，但不能使用单独的数字，那样会造成它与数值相混淆。

3）名称最长可为 64 个字符组成（还包括表、列和索引的命名），而别名最多可长达 256 个字符。

4）不能使用 MySQL 关键字作为数据库、表名。

【例 7-1】 创建 studentinfo 数据库。

```
CREATE DATABASE studentinfo ;
```

7.2.2　选择指定数据库

USE 语句用于选择一个数据库，使其成为当前默认数据库。其语法格式为：USE db_name ;

【例 7-2】 选择名称为 studentinfo 的数据库。

```
USE studentinfo;
```

7.2.3　删除指定数据库

删除数据库使用的是 DROP DATABASE 语句，语法格式为：DROP DATABASE db_name ;

【例 7-3】 通过 DROP DATABASE 语句删除名称为 studentinfo 的数据库。

```
DROP DATABASE studentinfo;
```

注：对于删除数据库的操作，应该谨慎使用，一旦执行这项操作，数据库的所有结构和数据都会被删除，没有恢复的可能，除非数据库有备份。

7.3 操作 MySQL 数据表

MySQL 数据表的基本操作包括创建、查看、修改、重命名和删除。

7.3.1 创建一个表

创建数据表使用 CREATE TABLE 语句，其语法结构：

```
CREATE [TEMPORARY] TABLE [IF NOT EXISTS] 数据表名
[(create_definition,…)][table_options] [select_statement]
```

CREATE TABLE 语句的参数说明如表 7-2 所示。

表 7-2 CREATE TABLE 语句的参数说明

关 键 字	说 明
TEMPORARY	如果使用该关键字，表示创建一个临时表
IF NOT EXISTS	该关键字用于避免表存在时 MySQL 报告的错误
create_definition	这是表的列属性部分。MySQL 要求在创建表时，表要至少包含一列
table_options	表的一些特性参数
select_statement	SELECT 语句描述部分，用它可以快速地创建表

下面介绍列属性 create_definition 部分，每一列定义的具体格式如下：

```
col_name    type [NOT NULL | NULL] [DEFAULT default_value] [AUTO_INCREMENT]
            [PRIMARY KEY ] [reference_definition]
```

属性 create_definition 的参数说明如表 7-3 所示。

表 7-3 属性 create_definition 的参数说明

参 数	说 明
col_name	字段名
type	字段类型
NOT NULL | NULL	指出该列是否允许是空值，系统一般默认允许为空值，所以当不允许为空值时，必须使用 NOT NULL
DEFAULT default_value	表示默认值
AUTO_INCREMENT	表示是否是自动编号，每个表只能有一个 AUTO_INCREMENT 列，并且必须被索引
PRIMARY KEY	表示是否为主键。一个表只能有一个 PRIMARY KEY。如表中没有一个 PRIMARY KEY，而某些应用程序需要 PRIMARY KEY，MySQL 将返回第一个没有任何 NULL 列的 UNIQUE 键，作为 PRIMARY KEY
reference_definition	为字段添加注释

例如，创建一个简单的数据表，使用 CREATE TABLE 语句在 MySQL 数据库 studentinfo 中创建一个名为 tb_admin 的数据表，该表包括 id、user、password 和 createtime、总计 4 个字段。创建的 SQL 语句如下：

```
CREATE TABLE `tb_admin` (
`id` INT( 4 ) NOT NULL AUTO_INCREMENT PRIMARY KEY ,
`user` VARCHAR( 50 ) CHARACTER SET utf8 COLLATE utf8_unicode_ci NOT NULL ,
`password` VARCHAR( 50 ) CHARACTER SET utf8 COLLATE utf8_unicode_ci NOT NULL ,
`createtime` DATETIME NOT NULL ) ENGINE = MYISAM CHARACTER SET utf8 COLLATE utf8_unicode_ci;
```

注：在输入 SQL 语句时，可以一行全部输出，也可以每个字段都换行输出，这里建议用换行输出，这样看上去美观、易懂，在语句出现错误时更容易查找。

7.3.2 查看数据表结构

对于一个创建成功的数据表，可以使用 SHOW COLUMNS 语句或 DESCRIBE 语句查看数据表的结构。

1．SHOW COLUMNS 语句

SHOW COLUMNS 语句查看一个指定的数据表，其语法结构为：

```
SHOW  [FULL] COLUMNS  FROM 数据表名 [FROM 数据库名];
```

或写成

```
SHOW  [FULL] COLUMNS  FROM 数据表名.数据库名;
```

【例 7-4】 使用语句查看数据表 tb_admin 表结构。

```
SHOW COLUMNS tb_admin;
```

2．DESCRIBE 语句

DESCRIBE 语句的语法结构为：

```
DESCRIBE 数据表名;
```

其中，DESCRIBE 可以简写成 DESC。在查看表结构时，也可以只列出某一列的信息。其语法格式如下：

```
DESCRIBE 数据表名 列名;
```

【例 7-5】 使用 DESCRIBE 语句的简写形式查看数据表中的某一列信息。

```
DESCRIBE tb_admin user;
```

7.3.3 修改数据表结构

修改表结构使用 ALTER TABLE 语句。修改表结构包括增加或者删除字段、修改字段名称或者字段类型、设置取消主键外键、设置取消索引以及修改表的注释等。其语法结构为：

```
Alter[IGNORE] TABLE 数据表名 alter_spec[,alter_spec]…
```

其中，alter_spec 子句定义要修改的内容，其语法结构为：

```
alter_specification:
    ADD [COLUMN] create_definition [FIRST | AFTER column_name ]         //添加新字段
  | ADD INDEX [index_name] (index_col_name,…)                          //添加索引名称
  | ADD PRIMARY KEY (index_col_name,…)                                 //添加主键名称
  | ADD UNIQUE [index_name] (index_col_name,…)                         //添加唯一索引
  | ALTER [COLUMN] col_name {SET DEFAULT literal | DROP DEFAULT}       //修改字段名称
  | CHANGE [COLUMN] old_col_name create_definition                     //修改字段类型
  | MODIFY [COLUMN] create_definition                                  //修改子句定义字段
  | DROP [COLUMN] col_name                                             //删除字段名称
  | DROP PRIMARY KEY                                                   //删除主键名称
  | DROP INDEX index_name                                              //删除索引名称
  | RENAME [AS] new_tbl_name                                           //更改表名
  | table_options
```

ALTER TABLE 语句允许指定多个动作，其动作间使用逗号分隔，每个动作表示对表的一个修改。

注：在使用 ALTER TABLE 语句修改数据表时，如果指定 IGNORE 参数，当出现重复的行时，则只执行一行，其他重复的行被删除。

【例 7-6】 添加一个新的字段 email，类型为 varchar(50)，not null，将字段 user 的类型由 varchar(50)改为 varchar(80)。

```
alter table tb_admin add email varchar(50) not null ,modify user varchar(80);
```

注：通过 alter 修改表列，其前提是必须将表中数据全部删除，然后才可以修改表列。

7.3.4 重命名数据表

重命名数据表使用 RENAME TABLE 语句，其语法结构为：RENAME TABLE 数据表名 1 To 数据表名 2。

注：RENAME TABLE 语句可以同时对多个数据表进行重命名，多个表之间以逗号“,”分隔。

【例 7-7】 对数据表 tb_admin 进行重命名，更名后的数据表为 tb_user。

```
RENAME TABLE tb_admin to tb_user;
```

7.3.5 删除指定数据表

删除数据表使用 DROP TABLE 语句，其语法结构为：DROP TABLE 数据表名;

【例 7-8】 删除数据表 tb_user。

```
DROP TABLE tb_user;
```

在删除数据表的过程中删除一个不存在的表将会产生错误，如果在删除语句中加入

IF EXISTS 关键字则不会出错。其语法结构：DROP TABLE IF EXISTS 数据表名；

注：删除数据表的操作应该谨慎使用。一旦删除数据表，那么表中的数据将会全部清除，没有备份则无法恢复。

注：无论在执行 CREATE TABLE、ALTER TABLE 和 DROP TABLE 中的任何操作时，首先必须要选择数据库，否则是无法对数据表进行操作的。

7.4 操作 MySQL 数据

数据库中包含数据表，而数据表中包含数据。MySQL 与 PHP 的结合应用时，真正被操作的是数据表中的数据，因此如何更好地操作和使用这些数据才是使用 MySQL 数据库的根本。

7.4.1 向数据表中添加数据(INSERT)

建立一个数据库，并在数据库中创建一个数据表，首先要向数据表中添加数据。这项操作可以通过 INSERT 语句来完成。

下面通过向 studentinfo 数据库的 tb_book 表中添加一条记录，介绍 INSERT 语句的 3 种语法。

1）列出新添加数据的所有的值。其语法结构为：

```
insert into table_name values (value1,value2, …)
```

2）给出要赋值的列，然后在给出值。其语法结构为：

```
insert into table_name (column_name,column_name2, …) values (value1, value1, …)
```

3）用 col_name = value 的形式给出列和值。其语法结构为：

```
insert into table_name set column_name1 = value1,column_name2 = value2, …
```

注：采用第一种语法格式的好处是输入的 SQL 语句短小，错误查找方便。不利的是，如果字段很多，不容易看到数据是属于哪一列的，不易匹配。

【例 7-9】 向 tb_user 表插入一组数据。

```
INSERT INTO tb_user(user,password,createtime) VALUES('cau','111,'2017-8-23');
```

7.4.2 更新数据表中数据(UPDATE)

更新数据使用 UPDATE 语句，语法结构为：

```
update table_name
set column_name = new_value1,column_name2 = new_value2, …
where condition
```

其中 table_name 是更新的表名称；set 子句指出要修改的列和它们给定的值；where 子句是可选的，如果应用它将指定记录中哪行应该被更新，否则，所有的记录行都将被更新。

【例 7-10】 将管理员信息表 tb_user 中用户名为 cau 的管理员密码 111 修改为 123456。

```
UPDATE tb_user SET password='123456' where user='sa';
```

注：更新时一定要保证 where 子句的正确性，一旦 where 子句出错，将会破坏所有改变的数据。

7.4.3 删除数据表中数据(DELETE)

删除数据使用 DELETE 语句，语法结构为：delete from table_name where condition。

该语句在执行过程中，删除 table_name 表中的记录，如果没有指定 WHERE 条件，将删除所有的记录；如果指定 WHERE 条件，将按照指定的条件进行删除。

【例 7-11】 删除管理员数据表 tb_user 中用户名为“cau”的记录信息。

```
DELETE FROM tb_user where user='cau';
```

注：

1）在实际的应用中，在执行删除操作时，执行删除的条件一般应该为数据的 id，而不是具体某个字段值，这样可以避免一些不必要的错误发生。

2）使用 DELETE 语句删除整个表的效率并不高，还可以使用 TRUNCATE 语句，它可以很快地删除表中所有的内容。

7.4.4 查询数据表中数据

创建数据库的目的不仅是保存数据，更重要的是为了使用其中的数据。要从数据库中把数据查询出来，使用的是 SELECT 查询语句。SELECT 语句的语法结构：

```
select selection_list                    //要查询的内容，选择哪些列
from table_list                          //从什么表中查询，从何处选择行
where primary_constraint                 //查询时需要满足的条件，行必须满足的条件
group by grouping_columns                //如何对结果进行分组
order by sorting_cloumns                 //如何对结果进行排序
having secondary_constraint              //查询时满足的第二条件
limit count                              //限定输出的查询结果
```

下面对 select 查询语句的参数进行详细的讲解。

1．selection_list

设置查询内容。如果要查询表中所有列，可以将其设置为“*”；如果要查询表中某一列或多列，则直接输入列名，并以“,”为分隔符。

【例 7-12】 查询 tb_book 数据表中所有列和查询 user 和 pass 列。

```
select * from tb_book;                   //查询数据表中所有数据
select user,pass from tb_book;           //查询数据表中 user 和 pass 列的数据
```

2．table_list

指定查询的数据表。既可以从一个数据表中查询，也可以从多个数据表中进行查询，多

个数据表之间用“,”进行分隔，并且通过 where 子句使用连接运算来确定表之间的联系。

【例 7-13】 从 tb_book 和 tb_bookinfo 数据表中查询 bookname='网站设计与开发'的作者和价格。

```
select tb_book.id,tb_book.bookname,
    -> author,price from tb_book,tb_bookinfo
    -> where tb_book.bookname = tb_bookinfo.bookname and
    -> tb_bookinfo.bookname = '网站设计与开发';
```

在上面的 SQL 语句中，因为两个表都有 id 字段和 bookname 字段，为了告诉服务器要显示的是哪个表中的字段信息，要加上前缀。语法结构：表名.字段名。

tb_book.bookname = tb_bookinfo.bookname 将表 tb_book 和 tb_bookinfo 连接起来，叫作等同连接；如果不使用 tb_book.bookname = tb_bookinfo.bookname，那么产生的结果将是两个表的笛卡尔积，叫作全连接。

3．where 条件语句

在使用查询语句时，如要从很多的记录中查询出想要的记录，就需要一个查询的条件。只有设定了查询的条件，查询才有实际的意义。设定查询条件应用的是 where 子句。

where 子句的功能非常强大，通过它可以实现很多复杂的条件查询。在使用 where 子句时，需要使用一些比较运算符，常用比较运算符如表 7-4 所示。

表 7-4　常用的 where 子句比较运算符

运算符	名称	示例	运算符	名称	示例
=	等于	id=5	is not null		id is not null
>	大于	id>5	between		id between1 and 15
<	小于	id<5	in		id in (3,4,5)
=>	大于等于	id=>5	not in		name not in (shi,li)
<=	小于等于	id<=5	like	模式匹配	name like (‘shi%’)
!=或<>	不等于	id!=5	not like	模式匹配	name not like (‘shi%’)
Is null	n/a	id is null	regexp	常规表达式	name 正则表达式

表 7-4 中列举的是 where 子句常用的比较运算符，示例中的 id 是记录的编号，name 是表中的用户名。

【例 7-14】 应用 where 子句，查询 tb_book 表，条件是 type（类别）为 Python 的所有图书。

```
select * from tb_book where type = 'Python';
```

4．GROUP BY 对结果分组

通过 GROUP BY 子句可以将数据划分到不同的组中，实现对记录进行分组查询。在查询时，所查询的列必须包含在分组的列中，目的是使查询到的数据没有矛盾。在与 AVG()或 SUM()函数一起使用时，GROUP BY 子句能发挥最大作用。

【例 7-15】 查询 tb_book 表，按照 type 进行分组，求每类图书的平均价格。

```
select bookname,avg(price),type from tb_book group by type;
```

5. DISTINCT 在结果中去除重复行

使用 DISTINCT 关键字，可以去除结果中重复的行。

【例 7-16】 查询 tb_book 表，并在结果中去掉类型字段 type 中的重复数据。

```
select distinct type from tb_book;
```

6. ORDER BY 对结果排序

使用 ORDER BY 可以对查询的结果进行升序和降序（DESC）排列，在默认情况下，ORDER BY 按升序输出结果。如果要按降序排列可以使用 DESC 来实现。

如果对含有 NULL 值的列进行排序时，如果是按升序排列，NULL 值将出现在最前面，如果是按降序排列，NULL 值将出现在最后。

【例 7-17】 查询 tb_book 表中的所有信息，按照“id”进行降序排列，并且只显示 3 条记录。

```
select * from tb_book order by id desc limit 3;
```

7. LIKE 模糊查询

LIKE 属于较常用的比较运算符，通过它可以实现模糊查询。它有两种通配符：“%”和下划线“_”。

“%”可以匹配一个或多个字符，而“_”只匹配一个字符。

【例 7-18】 查找所有第二个字母是“h”的图书。

```
select * from tb_book where bookname like('_h%');
```

8. CONCAT 联合多列

使用 CONCAT 函数可以联合多个字段，构成一个总的字符串。

【例 7-19】 把 tb_book 表中的书名（bookname）和价格（price）合并到一起，构成一个新的字符串。

```
select id,concat(bookname,":",price) as info,f_time,type from tb_book;
```

其中合并后的字段名为 CONCAT 函数形成的表达式“concat(bookname,":",price)”，看上去十分复杂，通过 AS 关键字给合并字段取一个别名，这样看上去就很清晰。

9. LIMIT 限定结果行数

LIMIT 子句可以对查询结果的记录条数进行限定，控制它输出的行数。

【例 7-20】 查询 tb_book 表，按照图书价格降序排列，显示 3 条记录。

```
select * from tb_book order by price desc limit 3;
```

使用 LIMIT 还可以从查询结果的中间部分取值。首先要定义两个参数，参数 1 是开始读取的第一条记录的编号（在查询结果中，第一个结果的记录编号是 0，而不是 1）；参数 2 是要查询记录的个数。

【例 7-21】 查询 tb_book 表，从编号 1 开始（即从第 2 条记录），查询 4 条记录。

```
select * from tb_book where id limit 1,4;
```

10．使用函数和表达式

在 MySQL 中，还可以使用表达式来计算各列的值，作为输出结果。表达式还可以包含一些函数。

【例 7-22】 计算 tb_book 表中各类图书的总价格。

```
select sum(price) as total,type from tb_book group by type;
```

在对 MySQL 数据库进行操作时，有时需要对数据库中的记录进行统计，例如求平均值、最小值、最大值等，这时可以使用 MySQL 中的统计函数，常用统计函数如表 7-5 所示。

表 7-5　常用统计函数

名　称	说　明
avg（字段名）	获取指定列的平均值
count（字段名）	如指定了一个字段，则会统计出该字段中的非空记录。如在前面增加 DISTINCT，则会统计不同值的记录，相同的值当作一条记录。如使用 COUNT（*）则统计包含空值的所有记录数
min（字段名）	获取指定字段的最小值
max（字段名）	获取指定字段的最大值
std（字段名）	指定字段的标准背离值
stdtev（字段名）	与 STD 相同
sum（字段名）	指定字段所有记录的总和

除了使用函数之外，还可以使用算术运算符、字符串运算符，以及逻辑运算符来构成表达式。

【例 7-23】 计算图书打八折之后的价格。

```
select *, (price * 0.8) as '80%' from tb_book;
```

7.5 MySQL 数据类型

在 MySQL 数据库中，每一条数据都有其数据类型。MySQL 支持的数据类型主要分成 3 类：数字类型、字符串（字符）类型、日期和时间类型。

7.5.1 数字类型

MySQL 支持所有的 ANSI/ISO SQL 92 数字类型。这些类型包括准确数字的数据类型（NUMERIC、DECIMAL、INTEGER 和 SMALLINT），还包括近似数字的数据类型(FLOAT、REAL 和 DOUBLE PRECISION)。其中的关键词 INT 是 INTEGER 的同义词，关键词 DEC 是 DECIMAL 的同义词。数字类型总体可以分成整型和浮点型两类。

注：在创建表时，使用哪种数字类型，应遵循以下原则。

1）选择最小的可用类型，如果值永远不超过 127，则使用 TINYINT 比 INT 强。

2）对于完全都是数字的，可以选择整数类型。

3）浮点类型用于可能具有小数部分的数。例如货物单价、网上购物交付金额等。

7.5.2 字符串类型

字符串类型可以分为 3 类：普通的文本字符串类型（CHAR 和 VARCHAR）、可变类型（TEXT 和 BLOB）和特殊类型（SET 和 ENUM）。它们之间都有一定的区别，取值的范围不同，应用的地方也不同。

1）普通的文本字符串类型，即 CHAR 和 VARCHAR 类型，CHAR 列的长度被固定为创建表所声明的长度，取值在 1～255 之间；VARCHAR 列的值是可变长度的字符串，取值和 CHAR 一样。

2）TEXT 和 BLOB 类型。它们的大小可以改变，TEXT 类型适合存储长文本，而 BLOB 类型适合存储二进制数据，支持任何数据，例如文本、声音和图像等。

3）特殊类型 SET 和 ENUM。

注：在创建表时，使用字符串类型时应遵循以下原则。

1）从速度方面考虑，要选择固定的列，可以使用 CHAR 类型。

2）要节省空间，使用动态的列，可以使用 VARCHAR 类型。

3）要将列中的内容限制在一种选择，可以使用 ENUM 类型。

4）允许在一个列中有多于一个的条目，可以使用 SET 类型。

5）如果要搜索的内容不区分大小写，可以使用 TEXT 类型。

6）如果要搜索的内容区分大小写，可以使用 BLOB 类型。

7.5.3 日期和时间数据类型

日期和时间类型包括 DATETIME、DATE、TIMESTAMP、TIME 和 YEAR。其中的每种类型都有其取值的范围，如赋予它一个不合法的值，将会被“0”代替。

7.6 phpMyAdmin 图形化管理工具

phpMyAdmin 是众多 MySQL 图形化管理工具中应用最广泛的一种，是一款使用 PHP 开发的 B/S 模式的 MySQL 客户端软件，该工具是基于 Web 的跨平台的管理程序，并且支持简体中文。用户可以在官方网站 www.phpMyAdmin.net 上免费下载到最新的版本。phpMyAdmin 为 Web 开发人提供了类似于 Access、SQL Server 的图形化数据库操作界面，通过该管理工具可以完全对 MySQL 进行操作，如创建数据库、数据表、生成 MySQL 数据库脚本文件等。

7.6.1 管理数据库

在浏览器地址栏中输入“http://localhost/phpMyAdmin/”，进入 phpMyAdmin 图形化管理主界面，接下来就可以进行 MySQL 数据库的操作，下面将分别介绍如何创建、修改和删除数据库。

1. 创建数据库

在 phpMyAdmin 的主界面，首先在文本框中输入数据库的名称“db_study”，然后在下拉列表框中选择所要使用的编码，一般选择“gb2312_chinese_ci”简体中文编码格式，单击

“创建”按钮，创建数据库，如图 7-1 所示。

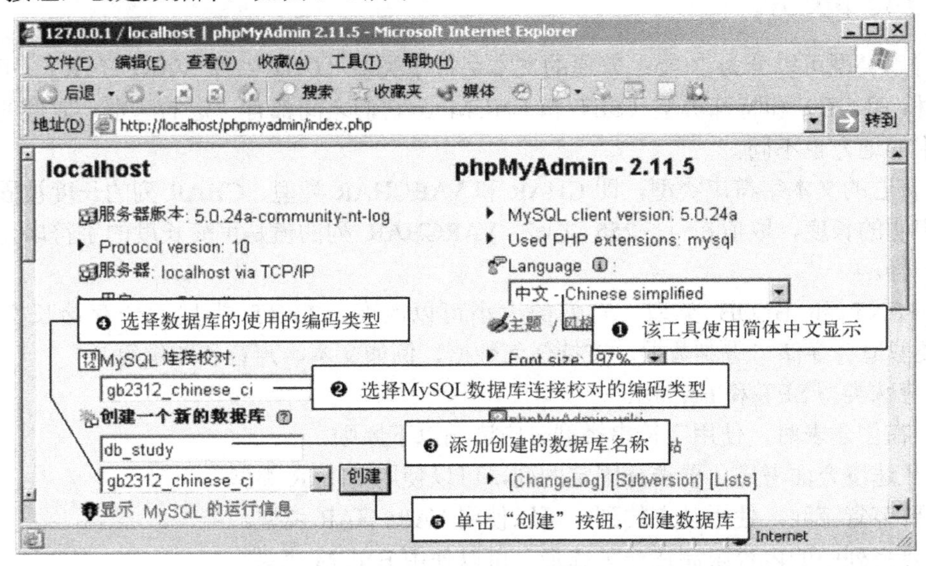

图 7-1　phpMyAdmin 管理主界面

成功创建数据库后，将显示图 7-2 所示的界面。

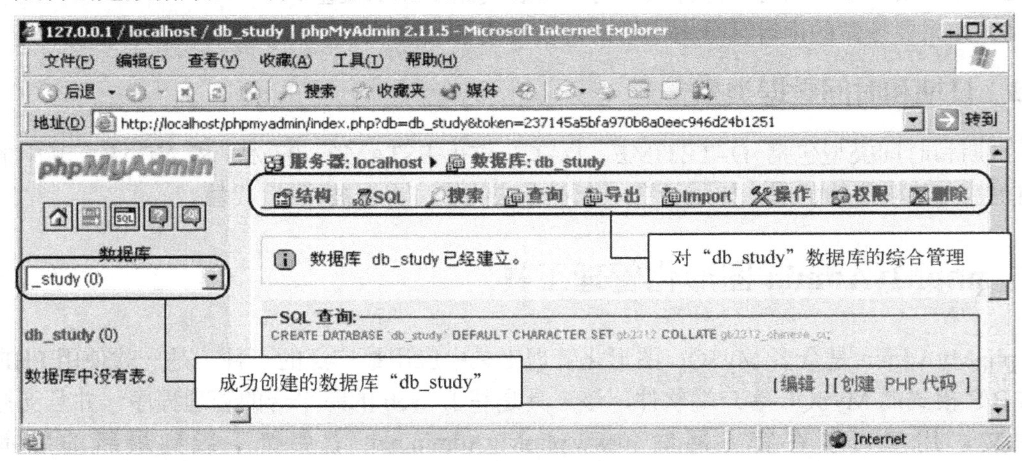

图 7-2　成功创建数据库

注：在右侧界面中可以对该数据库进行相关操作，如结构、SQL、导出、搜索、查询、删除等，单击相应的超级链接进入相应的操作界面。但是在创建的数据库后还没有创建数据表的情况下，只能够执行结构、SQL、import、操作、权限和删除 6 项操作，其他 3 项操作不能执行，当指向其超级链接时，会弹出不可用标记。

2．修改数据库

在图 7-3 所示的界面中，在右侧界面还可以对当前数据库进行修改。单击界面中的超级链接，进入修改操作页面。

1）可以对当前数据库执行创建数据表的操作，只要在创建数据表的提示信息下面的两个文本框中分别输入要创建的数据表的名称和字段总数，然后单击“执行”按钮即可进入到创建数据表结构页面。

2）也可以对当前的数据库重命名，在“重新命名数据库为”下的文本框中输入新的数据库名称，单击“执行”按钮，即可成功修改数据库名称。修改数据库名称如图 7-3 所示。

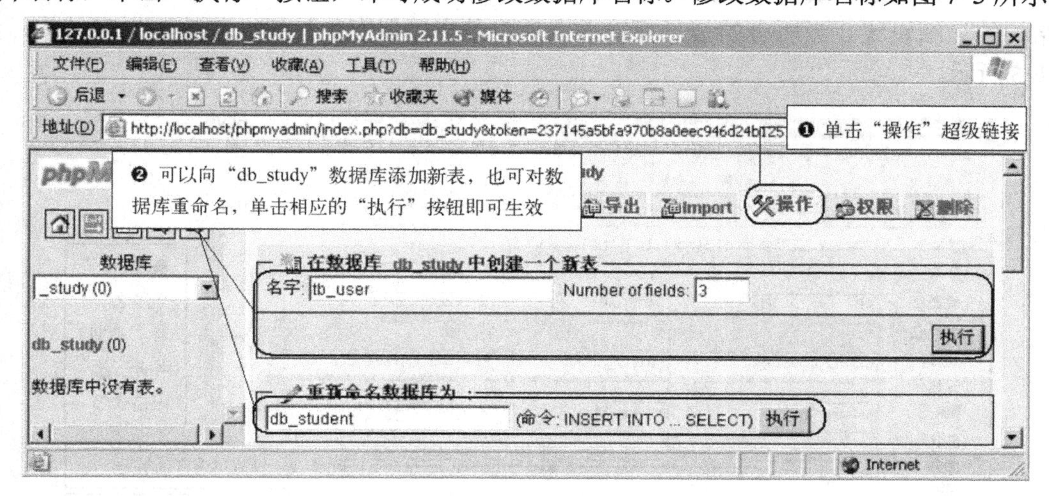

图 7-3　修改数据库

3．删除数据库

要删除某个数据库，首先在左侧的下拉菜单中选择该数据库，然后单击右侧界面中的删除超级链接即可成功删除指定的数据库。

7.6.2　管理数据表

管理数据表是以选择指定的数据库为前提，然后在该数据库中创建并管理数据表。下面就来介绍如何创建、修改、删除数据表。

1．创建数据表

创建数据库 db_study 后，在右侧的操作页面中输入数据表的名称和字段数，然后单击“执行”按钮，即可创建数据表，如图 7-4 所示。

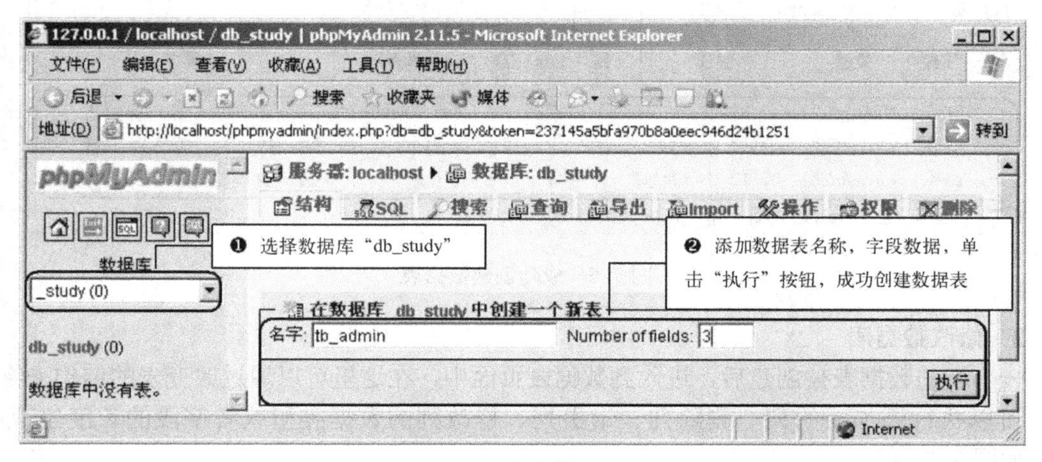

图 7-4　创建数据表

成功创建数据表 tb_admin 后，将显示数据表结构界面。在表单中对各个字段的详细信息进行录入，包括字段名、数据类型、长度/值、编码格式、是否为空、主键等，以完成对表结构的详细设置。当所有的信息都输入以后，单击“保存”按钮，创建数据表结构，如图 7-5 所示。

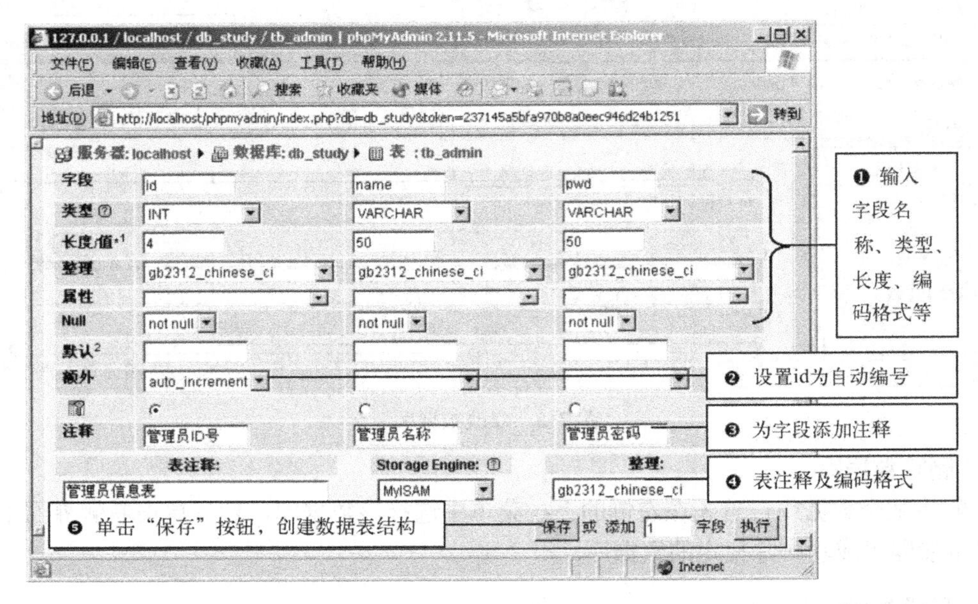

图 7-5　创建数据表结构

注：单击“执行”按钮，可以对数据表结构以横版显示进行表结构编辑。

成功创建数据表结构后，将显示图 7-6 所示的界面。

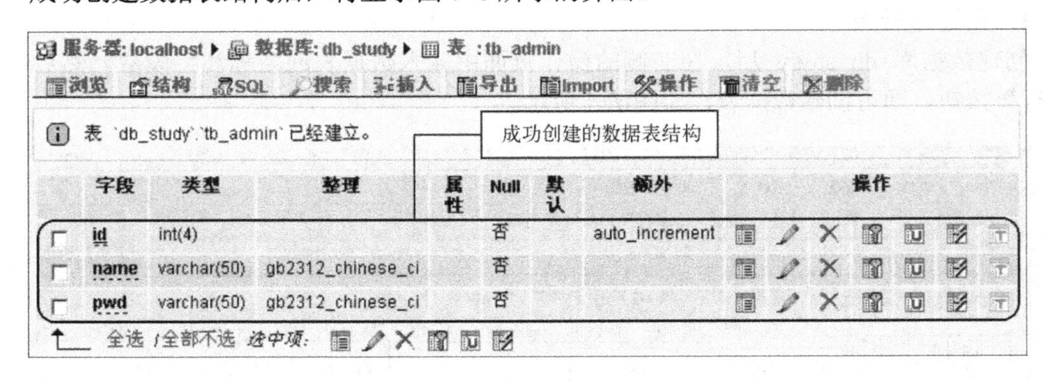

图 7-6　成功创建数据表

2．修改数据表

一个新的数据表被创建后，进入到数据表页面中，在这里可以通过改变表的结构来修改表，可以执行添加新的列、删除列、索引列、修改列的数据类型或者字段的长度/值等操作，如图 7-7 所示。

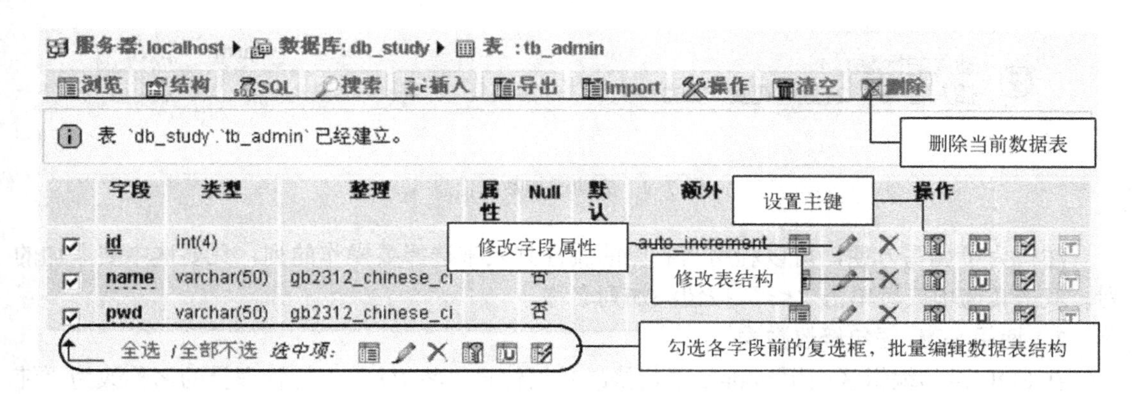

图 7-7　修改数据表结构

3．删除数据表

要删除某个数据表，首先在左侧的下拉菜单中选择该数据库，在指定的数据库中选择要删除的数据表，然后单击右侧界面中的“删除”超级链接（如图 7-7 所示）即可成功删除指定的数据表。

7.6.3　管理数据记录

单击 phpMyAdmin 主界面中的超级链接，打开 SQL 语句编辑区。在编辑区输入完整的 SQL 语句，实现数据的查询、添加、修改和删除操作。

1．使用 SQL 语句插入数据

在 SQL 语句编辑区应用 insert 语句向数据表 tb_admin 中插入数据后，单击“执行”按钮，向数据表中插入一条数据，如图 7-8 所示。

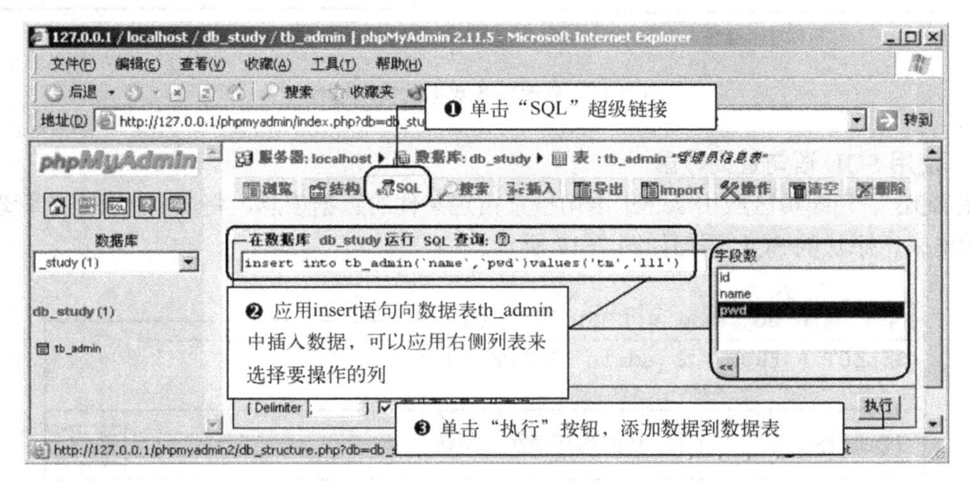

图 7-8　使用 SQL 语句向数据表中插入数据

如果提交的 SQL 语句有错误，系统会给出一个警告，提示用户修改；如果提交的 SQL 语句正确，则弹出图 7-9 所示的提示信息。

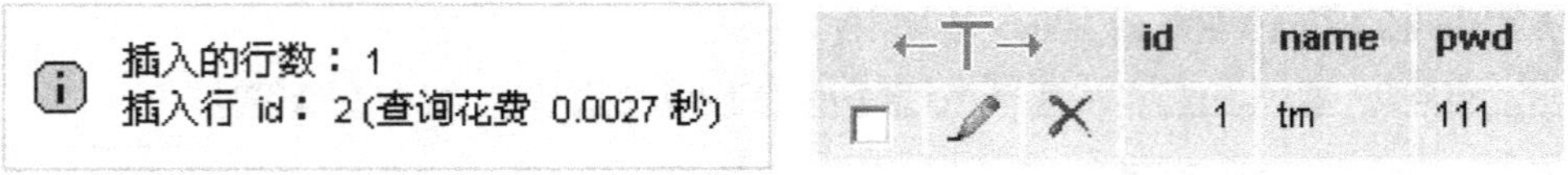

插入的行数：1
插入行 id：2（查询花费 0.0027 秒）

←T→	id	name	pwd
☐ ✎ ✕	1	tm	111

图 7-9　成功添加数据信息

注：为了编写方便，可以利用其右侧的属性列表来选择要操作的列，只要选中要添加的列，双击其选项或者单击“<<”按钮添加列名称。

2．使用 SQL 语句修改数据

在 SQL 语句编辑区应用 update 语句修改数据信息，将 ID 为 1 的管理员的名称改为“纯净水”，密码改为“111”，添加的 SQL 语句如图 7-10 所示。

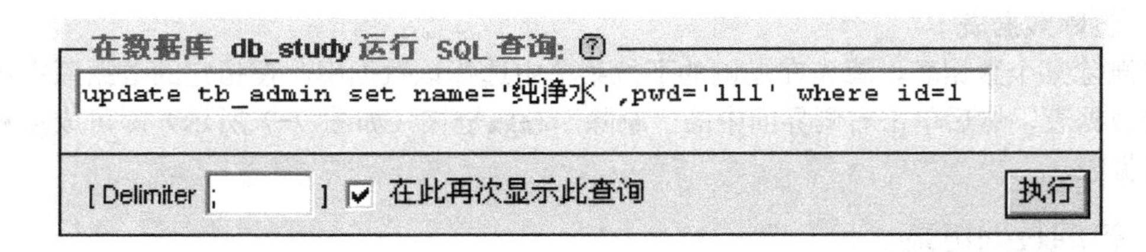

图 7-10　添加修改数据信息的 SQL 语句

单击“执行”按钮，数据修改成功。比较修改前后的数据如图 7-11 所示。

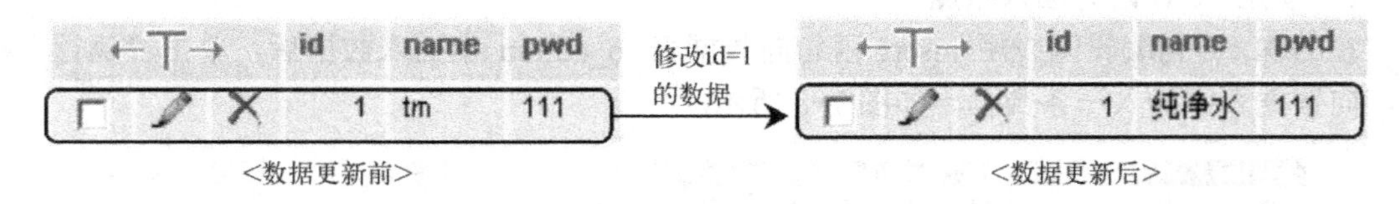

图 7-11　修改单条数据的实现过程

3．使用 SQL 语句查询数据

在 SQL 语句编辑区应用 select 语句检索指定条件的数据信息，将 ID 小于 4 的管理员全部显示出来，添加的 SQL 语句如图 7-12 所示。

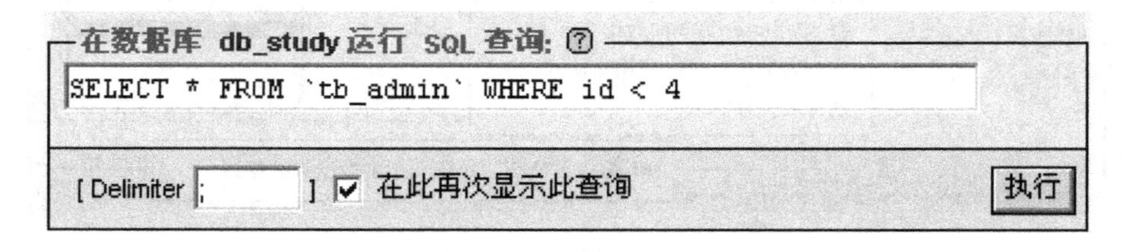

图 7-12　添加查询数据信息的 SQL 语句

单击“执行”按钮，该语句的实现过程如图 7-13 所示。

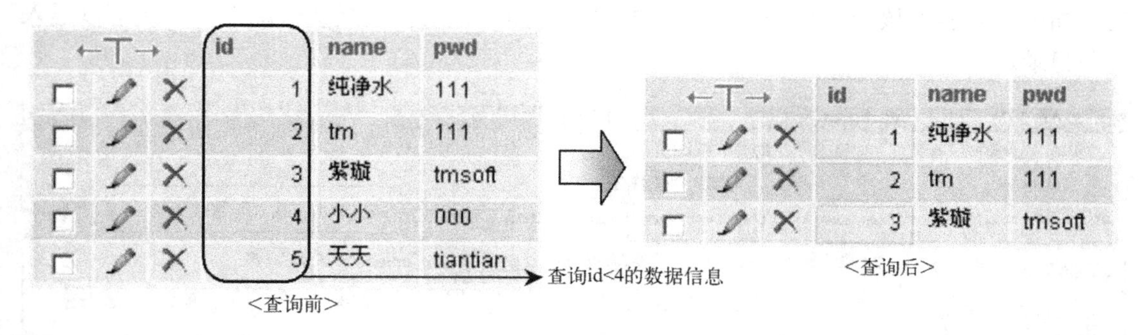

图 7-13　查询指定条件的数据信息的实现过程

除了对整个表的简单查询外，还可以执行复杂的条件查询（使用 where 子句提交 LIKE、ORDER BY、GROUP BY 等条件查询语句）及多表查询，读者可通过上机进行实践，灵活运用 SQL 语句功能。

4．使用 SQL 语句删除数据

在 SQL 语句编辑区应用 delete 语句检索指定条件的数据或全部数据信息，删除名称为“tm”的管理员信息，添加的 SQL 语句如图 7-14 所示。

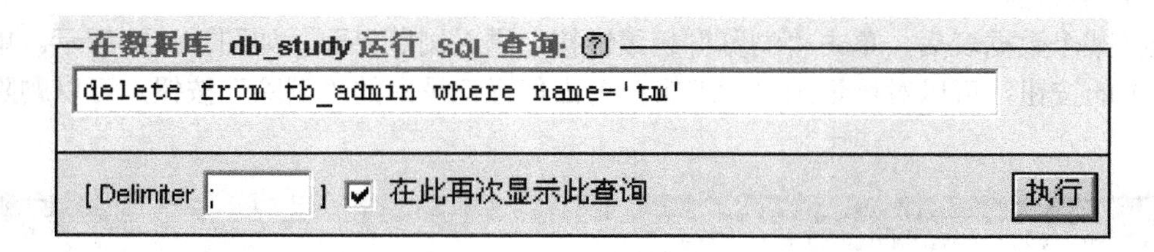

图 7-14　添加删除指定数据信息的 SQL 语句

如果 delete 语句后面没有 where 条件值，那么将删除指定数据表中的全部数据。

单击“执行”按钮，弹出确认删除操作对话框，单击“确定”按钮，执行数据表中指定条件的删除操作，该语句的实现过程如图 7-15 所示。

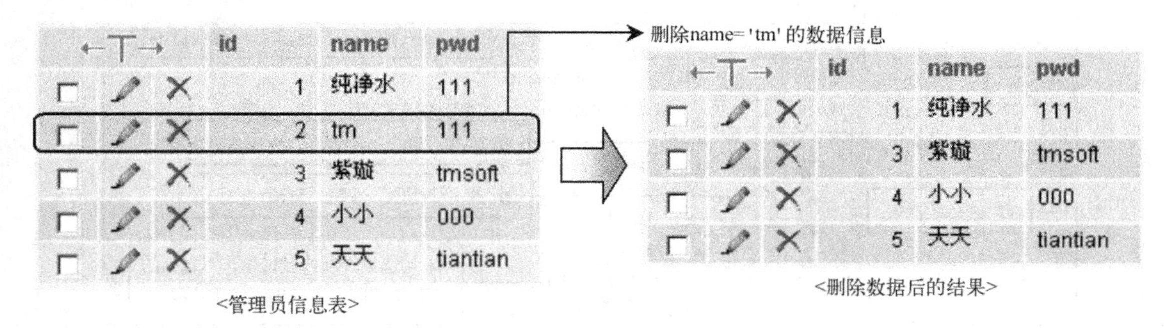

图 7-15　删除指定条件的数据信息的实现过程

5．通过数据表插入数据

选择某个数据表后，单击“插入”超级链接，进入插入数据界面，如图 7-16 所示。

在界面中输入各字段值，单击“执行”按钮即可插入记录。在默认情况下，一次可以插入两条记录。

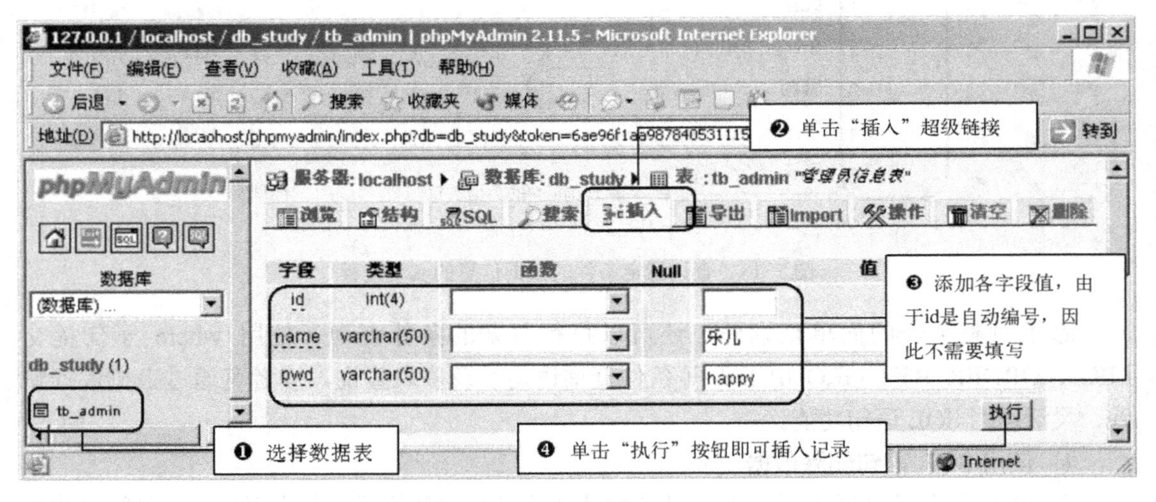

图 7-16　插入数据

6．浏览数据

选择某个数据表后，单击“浏览”超级链接，进入浏览界面，如图 7-17 所示。单击每行记录中的按钮，可以对该记录进行编辑；单击每行记录中的“删除”按钮，可以删除该条记录。

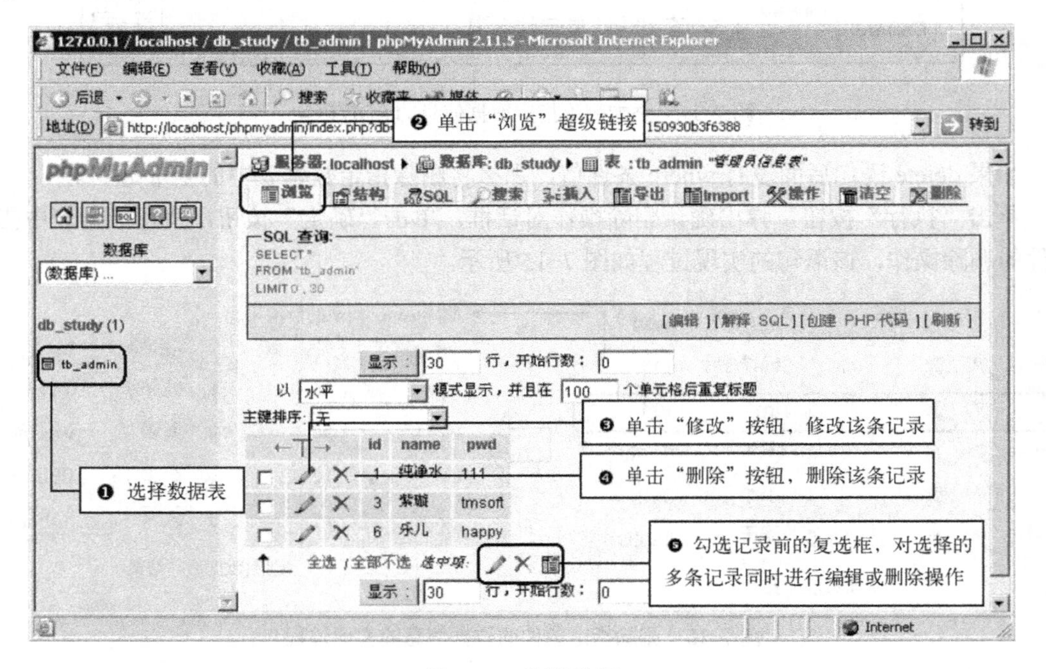

图 7-17　浏览数据

7．搜索数据

选择某个数据表后，单击“搜索”超级链接，进入搜索页面，如图 7-18 所示。在这个页面中，可以在选择字段的列表框中选择一个或多个列，如果要选择多个列，先按下<Ctrl>键并单击要选择的字段名，查询结果将按照选择的字段名进行输出。

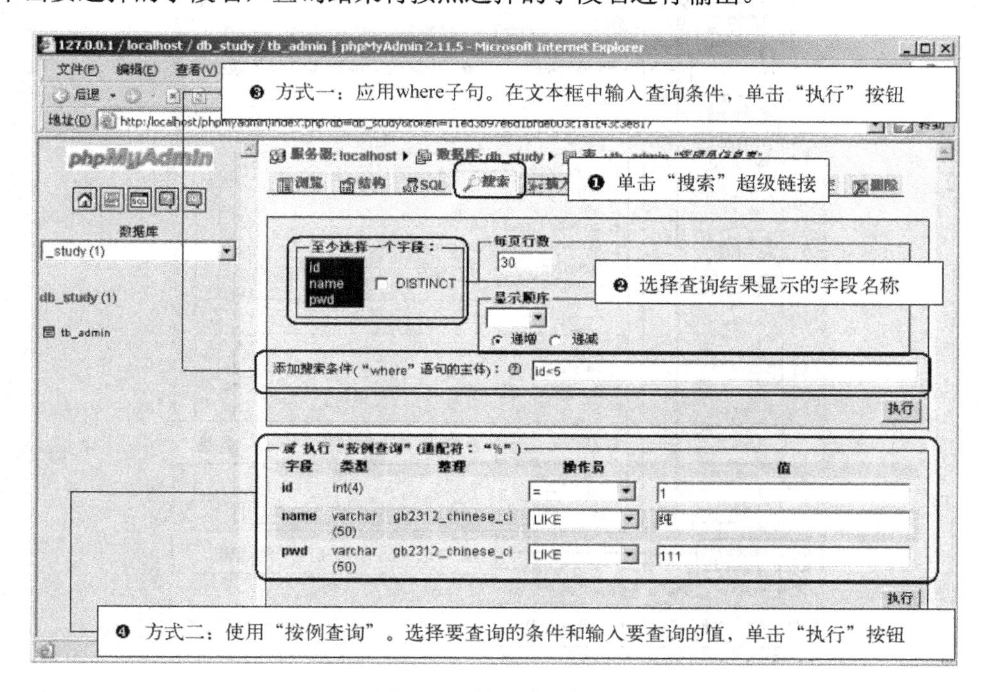

图 7-18　搜索查询数据

在该界面中可以对记录按条件进行查询。查询方式有两种：第一种方式选择构建 where 语句查询。直接在“where 语句的主体”文本框中输入查询语句，然后单击其后的“执行”按钮；第二种方式使用“按例查询”。选择查询的条件，并在文本框中输入要查询的值，单击“执行”按钮。

7.6.4　导入 / 导出数据

导入和导出 MySQL 脚本数据文件是互逆的两个操作。导入是执行扩展名为“.sql”文件，将数据导入到数据库中；导出是将数据表结构、表记录存储为“.sql”的脚本文件。通过导入和导出的操作实现数据库的备份和还原。

1．导出 MySQL 数据库脚本

单击 phpMyAdmin 主界面中的“导出”超级链接，打开导出编辑区，如图 7-19 所示。

首先选择导出文件的格式，这里默认使用选项“SQL”，勾选“另存为文件”复选框，单击“执行”按钮，弹出图 7-20 所示的文件下载对话框，单击“保存”按钮，将脚本文件以“.sql”格式存储在指定位置。

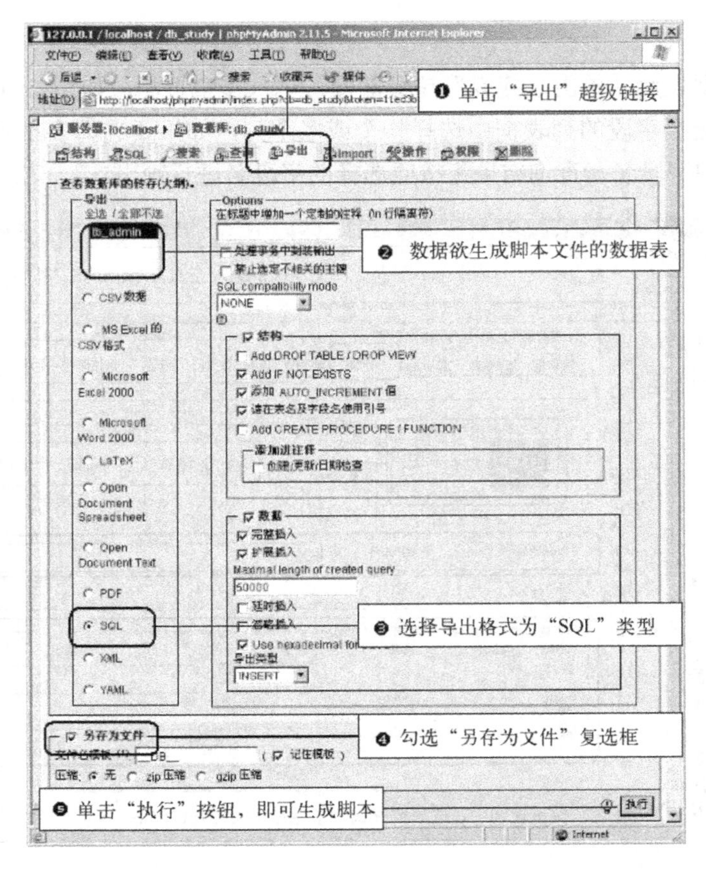

图 7-19　生成 MySQL 脚本文件设置界面

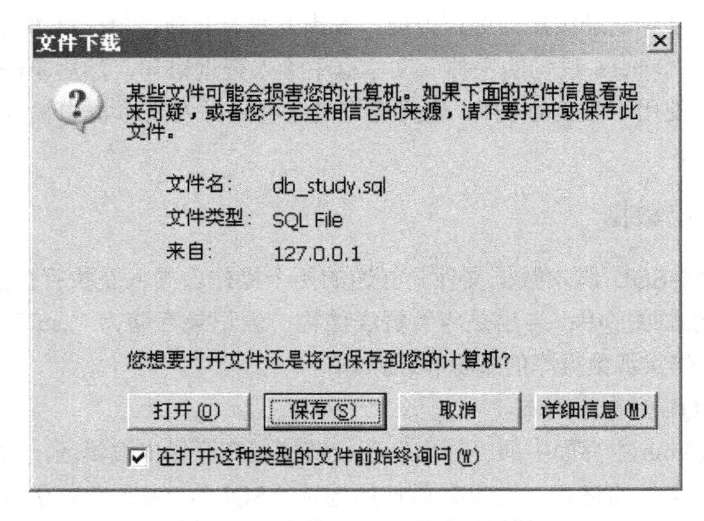

图 7-20　存储 MySQL 脚本对话框

2. 导入 MySQL 数据库脚本

单击“Import”超级链接，进入执行 MySQL 数据库脚本界面，单击“浏览”按钮查找脚本文件（如 db_study.sql）所在位置，如图 7-21 所示，单击“执行”按钮，即可执行

MySQL 数据库脚本文件。

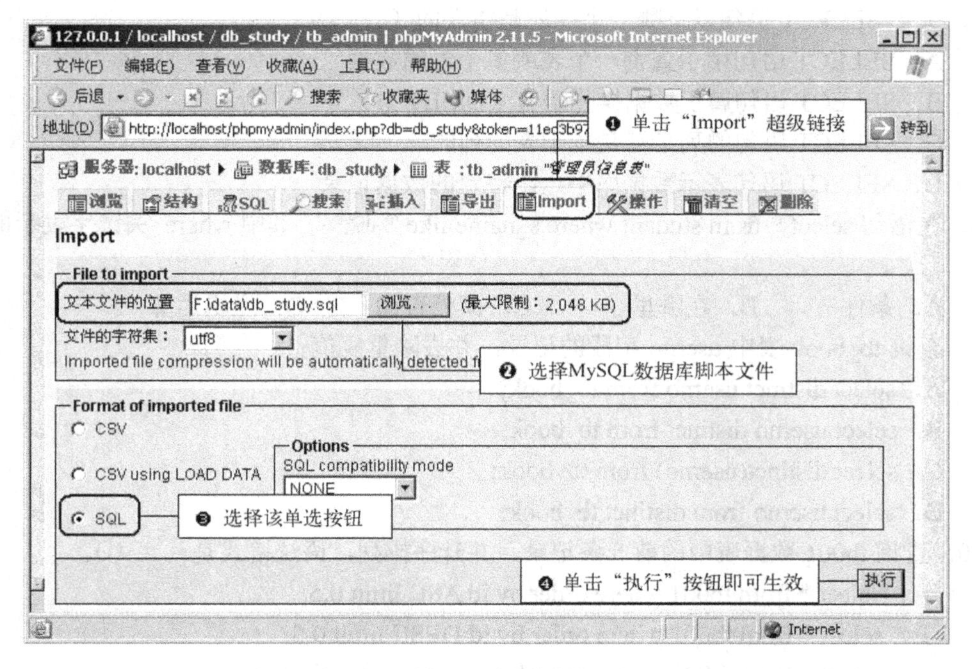

图 7-21　执行 MySQL 数据库脚本文件

注：在执行 MySQL 脚本文件前，首先检测是否有与所导入同名的数据库，如果没有同名的数据库，则要在数据库中创建一个名称与数据文件中的数据库名相同的数据库，然后再执行 MySQL 数据库脚本文件。另外，在当前数据库中，不能有与将要导入数据库中的数据表重名的数据表存在，如果有重名的表存在，导入文件就会失败，提示错误信息。

思考与练习

1．简述 MySQL 支持的数据类型主要有哪几种。

2．having 子句和 where 子句都是用来指定查询条件，请简述两种子句在使用上的区别。

3．列举出 MySQL 中常用的统计函数，并说出这些函数的作用。

4．以下关于 MySQL 的说法中错误的是（　　）。

A．MySQL 是一种关系型数据库管理系统

B．MySQL 软件是一种开放源码软件

C．MySQL 服务器工作在客户端/服务器模式下，或嵌入式系统中

D．MySQL 完全支持标准的 SQL 语句

5．一种存储引擎，其将数据存储在内存当中，数据的访问速度快，电脑关机后数据丢失，具有临时存储数据的特点，该存储引擎是（　　）。

A．MYISAM　　B．INNODB　　C．MEMORY　　D．CHARACTER

6．创建数据库的语法格式是（　　）。

A．CREATE DATABASE 数据库名;　　B．SHOW DATABASES;

C．USE 数据库名； D．DROP DATABASE 数据库名；

7．关于 SELECT 语句以下哪一个描述是错误的（　　）。

A．SELECT 语句用于查询一个表或多个表的数据

B．SELECT 语句属于数据操作语言（DML）

C．SELECT 语句的列必需是基于表的列的

D．SELECT 语句表示数据库中一组特定的数据记录

8．在语句 select * from student where s_name like '%晓%'；其中 where 关键字表示的含义是（　　）。

A．条件 B．在哪里 C．模糊查询 D．逻辑运算

9．查询 tb_book 表中 userno 字段的记录，并去除重复值（　　）。

A．select distinct userno from tb_book;

B．select userno distinct from tb_book;

C．select distinct(userno) from tb_book;

D．select userno from distinct tb_book;

10．查询 tb001 数据表中的前 5 条记录，并升序排列，语法格式是（　　）。

A．select * from tb001 where order by id ASC limit 0,5;

B．select * from tb001 where order by id DESC limit 0,5;

C．select * from tb001 where order by id group by limit 0,5;

D．select * from tb001 where order by id order limit 0,5;

11．在 SQL 语言中，条件“BETWEEN 20 AND 30”表示年龄在 20 到 30 之间，且（　　）。

A．包括 20 岁和 30 岁 B．不包括 20 岁和 30 岁

C．包括 20 岁，不包括 30 岁 D．不包括 20 岁，包括 30 岁

12．SQL 语言中，删除 EMP 表中全部数据的命令正确的是（　　）。

A．delete * from emp B．drop table emp

C．truncate table emp D．没有正确答案

13．下面正确表示 Employees 表中有多少非 NULL 的 Region 列的 SQL 语句是（　　）。

A．SELECT count(*) from Employees

B．SELECT count(ALL Region) from Employees

C．SELECT count(Distinct Region) from Employees

D．SELECT sum(ALL Region) from Employees

14．下面可以通过聚合函数的结果来过滤查询结果集的 SQL 子句是（　　）。

A．WHERE 子句 B．GROUP BY 子句

C．HAVING 子句 D．ORDER BY 子句

15．数据库管理系统中负责数据模式定义的语言是（　　）。

A．数据定义语言 B．数据管理语言

C．数据操纵语言 D．数据控制语言

16．若要求查找 S 表中，姓名的第一个字为'王'的学生学号和姓名。下面列出的 SQL 语

句中，正确的是（　　）。

A．SELECT Sno，SNAME FROM S WHERE SNAME = '王%'

B．SELECT Sno，SNAME FROM S WHERE SNAME LIKE '王%'

C．SELECT Sno，SNAME FROM S WHERE SNAME LIKE '王_'

D．全部正确

17．若要求“查询选修了 3 门以上课程的学生的学生号”，正确的 SQL 语句是（　　）。

A．SELECT Sno FROM SC GROUP BY Sno WHERE COUNT（*）> 3

B．SELECT Sno FROM SC GROUP BY Sno HAVING (COUNT（*）> 3)

C．SELECT Sno FROM SC ORDER BY Sno WHERE COUNT（*）> 3

D．SELECT Sno FROM SC ORDER BY Sno HAVING COUNT（*）>= 3

18．用一组数据“准考证号：200701001、姓名：刘亮、性别：男、出生日期：1993-8-1”来描述某个考生信息，其中“出生日期”数据可设置为（　　）。

A．日期/时间型　B．数字型　C．货币型　D．逻辑型

19．在学生选课表(SC) 中，查询选修 20 号课程（课程号 CH）的学生的学号(XH)及其成绩(GD)。查询结果按分数的降序排列。实现该功能，正确的 SQL 语句是（　　）。

A．SELECT XH,GD FROM SC WHERE CH=‘20’ ORDER BY GD DESC;

B．SELECT XH,GD FROM SC WHERE CH=‘20’ ORDER BY GD ASC;

C．SELECT XH,GD FROM SC WHERE CH= ‘20’GROUP BY GD DESC;

D．SELECT XH,GD FROM SC WHERE CH=‘20’GROUP BY GD ASC;

20．现要从学生选课表(SC)中查找缺少学习成绩(G)的学生学号和课程号，相应的 SQL 语句如下，将其补充完整:

SELECT S#,C# FROM SC WHERE（　　）。

A．G=O　B．G<=O　C．G= NULL　D．G IS NULL

21．SELECT * FROM city limit 5,10 描述正确的是（　　）。

A．获取第 6 条到第 10 条记录　B．获取第 5 条到第 10 条记录

C．获取第 6 条到第 15 条记录　D．获取第 5 条到第 15 条记录

22．若用如下的 SQL 创建一个表 S:

```
Create Table S( S# char( 16) Not Null,
Sname char(8)  Not Null，sex char(2) , age integer)
```

可向表 S 中插入的是（　　）。

A．(‘991001’,’李明芳’，女,’23’)

B．(‘990746’,’张民’，NULL, NULL)

C．(NULL,’陈道明’,’男’，35)

D．(‘992345’，NULL,’女’，25)

23．删除 tb001 数据表中 id=2 的记录，语法格式是（　　）。

A．Delete from tb001 value id=’2’;

B．delete into tb001 where id=’2’;

C．delete from tb001 where id=’2’,

D．update from tb001 where id=’2’;

24．update student set s_name = '王军'where s_id =1 该代码执行的操作是（　　）。

A．添加姓名叫王军的记录　　B．删除姓名叫王军的记录

C．返回姓名叫王军的记录　　D．更新 s_id 为 1 的姓名为王军

25．修改操作的语句 update student set s_name ='王军';。该代码执行后的结果是（　　）。

A．只把姓名叫王军的记录进行更新

B．只把字段名 s_name 改成'王军'

C．表中的所有人姓名都更新为王军

D．更新语句不完整，不能执行

26．在使用 SQL 语句删除数据时，如果 delete 语句后面没有 where 条件值，那么将删除指定数据表中的（　　）数据。

A．部分　　B．全部　　C．指定的一条数据　　D．以上皆可

27．以下说法不正确的是（　　）。

A．模糊查询使用的关键字是 like

B．排序查询 asc 是降序，desc 是升序

C．分页查询使用的关键字是 limit

D．MySQL 如果只安装服务不安装界面也可以正常使用

第 8 章　PHP 操作 MySQL 数据库

PHP 所支持的数据库类型较多，在这些数据库中，MySQL 数据库与 PHP 结合得最好，MySQL 与 Linux 系统、Apache 服务器和 PHP 语言构成了当今主流的 LAMP 网站架构模式，并且 PHP 提供了多种操作 MySQL 数据库的方式，从而适合不同需求和不同类型项目的需要。本章将系统讲解如何通过 PHP 内置的 MySQL 函数库操作 MySQL 数据库。

8.1　PHP 操作 MySQL 数据库的一般步骤

MySQL 是一款广受欢迎的数据库，由于它是开源的半商业软件，所以市场占有率高，备受 PHP 开发者的青睐，一直被认为是 PHP 的最好搭档。PHP 具有强大的数据库支持能力，本节主要讲解 PHP 操作 MySQL 数据库的基本思路。

PHP 操作 MySQL 数据库的步骤如图 8-1 所示。

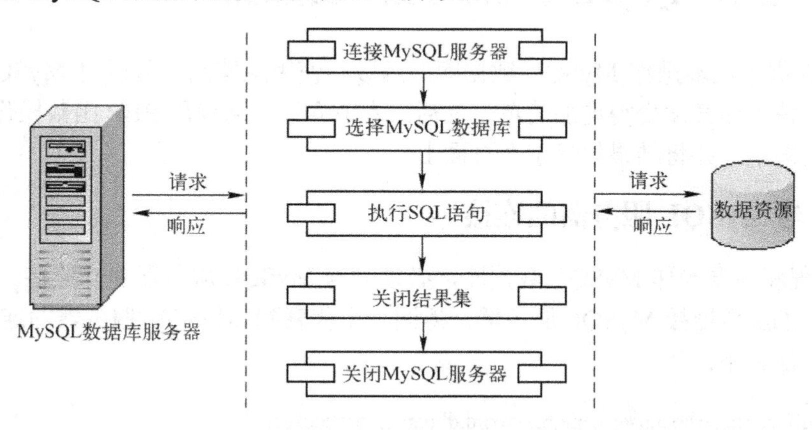

图 8-1　PHP 操作 MySQL 数据库的步骤

由图 8-1 可以看出 PHP 操作 MySQL 数据时需要如下 5 个步骤：

1．连接 MySQL 服务器

PHP 操作 MySOL 数据库，首先要建立与 MySQL 数据库的连接。Mysqli 扩展使用 mysqli_connect()函数建立与 MySQL 服务器的连接。

2．选择 MySQL 数据库

PHP 在中通过使用 mysqli_select_db()函数选择 MySQL 数据库服务器上的数据库，并与数据库建立连接。

3．执行 SQL 语句

在选择的数据库时使用 mysqli_query()函数执行 SQL 语句。函数的返回值会针对成功的查询（包括 select、show、describe 或 explain），返回一个 mysqli_result 对象；针对其他成功的查询，将返回 true；如果失败，则返回 false。SQL 语句对数据的操作方式主要包括 5 种方式。

1）查询数据：使用 select 语句实现数据的查询功能。

2）显示数据：使用 select 语句显示数据的查询结果。

3）插入数据：使用 insert into 语句向数据库中插入数据。

4）更新数据：使用 update 语句更新数据库中的记录。

5）删除数据：使用 delete 语句删除数据库中的记录。

4．关闭结果集

数据库操作完成后，需要关闭结果集以释放系统资源。mysqli_free_result()函数用于释放内存。

5．关闭 MySQL 服务器

完成对数据库的操作后，需要及时断开与数据库的连接并释放内存，否则会浪费大量的内存空间，在访问量较大的 Web 项目中很可能导致服务器崩溃。在 MySQL 函数库中，使用 mysqli_close0( )函数断开与 MySQL 服务器的连接。

8.2 PHP 显示 MySQL 数据库数据的函数应用

PHP 中提供了很多操作 MySQL 数据库的函数，使用这些函数可以对 MySQL 数据库执行各种操作，使程序开发变得更加简单、灵活。本节介绍如何使用 PHP 函数操作 MySQL 数据库的查询结果集，并将结果集显示在页面上。

8.2.1 建立与 MySQL 服务器的连接

在 PHP 程序中要操作 MySQL 数据库，必须先与 MySQL 服务器建立连接。PHP 中通过 mysqli_connect()函数连接 MySQL 服务器，返回一个代表到 MySQL 服务器的连接的对象。

函数的语法如下：

```
mysqli_connect(host,username,password,dbname,port,socket);
```

注：要在 PHP 使用 MySQLi 函数，需要打开 php.ini 文件进行配置。找到下面的配置项：

```
;extension=php_mysqli.dll
```

去掉前面的注释符号(；)，然后保存 php.ini 文件，将 php.ini 文件复制到 Windows 目录下，然后重新启动 Apache 服务，就可以在 PHP 中使用 MySQLi 函数了。

mysqli_connect()函数有 6 个参数，具体描述见表 8-1。

表 8-1　mysqli_connect( )函数参数说明

参　数	描　述
host	可选。规定主机名或 IP 地址
username	可选。规定 MySQL 用户名
password	可选。规定 MySQL 密码
dbname	可选。规定默认使用的数据库
port	可选。规定尝试连接到 MySQL 服务器的端口号
socket	可选。规定 socket 或要使用的已命名 pipe

注：上述 6 个参数全部都是可选的。可以在 php.ini 文件中进行设置配置。

【例 8-1】 mysqli_connect()函数连接 MySQL 服务器。

```
<?php
$host = 'localhost';
$dbuser = 'root';
$password ='';
$conn = mysqli_connect($host,$dbuser,$password);
if(!$conn)
{
    die('数据库连接失败：<br/>'.mysqli_error($conn));
}
echo '数据库连接成功！';
?>
```

运行后显示结果为：数据库连接成功！

上述程序，使用 mysqli_connect()函数尝试连接本地的 MySQL 数据库，参数$host 的值为 localhost，表示建立一个到本地的 MySQL 数据库连接。mysqli_connect()函数连接 MySQL 服务器使用的用户名是 root，密码是 123456（在自己编写程序时，需要根据自己的实际设置改变这两个参数），以便程序可以正确连接到 MySQL 数据库。

程序判断函数 mysqli_connect()的返回值如果为 False，程序会提示一个“数据库连接失败”的信息，同时使用函数 mysqli_error($con)将具体的错误信息输出到 Web 页面。这里使用了 die()函数，它的功能类似于 exit，输出一段信息并立即中断程序的执行。

如果本地 MySQL 已启动，并且程序执行正常，函数 mysqli_connect()连接本地 MySQL 数据库服务器成功，会向页面输出一个“数据库连接成功”的提示信息。

如果没有成功连接到数据库，比如连接一个不存在 MySQL 服务器，或向 mysqli_connect 传入一个错误的用户名或密码。连接 MySQL 失败时，函数 mysqli_error($con) 产生了一条信息，该信息描述了连接失败的原因：Unknown MySQL server host，'localhost1'，该信息的含义是未知的 MySQL 服务器 localhost1。通常在 PHP 程序中使用函数 mysqli_error($con)，来了解 PHP 操作数据库出现问题的某些原因。

注：

1）为了方便查询因为连接问题而出现的错误，采用 die()函数生成错误处理机制，使用 mysqli_error($con)函数提取 MySQL 函数的错误文本，如果没有出错，则返回空字符串，如果浏览器显示“Warning: mysqli_connect()……”的字样时，说明是数据库连接的错误，这样就能迅速地发现错误位置，及时改正。

2）在 mysqli_connect()函数前面添加符号“@”，可以用于限制这个命令的出错信息的显示。如果函数调用出错，将执行 or 后面的语句。die()函数表示向用户输出引号中的内容后，程序终止执行。这样是为了防止数据库连接出错时，用户看到一堆莫名其妙的专业名词，而是提示定制的出错信息。但在调试时不要屏蔽出错信息，避免出错后难以找到问题。

8.2.2 显示 MySQL 数据库中的数据

在 PHP 建立了到 MySQL 的连接之后，就可以执行 SQL 语句来查询数据库中的数据。然后，通过 PHP 函数处理查询后的结果集，以便后续程序使用，或通过整理，将这些数据显示到 Web 页面上。接下来介绍如何使用 PHP 函数完成从数据库获取数据、处理数据以及向 Web 页面显示数据。

1. 选择 MySQL 数据库

与 MySQL 服务器建立连接后，然后要确定所要连接的数据库，使用 mysqli_select_db() 函数可以连接 MySQL 服务器中的数据库。如果连接成功则返回 true，如果失败则返回 false。

mysqli_select_db() 函数的功能为：设置活动的 MySQL 数据库。

如果成功，则该函数返回 true；如果失败，则返回 false。

语法：mysqli_select_db(connection,dbname);

参数描述：

- Connection：必需。规定要使用的 MySQL 连接。
- Dbname：必需，规定要使用的默认数据库。

【例 8-2】 选择 MySQL 服务器中的 test_db 数据库。

```
<?php
$con =   mysqli_connect("localhost","root","");
if (!$con)
  {
  die('连接失败: ' . mysqli_error($con));
  }
$db_selected = mysqli_select_db($con, "test_db");
if (!$db_selected)
  {
  die ("不能选择  test_db : " . mysqli_error($con));
  }
  else
  {
      echo "选择数据库成功";
  }
mysqli_close($con);
?>
```

运行结果为：如果数据库连接成功，则输出："选择数据库成功！"。

注：在开发一个完整的 Web 程序过程中，经常需要连接数据库，如果总是重复编写代码，会造成代码的冗余，而且不利于程序维护，所以通常将连接 MySQL 数据库的代码单独建立一个名为 conn.php 的文件，存储在根目录下的 conn 文件夹中，通过 require 语句包含这个文件即可。

2. 执行 SQL 语句

要从数据库获取数据，首先 PHP 要执行一条对表操作的 SQL 语句，包括 select、insert、update 或 delete 语句。一般情况下，在 PHP 中执行 select 语句，会从表中查找出一些记录行。而执行其他语句，只会返回语句是否执行成功的信息。这些功能必须通过 mysqli_query() 函数实现。

mysqli_query() 函数的功能：执行一条 MySQL 查询。

语法：

```
mysqli_query(connection,query,resultmode);
```

参数描述：

- Connection：必需。规定要使用的 MySQL 连接。
- Query：必需，规定查询字符串。
- Resultmode：可选。一个常量。可以是下列值中的任意一个：mysqli_use_result（如果需要检索大量数据，请使用这个）、mysqli_store_result（默认）。

【例 8-3】 使用 mysqli_query()函数在 PHP 中执行一条 SQL 语句。

```
<?php
$host = 'localhost';
$dbuser = 'root';
$password = '';
$conn = mysqli_connect($host,$dbuser,$password);
if(!$conn)
{
    die('数据库连接失败：'.mysqli_error($conn));
}
mysqli_select_db($conn,'test_db');
$sql = 'select id,username,department from expert';
$result = mysqli_query($conn,$sql);
if($result)
{
    echo 'SQL 语句：' . $sql . '<br/>已经成功执行！';
    $num = mysqli_num_rows($result);     //调用函数 mysqli_num_row()获得 select 语句查询结果
的行数
    echo '<br/>该 SQL 语句查询到<b>'.$num.'</b>行数据。';
}
mysqli_close($conn);
?>
```

运行程序后显示信息如下：

```
SQL 语句：select id,username,department from expert
已经成功执行！
该 SQL 语句查询到 35 行数据。
```

上述程序中，建立了 MySQL 连接之后，通过调用 mysqli_select_db()函数选择数据库 test_db (本章示例代码要操作此数据库)。选择完数据库之后，调用 mysqli_query()函数执行一条 select 语句，该函数返回值是一个资源标识符，用来标识 SQL 语句执行的结果，这个返回值并不是查询结果。当 SQL 语句执行成功后，调用 mysqli_num_rows()函数取得 select 语句所查询到的记录数。

通常，mysqli_query()函数也会和 mysqli_error()函数一同使用，以便当 SQL 语句执行出现问题时，可以根据 mysqli_error()函数产生的信息查找问题原因。

【例 8-4】 使用 mysqli_error($con) 函数，获得执行 SQL 语句发生错误时所产生的提示信息。

```
<?php
$host = 'localhost';
$dbuser = 'root';
$password = '';
$conn = mysqli_connect($host,$dbuser,$password);
if(!$conn)
{
    die('数据库连接失败：'.mysqli_error($con));
}
mysqli_select_db($conn,'test_db');
$sql = 'select id,username,sex from expert';
//这里使用 mysqli_error($con)获取 SQL 语句执行出错时的相关信息
$result = mysqli_query($conn,$sql) OR die("<br/>ERROR: <b>".mysqli_error($conn)."</b><br/>产生问题的 SQL<br/>".$sql);
if($result)
{
    echo 'SQL 语句：' . $sql . '<br/>已经成功执行！';
}
mysqli_close($conn);
?>
```

运行后显示结果如下：

```
ERROR: Unknown column 'sex' in 'field list'
产生问题的 SQL
select id,username,sex from expert
```

上述程序中，定义了一个 SQL 语句，查询表 expert 中某些字段的值，但字段 sex 不是表 expert 中的字段，所以执行这句 SQL 语句是会产生错误的。此处其实是一个逻辑表达式形式的语句。该语句使用逻辑运算符 OR 来决定程序的执行。如果 mysqli_query()函数执行成功，那么程序就会继续向下执行，否则，程序就会调用 die()，输出一段字符串，同时终止程序的执行，这段字符串里包含了由函数 mysqli_error($conn)函数在 SQL 语句执行发生错误时产生的信息。mysqli_error($conn)函数产生了错误信息：Unknown column 'sex' in 'field list'，说明字段 sex 不存在。

3. 处理数据结果集

在 PHP 程序具体应用中，当一个 SQL 语句执行完毕后，通常需要对查询的结果集做处理，以满足 Web 应用的需要。PHP 中处理数据结果集的主要函数如下：

1）mysqli_affected_row()函数，取得前一次 MySQL 操作所影响的记录行数。如果函数执行成功，返回上一次 SQL 语句执行所影响的行数，否则返回-1。如果要获取由 insert、update、delete 语句所影响到的数据行数，则必须使用 mysqli_affected_row()函数来实现。

2）mysqli_fetch_row($result) 函数，参数$result 是执行 mysqli_query()函数之后返回的资源标识符。该函数从查询结果集中返回一行数据。该函数返回值是一个数组，其中每个元素对应一行结果记录的字段值。依次调用该函数可以返回结果集中的下一行，如果没有更多行，函数返回 false。

3）mysqli_fetch_array($result, $type) 函数，参数$result 是执行 mysqli_query()之后返回的资源标识符。该函数从结果集中返回一行作为关联数组，或普通数组，或二者兼有。第 2 个参数$type 用来指定返回数组的类型，它的值可以是：mysqli_assoc（返回关联数组）、mysqli_num（普通数组）和 mysqli_both（两种数组类型兼有）。实际应用中，通常使用该函数取得记录各字段的值。

4）mysqli_fetch_assoc($result) 函数，与 mysqli_fetch_array()函数类似，只不过该函数只将结果集作为关联数组返回。

5）mysqli_fetch_object()函数和 mysqli_fetch_array()函数类似，只有一点区别，即前者返回的是一个对象而不是数组，该函数只能通过字段名来访问数组。使用下面的格式获取结果集中行的元素值：

```
$row->col_name; //col_name 为列名，$row 代表结果集
```

6）mysqli_num_rows($result)函数，用来取得结果集的行数目，即结果集中的记录数。参数$result 是执行 mysqli_query()函数之后返回的资源标识符。不过，该函数仅对 select 语句有效，要取得 insert、update 或 delete 语句执行后所影响的行的数据，需要使用函数 mysqli_affected_rows()函数。

7）mysqli_num_rows()函数，要获取由 select 语句查询到的结果集中行的数目。

8）mysqli_data_seek() 函数，移动内部结果的指针。语法格式：mysqli_data_seek (data,row)，其中 data 参数为返回类型为 resource 的结果集。该结果集从 mysqli_query() 的调用中得到。row 参数为想要设定的新的结果集指针的行数，0 指示第一个记录。

注：mysqli_fetch_array()函数和 mysqli_fetch_row()函数的区别：mysqli_fetch_array()函数将结果集返回到数组中，在输出数组中的数据时既可以使用数字索引，也可以使用关联索引。mysqli_fetch_row()函数从结果集中取得一行作为枚举数组，在输出数组中的数据时只能使用数字索引。

【例 8-5】 调用 mysqli_fetch_array()函数获取 select 语句的一行查询结果。

```
<?php
$host = 'localhost';
$dbuser = 'root';
$password = '';
$conn = mysqli_connect($host,$dbuser,$password);
if(!$conn)
{
    die('数据库连接失败：'.mysqli_error($con));
}
mysqli_select_db($conn,'test_db');
mysqli_query ($conn,"SET NAMES utf8");//设置字符集为中文
$sql = 'select id,username,department from expert limit 2';
$result= mysqli_query($conn,$sql) OR die("<br/>ERROR: <b>".mysqli_error($conn)."</b><br/>产生问题的 SQL："."$sql);
if($num = mysqli_num_rows($result))
{
     echo '<pre>';
     $row = mysqli_fetch_array($result);
     printf ("%s %s    %s   \n", $row [0],$row [1], $row [2]);   //显示方式一
     printf ("%s %s    %s   \n", $row ['id'],$row ['username'], $row ['department']); //显示方式二
     print_r($row );
}
mysqli_close($conn);
?>
```

运行显示结果为：

```
1 包宏伟   资环学院
1 包宏伟   资环学院
Array
(
    [0] => 1
    [id] => 1
    [1] => 包宏伟
    [username] => 包宏伟
    [2] => 资环学院
    [department] => 资环学院
)
```

上述程序，使用 mysqli_num_rows()函数的返回值来判断 select 语句是否查找到更多的行，如果 mysqli_num_rows()函数返回值不为 0，即找到数据，则调用函数 mysqli_fetch_array()函数获取结果集。

从上例中也可以看出，mysqli_fetch_array()函数返回的数组为每个字段值建立了两个索引：一个是以数字为索引，另一个以字段名为索引。

mysqli_fetch_array()函数只能返回结果集中的一行，循环调用该函数，可以取得结果集中的所有行。

【例 8-6】 调用 mysqli_fetch_array()函数取得结果集中的所有记录。

```
<?php
$host = 'localhost';
$dbuser = 'root';
$password = '';
$conn = mysqli_connect($host,$dbuser,$password);
if(!$conn)
{
    die('数据库连接失败：'.mysqli_error($con));
}
mysqli_select_db($conn,'test_db');
mysqli_query ($conn,"SET NAMES utf8");//设置字符集为中文
$sql = 'select id,username,department from expert limit 2';
$result = mysqli_query($conn,$sql) OR die("<br/>ERROR: <b>".mysqli_error($conn)."</b><br/>产生问题的 SQL：".$sql);
if($num = mysqli_num_rows($result))
{
    echo '<pre>';
    while($row = mysqli_fetch_array($result,MYSQLI_ASSOC))
    {
        print_r($row);
    }
}
mysqli_close($conn);
?>
```

运行显示结果为：

```
Array
(
    [id] => 1
    [username] => 包宏伟
    [department] => 资环学院
)
Array
(
    [id] => 2
    [username] => 曾令煊
    [department] => 生物学院
)
```

上述程序，使用 while 循环多次调用函数 mysqli_fetch_array()（由于 where limit 2，限制仅仅显示 2 条），每次将调用返回的数组赋给变量$row，然后在循环体内将数组变量$row 输出。调用函数 mysqli_fetch_array()函数时指定第 2 个参数为 mysqli_assoc，因此其返回的结果集数组是以字段名为索引的关联数组。

【例 8-7】 使用 mysql_fetch_object()函数从结果集中获取一行作为对象。

使用 mysqli_fetch_object()函数同样可以获取查询结果集中的数据。语法格式如下：

```
object mysqli_fetch_object (resource resuit)
```

mysqli_fetch_object()函数和 mysqli_fetch_array()函数类似，只有一点区别，即前者返回的是一个对象而不是数组，该函数只能通过字段名来访问数组。使用下面的格式获取结果集中行的元素值：

```
$row->col_name; //col_name 为列名，$row 代表结果集
<?php
$host = 'localhost';
$dbuser = 'root';
$password = '';
$conn = mysqli_connect($host,$dbuser,$password);
if(!$conn)
{
    die('数据库连接失败：'.mysqli_error($con));
}
mysqli_select_db($conn,'test_db');
mysqli_query ($conn,"SET NAMES utf8");//设置字符集为中文
$sql = 'select id,username,department from expert limit 2';
$result = mysqli_query($conn,$sql) OR die("<br/>ERROR: <b>".mysqli_error($conn)."</b><br/>产生
问题的 SQL：".$sql);
if($num = mysqli_num_rows($result))
{
     echo '<pre>';
     $obj = mysqli_fetch_object($result);
     printf ("%s %s   %s   \n", $obj->id,$obj->username, $obj->department);
     print_r($obj);
}
mysqli_close($conn);
?>
```

运行程序后显示结果为：

```
1 包宏伟  资环学院
stdClass Object
(
    [id] => 1
    [username] => 包宏伟
    [department] => 资环学院
)
```

【例 8-8】 使用 mysqli_fetch_row()函数逐行获取结果集中的一条记录。

使用 mysqli_fetch_row()函数逐行获取结果集中的每条记录。语法格式如下：

```
array mysqli_fetch_row(resource result)
```

mysqli_fetch_row()函数从指定的结果标识关联的结果集中获取一行数据并作为数组返回，将此行赋予数组变量$row，每个结果的列存储在一个数组元素中，下标从 0 开始，即以$row[0] 的形式访问第一个数组元素（只有一个元素时也是如此），依次调用 mysqli_fetch_row()函数将返回结果集中的下一行，直到没有更多行则返回 false。

```
<?php
$host = 'localhost';
$dbuser = 'root';
$password = '';
$conn = mysqli_connect($host,$dbuser,$password);
if(!$conn)
{
    die('数据库连接失败：'.mysqli_error($con));
}
mysqli_select_db($conn,'test_db');
mysqli_query ($conn,"SET NAMES utf8");//设置字符集为中文
$sql = 'select id,username,department from expert limit 2';
$result = mysqli_query($conn,$sql) OR die("<br/>ERROR: <b>".mysqli_error($conn)."</b><br/>产生
问题的 SQL： ".$sql);
if($num = mysqli_num_rows($result))
{
     echo '<pre>';
     $row = mysqli_fetch_row($result);
     printf ("%s %s    %s    \n", $row [0],$row [1], $row [2]);
     print_r($row );
}
mysqli_close($conn);
?>
```

运行显示结果为：

```
1 包宏伟   资环学院
Array
(
    [0] => 1
    [1] => 包宏伟
    [2] => 资环学院
)
```

4. 关闭连接

在 PHP 程序中，关闭数据库连接可以使用 mysqli_close()函数。事实上，当 PHP 脚本程序执行结束之后，会自动关闭到 MySQL 的连接，但还是推荐在程序中明确调用 mysqli_close()函数来关闭数据库连接。

【例 8-9】 调用函数 mysqli_close()关闭连接。

```
<?php
$host = 'localhost';
$dbuser = 'root';
$password = '';
$conn = mysqli_connect($host,$dbuser,$password);
if(!$conn)
{
    die('数据库连接失败：'.mysqli_error($conn));
}
echo '数据库连接成功！';
if(mysqli_close($conn))
{
    echo '<br/>........<br/>';
    echo '到数据库的连接已经成功关闭！';
}
?>
```

运行显示结果为：

```
数据库连接成功!
........
到数据库的连接已经成功关闭!
```

上述程序，首先建立一个到 MySQL 服务器的连接$conn，然后调用函数 mysqli_close()关闭这个连接，并通过该函数的返回值判断关闭是否成功，如果成功，将输出一段提示信息。

5. 在 Web 页面中显示数据

上述内容，主要讲述了从程序中找到的数据显示到 Web 页面，但只是输出了数组结构，并不符合实际应用的需求。接下来通过把 PHP 代码嵌入 HTML 文档中，实现以表格的形式显示查询结果页面，保存为“list.php”。

【例 8-10】 以表格的形式显示查询结果页面。

```
<?php
$host = 'localhost';
$dbuser = 'root';
$password = '';
$conn = mysqli_connect($host,$dbuser,$password);
if(!$conn)
{
    die('数据库连接失败：'.mysqli_error($con));
}
mysqli_select_db($conn,'test_db');
mysqli_query ($conn,"SET NAMES utf8");//设置字符集为中文
$sql = 'select id,username,department from expert limit 5';
$result = mysqli_query($conn,$sql) OR die("<br/>ERROR: <b>".mysqli_error($con)."</b><br/>产生问
题的 SQL：".$sql);
?>
```

```
<html>
<head>
<title>Web 页面中显示数据的例子</title>
</head>
<center>
<body>
<table width="50%" border="1" cellpadding="0" cellspacing="1" >
    <tr     align="center">
        <td><strong>专家 ID</strong></td>
        <td><strong>专家姓名</strong></td>
        <td><strong>专家部门</strong></td>
    </tr>
<?php
if($num = mysqli_num_rows($result))
{
    while($row = mysqli_fetch_array($result,MYSQLI_ASSOC))
    {
?>
    <tr align="center">
        <td><?php echo $row['id']; ?></td>
        <td><?php echo $row['username']; ?></td>
        <td><?php echo $row['department']; ?></td>
    </tr>
<?php
    }
}
mysqli_close($conn);
?>
</table>
</body>
</center>
</html>
```

上述程序，将 PHP 程序嵌入 HTML 文档中，PHP 程序的开始部分先做数据库连接等操作，然后是 HTML 文档部分。在 HTML 表格的单元格中嵌入 PHP 代码，使用 echo 输出每次循环获取的记录的字段值。其显示结果如图 8-2 所示。

专家ID	专家姓名	专家单位
1	包宏伟	资环学院
2	曾令煊	生物学院
3	曾晓军	人发学院
4	陈家洛	人发学院
5	陈万地	资环学院

图 8-2　用 HTML 表格的单元格显示结果图

8.2.3　数据分页显示的原理及实现

分页显示是 Web 编程中最频繁处理的环节之一。所谓分页显示，就是通过程序将结果集一段一段地来显示。实现分页显示，需要两个初始参数：每页显示多少记录和当前是第几页。再加上完整的结果集，就可以实现数据的分段显示。至于其他功能，比如上一页、下一页等均可以根据以上信息加以处理得到。

前面第 7 章讲述了使用 limit 子句对查询结果做限定。比如要取得某表中的前 10 条记录，可以使用如下 SQL 语句。

```
SELECT * FROM test_table LIMIT 0,10,
```

如要查找第 1 1 条到第 20 条记录，使用的 SQL 语句如下所示。

```
SELECT * FROM FROM test_table LIMIT 10,10;
```

如要查找第 2 1 条到第 30 条记录，使用的 SQL 语句如下所示。

```
SELECT * FROM test_table LIMIT 20,10;
```

从以上 SQL 语句可以看出，每次取 10 条记录，相当于每个页面显示 10 条数据，而每次所要取得记录的起始位置和当前页数之间存在着这样的关系：起始位置=（当前页数-1）×每页要显示的记录数。如果以变量$page_size 表示每页显示的记录数，以变量$cur_page 表示当前页数，那么可以用下面所示的 SQL 语句模板归纳。

```
SELECT * FROM test_table limit ($cur_page - 1) * $page_size, $page_size;
```

这样，就得到了分页情况下获取数据的 SQL 语句。其中$page_size 可以根据实际情况指定为一个定值，实际开发中，当前页数$cur_page 可以由参数传入。另外，数据要显示的总页数，可以在记录总数和每页显示的记录数之间通过计算获得。比如，如果总记录数除以每页显示的记录数后，没有余数，那么总页数就是这二者之商。

【例 8-11】 分页显示数据。

```
<?php
$host = 'localhost';
$dbuser = 'root';
$password = '';
$conn = mysqli_connect($host,$dbuser,$password);
if(!$conn)
{
    die('数据库连接失败：'.mysqli_error($conn));
}
mysqli_select_db($conn,'test_db');
mysqli_query ($conn,"SET NAMES utf8");//设置字符集为中文
if(isset($_GET['page']))        //由 GET 方法获得页面传入当前页数的参数
{
    $page = $_GET['page'];
}
else
{
    $page = 1;
```

```
        }
        $page_size = 5;                    //每页显示两条数据
        //获取数据总量
        $sql = 'select * from expert';
        $result = mysqli_query($conn,$sql);
        $total = mysqli_num_rows($result);
        //开始计算总页数
        if($total)
        {
            //如果总数据量小于$page_size，那么只有一页
            if($total < $page_size)
                $page_count = 1;
            //如果有余数，则总页数等于总记录数除以页数的结果取整再加 1
            if($total % $page_size)
            {
                $page_count = (int)($total/$page_size) + 1;
            }
            //如果没有余数，则页数等于总数据量除以每页数的结果
            else
            {
                $page_count = $total/$page_size;
            }
        }
        else
        {
            $page_count = 0;
        }
        //翻页链接
        $turn_page = '';
        if($page == 1)
        {
            $turn_page .= '首页 | 上一页 |';
        }
        else
        {
            $turn_page .= '<a href=index.php?page=1> 首页</a> | <a href=index.php?page='.($page-1).'> 上
一页 </a> |';
        }
        if($page ==$page_count || $page_count == 0)
        {
            $turn_page .= ' 下一页 | 尾页';
        }
        else
        {
            $turn_page .= '<a href=index.php?page='.($page+1).'> 下一页 </a>|<a href=index.php?page=
'.$page_count.'> 尾页 </a>';
        }
```

```
        $sql = 'select id,username,department from expert limit '. ($page-1)*$page_size .', '.$page_size;
        $result = mysqli_query($conn,$sql) OR die("<br/>ERROR: <b>".mysqli_error($conn)."</b><br/>产生问题的 SQL：".$sql);
        ?>
        <html>
        <head>
        <title>Web 页面上的数据分页</title>
        </head>
        <center>
        <body>
        <table width="50%" border="1" cellpadding="0" cellspacing="1" >
            <tr     align="center">
                <td><strong>专家 ID</strong></td>
                <td><strong>专家姓名</strong></td>
                <td><strong>专家单位</strong></td>
            </tr>
        <?php
        if($num = mysqli_num_rows($result))
        {
            while($row = mysqli_fetch_array($result,MYSQLI_ASSOC))
            {
        ?>
              <tr align="center">
                <td><?php echo $row['id']; ?></td>
                <td><?php echo $row['username']; ?></td>
                <td><?php echo $row['department']; ?></td>
            </tr>
        <?php
            }
        }
        echo $turn_page.'<br/><br/>';
        mysqli_close($conn);
        ?>
        </table>
        </body>
        </center>
        </html>
```

运行结果如图 8-3 所示。

首页 | 上一页 | 下一页 | 尾页

专家ID	专家姓名	专家单位
1	包宏伟	资环学院
2	曾令煊	生物学院
3	曾晓军	人发学院
4	陈家洛	人发学院
5	陈万地	资环学院

图 8-3　分页显示

8.3 PHP 更新 MySQL 数据库数据的函数应用

上一节介绍了如何使用 PHP 函数操作数据库的查询结果集，并将结果集显示在页面上。这节讲述通过 PHP 函数从 Web 页面获取数据，来向 MySQL 数据库添加或更新数据。

8.3.1 从页面获取数据并插入数据库

本节介绍如何获取 Web 页面数据，并将获取的数据添加到数据库中。首先建立一个 Web 页面，供用户输入数据之用。

【例 8-12】 创建一个用来提交用户信息的 HTML 页面 zhuce.html。

```
<html>
<head>
<title>填写专家信息</title>
</head>
<body>
<b>填写专家信息</b>
<form name="form" method="post" action="insertdb.php">
    <table width="50%" border="1" cellpadding="0" cellspacing="2">
        <tr>
            <td width="30%" >专家姓名：</td>
            <td width="70%"><input name="username" type="text" id="username" size="20"></td>
        </tr>
        <tr>
        <td >所在部位：</td>
        <td>
    <select name="department">
    <option value="食品学院">食品学院</option>
    <option value="经管学院">经管学院</option>
    <option value="信电学院">信电学院</option>
    <option value="生物学院">生物学院</option>
    <option value="思政学院">思政学院</option>
        </select>
</td>
        </tr>
        <tr>
            <td>
            <input type="submit" name="Submit" value="提交"></td>
            <td> </td>
        </tr>
    </table>
</form>
</body>
</html>
```

运行结果如图 8-4 所示。

填写专家信息

专家姓名：	
所在部位：	食品学院 ▼
提交	

图 8-4　专家信息填写界面图

上述代码中的 action 属性决定本页面在执行后的目的地。该页面的表单将会提交给 insertdb.php 处理。在 insertdb.php 中完成获取表单数据，并将表单数据插入数据库。

【例 8-13】 获取表单数据并将数据插入数据库。

```
<?php
$host = 'localhost';
$dbuser = 'root';
$password = '';
$name = $_POST['username'];
$depart = $_POST['department'];
if(empty($name) || trim($name)=='')
{
    echo '请填写用户名！ <a href="zhuce.html">返回</a>';
    exit;
}
$conn = mysqli_connect($host,$dbuser,$password);
if(!$conn)
{
    die('数据库连接失败：'.mysqli_error($conn));
}
mysqli_select_db($conn,'test_db');
mysqli_query ($conn,"SET NAMES utf8");//设置字符集为中文
$sql = "insert into expert(username,department) values('" . $name . "','" . $depart . "')";
mysqli_query($conn,$sql) OR die("<br/>ERROR: <b>".mysqli_error($conn)."</b><br/>SQL：".$sql);
mysqli_close($conn);
echo '数据插入成功，打开<a href="list.php">list.php</a>查看数据';
?>
```

插入数据后，会显示信息：“数据插入成功，打开 list.php 查看数据”。

这段代码首先获取表单数据，当用户提交数据不为空（或空格）时，就会向数据库插入一条记录。当数据成功插入数据后，会输出一个成功信息，并给出到 list.Php 的链接，程序 list.php 提供了对表 expert 数据的查询，通过浏览 list.php 查看表 expert 中的所有数据，可以验证程序 insertdb.php 是否完成了数据插入操作。

8.3.2　根据表单内容修改数据库数据

通过程序数据修改数据库数据，和通过程序向数据库插入数据类似。从程序角度看，一

个是通过 PHP 程序执行插入操作（insert 语句），另外一个是执行更新操作（update 语句）。

通过 PHP 程序实现更新操作，首先需要一个显示数据的 Web 页面。根据不同的 URL 参数提取专家信息，在 Web 页面的编辑页面显示不同专家的信息，因此，该页面应该由内嵌在 HTML 文档中的 PHP 程序完成。然后，在这个页面修改专家数据，最后提交表单，由程序完成数据库数据的修改。用来在 Web 页面显示用户数据，它由内嵌 PHP 代码的 HTML 文档实现，并在其中实现了用户信息的更新。

【例 8-14】 显示专家信息列表的页面：index.php。

```
<?php
$host = 'localhost';
$dbuser = 'root';
$password = '';
$conn = mysqli_connect($host,$dbuser,$password);
if(!$conn)
{
    die('数据库连接失败：'.mysqli_error($con));
}
mysqli_select_db($conn,'test_db');
mysqli_query ($conn,"SET NAMES utf8");//设置字符集为中文
$sql = 'select id,username,department from expert where department in(\'食品学院\',\'经管学院\',\'信电学院\',\'生物学院\',\'思政学院\')';
$result = mysqli_query($conn,$sql) OR die("<br/>ERROR: <b>".mysqli_error($con)."</b><br/>产生问题的 SQL：".$sql);
?>
<html>
<head>
<title>专家信息列表</title>
<script language="javascript">
</script>
</head>
<center>
<body>
<table width="20%" border="1" cellpadding="0" cellspacing="1" >
    <tr align="center">
        <td height="30">专家 ID</td>
        <td>专家姓名</td>
        <td>所在城市</td>
        <td>操作 1</td>
        <td>操作 2</td>
    </tr>
<?php
if($num = mysqli_num_rows($result))
{
    while($row = mysqli_fetch_array($result,MYSQLI_ASSOC))
    {
```

```
?>
        <tr     align="center">
                <td><?php echo $row['id']; ?></td>
                <td ><?php echo $row['username']; ?></td>
                <td ><?php echo $row['department']; ?></td>
                <td ><a onclick="javascript:if(confirm('确定修改专家信息吗?')) return true; else return false;" href="expertinfo.php?uid=<?php echo $row['id']; ?>">更新</a></td>
                <td ><a onclick="javascript:if(confirm('确定删除专家信息吗?')) return true; else return false;" href="delexpertinfo.php?uid=<?php echo $row['id']; ?>">删除</a></td>
        </tr>
<?php
        }
}
mysqli_close($conn);
?>
</table>
</body>
</center>
</html>
```

运行结果如图 8-5 所示。

专家ID	专家姓名	所在城市	操作1	操作2
2	曾令熔	生物学院	更新	删除
6	杜兰儿	生物学院	更新	删除
8	符合	食品学院	更新	删除
10	侯大文	经管学院	更新	删除
12	李北大	经管学院	更新	删除
14	李小辉	经管学院	更新	删除
17	莫一丁	经管学院	更新	删除
20	齐小小	食品学院	更新	删除
21	宋子文	食品学院	更新	删除
22	苏解放	信电学院	更新	删除
25	孙玉敏	信电学院	更新	删除
26	王清华	食品学院	更新	删除
27	王清华	信电学院	更新	删除
28	谢如康	信电学院	更新	删除
31	张乖乖	信电学院	更新	删除
33	张国庆	信电学院	更新	删除

图 8-5　专家信息列表

【例 8-15】 修改专家信息页面：expertinfo.php。

单击如图 8-5 所示页面的“更新”链接，会弹出“确定修改专家信息吗?”的对话框，确定后，跳转到“expertinfo.php”，代码如下：

```
<html>
<head>
<title>专家信息更新</title>
</head>
<?php
$host = 'localhost';
$dbuser = 'root';
```

```
        $password = '';
        if(!isset($_GET['uid']))
        {
            echo '参数错误！';
            exit;
        }
        $id = $_GET['uid'];
        $arr_dept = array('食品学院'=>'食品学院','经管学院'=>'经管学院','信电学院'=>'信电学院','生物学院
'=>'生物学院','思政学院'=>'思政学院');
        $conn = mysqli_connect($host,$dbuser,$password);
        if(!$conn)
        {
            die('数据库连接失败：'.mysqli_error($conn));
        }
        mysqli_select_db($conn,'test_db');
        mysqli_query ($conn,"SET NAMES utf8");//设置字符集为中文
        $sql = "select * from expert where id=$id";
        $result = mysqli_query($conn,$sql) OR die("<br/>ERROR: <b>".mysqli_error($conn)."</b><br/>
SQL：".$sql);
        if(!mysqli_num_rows($result))
        {
            echo '专家 ID 错误！';
            exit;
        }

        $row = mysqli_fetch_array($result);
        $name =   $row['username'];
        $dept =   $row['department'];
        ?>
        <body>
            <b><center>专家信息更新</center></b>
        <form name="form" method="post" action="updatedb.php?uid=<?php echo $id; ?>">
            <table width="20%" border="1" cellpadding="0" cellspacing="2" align="center">
                <tr>
                    <td width="30%" height="29">专家姓名：</td>
                    <td width="7%"><input name="frm_username" type="text" id="frm_username" size=
"20" value="<?php echo $name; ?>"></td>
                </tr>
                <tr>
                <td >所在部门：</td>
                <td>
                <select name="frm_depart">
                <?php
                foreach($arr_dept as $k=>$v)
                {
                    $option = ($dept == $k) ? '<option value="'.$k.'" selected>'.$v.'</option>' : '<option
```

```
value="'.$k.'">'.$v.'</option>';
                    echo $option.'\n';
                }
                ?>
                </select>
                </td>
                </tr>
                <tr>

                <tr>
                    <td >
                    <input type="submit" name="Submit" value="修改"></td>
                    <td> </td>
                </tr>
            </table>
        </form>
        </body>
        </html>
```

运行结果如图 8-6 所示。

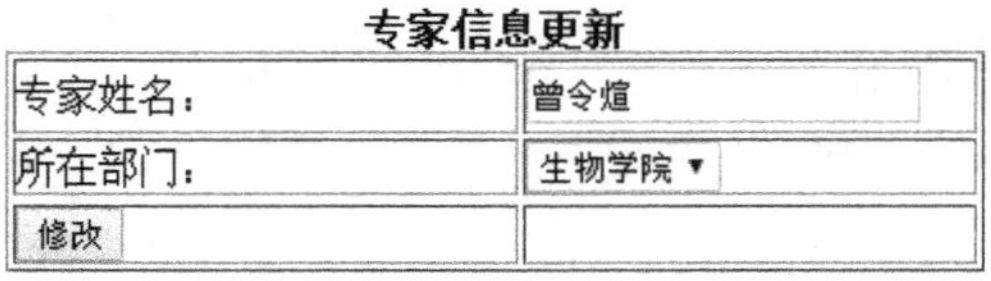

专家信息更新

专家姓名：	曾令煊
所在部门：	生物学院 ▾
修改	

图 8-6　专家信息更新页面

【例 8-16】 专家信息修改处理页面 updatedb.php。

单击图 8-6 所示的修改按钮后，将跳转到 updatedb.php 页面，相应的处理代码如下：

```
<?php
$host = 'localhost';
$dbuser = 'root';
$password = '';
if(!isset($_GET['uid']))
{
    echo '参数错误！';
    exit;
}
$id = $_GET['uid'];
$name = $_POST['frm_username'];
$dept = $_POST['frm_depart'];
$conn = mysqli_connect($host,$dbuser,$password);
if(!$conn)
{
    die('数据库连接失败：'.mysqli_error($conn));
```

```
}
mysqli_select_db($conn,'test_db');
mysqli_query ($conn,"SET NAMES utf8");//设置字符集为中文
$sql = "select * from expert where id=$id";
$result = mysqli_query($conn,$sql) OR die("<br/>ERROR: <b>".mysqli_error($conn)."</b><br/> SQL:
".$sql);
if(!mysqli_num_rows($result))
{
    echo '专家 ID 错误！';
    exit;
}
$row = mysqli_fetch_array($result);
if(!empty($name) || trim($name)!='')
{
    $sql = "update expert set username='" . $name . "',department='" . $dept . "' where id=$id";
    mysqli_query($conn,$sql) OR die("<br/>ERROR: <b>".mysqli_error($conn)."</b><br/>SQL: ".$sql);
    mysqli_close($conn);

    echo '数据修改成功，打开<a href="index.php">index.php</a>查看数据';
    exit;
}
?>
```

程序运行结果为：数据修改成功，打开 index.php 文件查看数据。

这段程序既实现了向 Web 页面显示某一用户的数据，同时也完成了根据页面传入的数据，修改数据库中对应用户的信息。更新操作成功后，会显示一个信息："数据修改成功，打开 index.php 查看数据"，并给出到 index.php 的链接，以便验证更新操作是否成功并且正确。

8.3.3 删除数据库数据

前两小节介绍在程序中完成了插入和更新数据的操作，接下来讲述通过 PHP 程序删除数据库中的数据操作。

【例 8-17】 添加删除链接的专家信息。

单击如图 8-5 所示页面的"删除"链接，会弹出"确定删除专家信息吗?"的对话框，确定后，跳转到"delexpertinfo.php"，代码如下：

```
<?php
$host = 'localhost';
$dbuser = 'root';
$password = '';
if(!isset($_GET['uid']))
{
    echo '参数错误！';
    exit;
}
$id = $_GET['uid'];
```

```
        $conn = mysqli_connect($host,$dbuser,$password);
        if(!$conn)
        {
            die('数据库连接失败：'.mysqli_error($conn));
        }
        mysqli_select_db($conn,'test_db');
        mysqli_query ($conn,"SET NAMES utf8");//设置字符集为中文
        $sql = "select * from expert where id=$id";
        $result = mysqli_query($conn,$sql) OR die("<br/>ERROR: <b>".mysqli_error($conn)." </b><br/>
SQL：".$sql);
        if(!mysqli_num_rows($result))
        {
            echo '专家 ID 错误！';
            exit;
        }
        $row = mysqli_fetch_array($result);
        if(!empty($id) )
        {
            $sql = "delete from expert where id=$id";
            mysqli_query($conn,$sql) OR die("<br/>ERROR: <b>".mysqli_error($conn)."</b><br/>SQL：".$sql);
            mysqli_close($conn);
            echo '专家 ID：'.$id.'的信息删除成功，打开<a href="index.php">index.php</a>查看数据';
            exit;
        }
        ?>
```

程序运行成功后的显示结果为："专家 ID:12 的信息删除成功，打开 index.php 查看数据"。

上述代码使用 confirm()函数弹出一个确认对话框。并由 href 属性指定链接目的地并传递一个 id 参数。

当用户在页面单击"删除"链接时，首先会弹出一个 JavaScript 确认对话框，如果在这个 JavaScript 确认对话框中，单击"取消"按钮，程序则仍然停留在该页面；如果单击"确定"按钮，那么程序就会链接到 delexpterinfo.php，在这个程序中完成从数据库中删除用户数据。

8.4 PHP 操作 MySQL 数据库常见错误信息及分析

PHP 操作数据库是使用 PHP 开发 Web 程序的基本部分，也是最重要的部分。几乎所有用 PHP 开发的 Web 程序或应用，都无一例外地需要操作数据库。因此，PHP 程序中，对数据库操作部分的调试和错误排错，就显得非常重要。本节将介绍几种在 PHP 程序操作 MySQL 数据库时比较常见的错误，以及对这些错误的分析。

1. 连接问题

在 PHP 使用 MySQL 连接函数，但是无法打开连接的 MySQL 数据库，通常会有两种原因导致这种情况。一是 MySQL 本身的问题，比如 MySQL 服务没有启动，此时 PHP 提示的

错误信息类似于：Warning MySQL Connection Failed Can’t connect to MySQL server on，’localhost’(10061)；二是 PHP 不支持 MySQL，此时 PHP 提示的信息类似于：Fatal error Call to undefined function mysqli_connect()。对于第一种情况，可以检查 MySQL 是否已经启动，对于第二种情况，可以通过 phpinfo()函数查看目前 PHP 支持的模块看是否包括 MySQL。如果没有 MySQL 的相关描述信息，那么对于 Windows 用户，直接修改 php.ini 文件，载入 MySQL 的扩展模块即可。

2. MySQL 用户名和密码问题

在 PHP 程序中配置了错误的 MySQL 的主机地址、用户名或密码，也会导致 MySQL 连接失败。这种情况只要在程序中使用正确主机地址、用户名和密码即可。

3. 引号导致错误的 SQL 语句

PHP 可以使用单引号的字符串，也可以使用双引号字符串。例如，$sql = 'select * from users where id=$id'，因为 PHP 单引号字符串中的变量不会被求值，因此这段 SQL 语句将查询 id=$id 用户信息，这就会产生错误。如果使用$sql = “select * from users where id=$id”，这时双引号字符串中的变量$id 会被求值为一个具体的数，这样才是一个正确的 SQL 语句。另外，当用户从 Web 页面提交来的数据中含有单引号或双引号时，如果程序将这些内容放在字符串中，势必导致引号使用的混乱，从而出现错误的 SQL 语句。对于这种情况，可以使用左斜杠转义文本中的引号。

4. 错误的名称拼写

这里包括在 PHP 程序中拼写了错误的数据库名、表名或者字段名。这样可能会让 MySQL 去查询一个不存在的表，从而导致错误发生。

MySQL 会为每种错误设定一个编号，当由于程序的问题导致操作数据库出错，可以根据这些编号对应的错误含义来查找具体原因，表 8-2 列出了常见的 MySQL 错误代码及其对应的错误信息。

表 8-2 常见的 MySQL 错误代码及其对应的错误信息表

错误代码	错误信息
1022	关键字重复，更改记录失败
1032	记录不存在
1042	无效的主机名
1044	当前用户没有访问数据库的权限
1045	不能连接数据库，用户名或密码错误
1048	字段不能为空
1049	数据库不存在
1050	数据表已存在
1051	数据表不存在
1054	字段不存在
1065	无效的 SQL 语句，SQL 语句为空
1081	不能建立 Socket 连接
1146	数据表不存在
1149	SQL 语句语法错误
1177	打开数据表失败

PHP 程序操作 MySQL 数据库引起数据库连接问题的最常见原因是，给连接函数提供了不正确的参数（主机名、用户名和密码）；引起查询失败的最常见的原因是引号错误、未被设定的变量和拼写错误。一般情况下，在调试 PHP 程序时，和数据库有关的每个语句应该有 or die()子句（就像本章的示例代码那样），该子句最好包含丰富的信息，如由函数 mysqli_error($con)生成的信息，原始的 SQL 语句等，这样就可以快速定位错误源头，及早诊断、解决程序问题所在。

5. 刷新页面重复提交问题

在创建表单时把输入的表单数据提交到当前页面，并在页面中通过 mysqli_query()函数执行 insert 插入语句，把用户输入的表单数据添加到数据库当中。当刷新该页面时会弹出一个提示框，提示用户如果要重新显示该页面，就会重新发送以前提交的信息。要想避免这种重复提交数据的情况，只要在设置表单时把表单数据提交到一个新的页面，然后在这个新页面执行向数据库中添加数据的操作，并在数据添加成功后返回，这样在刷新页面时就不会重复提交数据了。

8.5 mysql 函数与 mysqli 函数连接数据库的区别与用法

1. mysql 函数与 mysqli 函数的相关性

1）mysql 函数与 mysqli 函数都是 PHP 的函数集，与 MySQL 数据库关联不大。

2）在 PHP5 版本之前，一般是用 PHP 的 mysql 函数去驱动 MySQL 数据库，比如 mysql_query()函数，属于面向过程的方式。

3）在 PHP5 版本以后，增加了 mysqli 的函数功能，某种意义上讲，它是 MySQL 系统函数的增强版，更稳定更高效更安全，与 mysql_query()函数对应的有 mysqli_query()函数，属于面向对象的方式，用面向对象的方式操作驱动 MySQL 数据库。

2. mysql 函数与 mysqli 函数的区别

1）mysql 函数是非持续连接函数，mysql 函数每次连接数据库都会打开一个连接的进程。

2）mysqli 函数是永远连接函数，mysqli 函数多次运行将使用同一连接进程，从而减少了服务器的开销。mysqli 函数封装了诸如事务等一些高级操作，同时封装了 DB 操作过程中的很多可用的方法。

3. mysql 函数与 mysqli 函数的用法

1）mysql 函数面向过程。

```
$conn = mysql_connect('localhost', 'user', 'password');   //连接 mysql 数据库
mysql_select_db('data_base'); //选择数据库
$result = mysql_query('select * from data_base');//第二个可选参数，指定打开的连接
$row = mysql_fetch_row( $result ) ) //只取一行数据
echo $row[0]; //输出第一个字段的值
```

注：mysqli 函数以过程式的方式操作，有些函数必须指定资源，比如 mysqli_query(资源标识，SQL 语句)函数，并且资源标识的参数是放在前面的，而 mysql_query(SQL 语句,"资源标识")的资源标识是可选的，默认值是上一个打开的连接或资源。

2）mysqli 函数面向对象。

$conn = new mysqli('localhost', 'user', 'password','data_base');　　//要使用 new 操作符，最后一个参数是直接指定数据库；假如构造时候不指定，那下一句需要$conn -> select_db('data_base')实现

```
$result = $conn -> query( 'select * from data_base' );
$row = $result -> fetch_row(); //取一行数据
echo row[0]; //输出第一个字段的值
```

使用 new mysqli('localhost', usenamer', 'password', 'database_name');会报错，提示如下：

```
Fatal error: Class 'mysqli' not found in ...
```

一般情况下是 mysqli 函数不是默认开启的，Windows 环境下下要修改 php.ini 文件,去掉 php_mysqli.dll 前的“;”，linux 环境下要把 mysqli 的动态链接库编译进去。

4. mysql_connect()函数与 mysqli_connect()函数

1）使用 mysqli 函数，可以把数据库名称当作参数传给 mysqli_connect()函数，也可以传递给 mysqli 函数的构造函数。

2）如果调用 mysqli_query()函数或 mysqli()函数的对象查询 query()方法，则连接标识是必需的。

思考与练习

1．在 PHP 的 MySQL 函数库中，哪个函数可以取得查询结果集总数？

2．mysqli_fetch_array()函数和 mysqli_fetch_row()函数之间存在哪些区别？

3．执行下面所有的步骤，然后显示数据库中所有的数据。

（1）创建一个数据库，就只有姓名、年龄两个字段。

（2）在数据库中创建一个表。

（3）在表中用 MySQL 命令插入 5 行数据。

（4）用 PHP 代码读取表中的数据，并有序地显示出来。

4．MySQL 数据库的数据模型属于（　　）。

A．层次模型　　B．网状模型　　C．关系模型　　D．面向对象模型

5．mysqli_connect( )函数与@mysqli_connect( )函数的区别是（　　）。

A．@mysqli_connect( )函数不会忽略错误，将错误显示到客户端

B．mysqli_connect( )函数不会忽略错误，将错误显示到客户端

C．没有区别

D．功能不同的两个函数

6．关于 mysqli_select_db( )函数的作用描述正确的是（　　）。

A．连接数据库　　B．连接并选取数据库

C．连接并打开数据库　　D．选取数据库

第 9 章　PHP 面向对象编程

面向对象（OOP）的编程方式是 PHP 的突出特点之一，采用这种编程方式可以对大量零散代码进行有效组织，从而使 PHP 具备大型 Web 项目开发的能力。采用面向对象编程方式还可以提高网站的易维护性和易读性。本章对象、类、成员方法和成员属性等概念，以及面向对象思想中封装性、继承性和多态性的应用。

9.1　类与对象

面向对象就是将要处理的问题抽象为对象，然后通过对象的属性和行为来解决对象的实际问题。面向对象的基本概念就是类和对象。

9.1.1　什么是类

正所谓：“物以类聚，人以群分”。世间万物都具有其自身的属性和方法，通过这些属性和方法可以将不同物质区分开来。例如，人具有性别、体重和肤色等属性，还可以进行吃饭、睡觉、学习等活动，这些活动可以说是人具有的功能。可以把人看作程序中的一个类，那么人的性别可以比作类中的属性，吃饭可以比作类中的方法。

也就是说，类是属性和方法的集合，是面向对象编程方式的核心和基础，通过类可以将零散的用于实现某项功能的代码进行有效管理。例如，创建一个数据库连接类，包括 6 个属性：数据库类型、服务器、用户名、密码、数据库和错误处理；包括 3 个方法：成员变量赋值法、连接数据库方法和关闭数据库方法。数据库操作类的设计效果如图 9-1 所示。

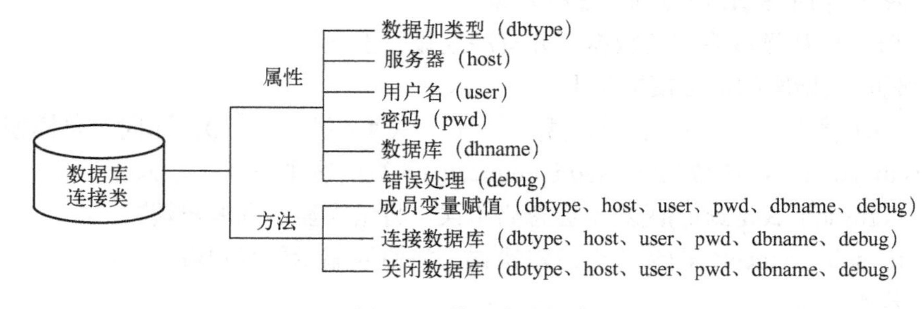

图 9-1　数据库连接类

9.1.2　对象的由来

类只是具备某项功能的抽象模型，实际应用中还需要对类进行实例化，这样就引入了对象的概念。对象是类进行实例化后的产物，是一个实体。仍然以人为例，“黄种人是人”这句话没有错误，但反过来说“人是黄种人”这句话一定是错误的。因为除了有黄种人，还有黑人、白人等。那么“黄种人”就是“人”这个类的一个实例对象。可以这样理解对象和类的关系：对象实际上就是“有血有肉的、能摸得到看得到的”一个类。

这里实例化创建的数据库连接类，调用数据库连接类中的方法，完成与数据库的连接操作，如图 9-2 所示。

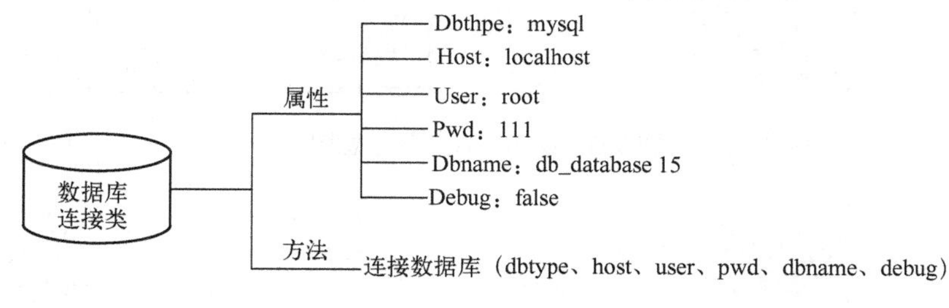

图 9-2　实例化对象

9.1.3　面向对象的特点

面向对象编程的 3 个重要特点是：继承、封装和多态，它们迎合了编程中注重代码重用性、灵活性和可扩展性的需要，奠定了面向对象在编程中的地位。

1）封装性：就是将一个类的使用和实现分开，只保留有限的接口（方法）与外部联系。对于使用该类的开发人员，只要知道这个类该如何使用即可，而不用去关心这个类是如何实现的。这样做可以让开发人员更好地把精力集中起来专注别的事情，同时也避免了程序之间的相互依赖而带来的不便。

例如，使用计算机时，并不需要将计算机拆开了解每个部件的具体用处，用户只需按下主机箱上的 Power 按钮就可以启动计算机。但对于计算机内部的构造，用户可以不必了解，这就是封装的具体表现。

2）继承性：是派生类（子类）自动继承一个或多个基类（父类）中的属性与方法，并可以重写或添加新的属性或方法。继承这个特性简化了对象和类的创建，增加了代码的可重用性。

假如已经定义了 A 类，接下来准备定义 B 类，而 B 类中有很多属性和方法与 A 类相同，那么就可以使 B 类继承于 A 类，这样就无须再在 B 类中定义 A 类已有的属性和方法，从而可以在很大程度上提高程序的开发效率。

例如，定义一个水果类，水果类具有颜色属性，然后定义一个苹果类，在定义苹果类时完全可以不定义苹果类的颜色属性，通过图 9-3 所示继承关系完全可以使苹果类具有颜色属性。

3）多态性：指同一个类的不同对象，使用同一个方法可以获得不同的结果。多态性增强了软件的灵活性和重用性。

例如，定义一个火车类和一个汽车类，火车和汽车都可以移动，说明两者在这方面可以进行相同的操作，然而，火车和汽车移动的行为是截然不同的，因为火车必须在铁轨上行驶，而汽车在公路上行驶，这就是类多态性的形象比喻，如图 9-4 所示。

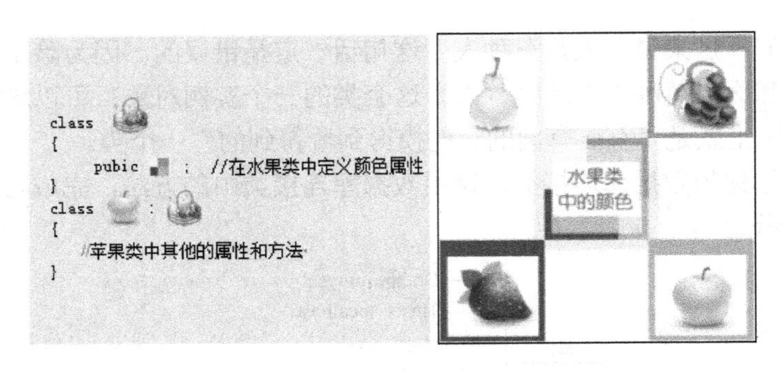

图 9-3　继承特性效果示意图

图 9-4　多态在生活中的体现

9.2　类的声明

在创建类名称时必须将类进行声明。

9.2.1　类的定义

和很多面向对象的语言一样，PHP 也是通过 class 关键字加类名来定义类的。类的格式如下：

```
<?php
    权限修饰符　class　类名{
        类体;
?>
```

参数说明：

1）权限修饰符是可选项，可以使用 public、protected、private 或者省略这 3 者。

2）class 是创建类的关键字。

3）类名是所要创建类的名称，必须写在 class 关键字之后，在类的名称后面必须跟上一对大括号。

4）类体是类的成员，类体必须放在类名后面的两个大括号“{”和“}”之间。

注：在创建类时，在 class 关键字前除可以加权限修饰符外，还可以加其他关键字如 static、abstract 等，有关创建类使用的权限修饰符和其他关键字将在后面的内容中进行讲

解。至于类名的定义，与变量名和函数名的命名规则类似，如果由多个单词组成，习惯上每个单词的首字母要大写，并且类名应该有一定的意义。

创建一个 ConnDB 类。代码如下：

```
<?php
class ConnDB{                    //定义数据库连接类
      //…
?>
```

注：虽然 ConnDB 类仅有一个类的“骨架”，什么功能都没有实现，但这并不影响它的存在。一个类即一对大括号之间的全部内容都要在一段代码段中，不允许将类中的内容分割成块。代码如下：

```
<?php
class ConnDB{                    //定义数据库连接类
      //…
?>
<?php
      //…
?>
```

这种格式是不允许的。

9.2.2 成员属性

在类中直接声明的变量称为成员属性（也可以称为成员变量），可以在类中声明多个变量，即对象中有多个成员属性，每个变量都存储对象不同的属性信息。

成员属性的类型可以是 PHP 中的标量类型和复合类型，但是如果使用资源和空类型是没有意义的。

成员属性的声明必须有关键字来修饰，如 public、protected、private 等，这是一些具有特定意义的关键字。如果不需要有特定的意义，那么可以使用 var 关键字来修饰。还有就是在声明成员属性时没有必要赋初始值。

下面再次创建 ConnDB 类并在类中声明一些成员属性，其代码如下：

```
class ConnDB1{                              //定义类
      var  $dbtype;                         //声明成员属性
      var  $host;                           //声明成员属性
      var  $user;                           //声明成员属性
      var  $pwd;                            //声明成员属性
      var  $dbname;                         //声明成员属性
      var  $debug;                          //声明成员属性
      var  $conn;                           //声明成员属性
}
```

9.2.3 成员方法

在类中声明的函数称为成员方法。一个类中可以声明多个函数，即对象中可以有多个成员方法。成员方法的声明和函数的声明是相同的，唯一特殊之处是成员方法可以有关键字来对它进行修饰，控制成员方法的权限。声明成员方法：

```
class ConnDB{                                    //定义类
    function ConnDB(){                           //声明构造方法
        //方法体
    }
    function GetConnId(){                        //声明数据库连接方法
        //方法体
    }
    function CloseConnId(){                      //声明数据库关闭方法
        $this->conn->Disconnect();               //方法体，执行关闭的操作
}
}
```

在类中成员属性和成员方法的声明都是可选的，可以同时存在，也可以单独存在。具体应该根据实际的需求而定。

9.3 类的实例化

9.3.1 创建对象

面向对象程序的最终操作者是对象，而对象是类实例化的产物。所以学习面向对象只停留在类的声明上是不够的，必须学会将类实例化成对象。类的实例化格式如下：

$变量名= new 类名称([参数]);　　　　//类的实例化

参数说明：

1）$变量名：类实例化返回的对象名称，用于引用类中的方法。

2）new：关键字，表明要创建一个新的对象。

3）类名称：表示新对象的类型。

4）参数：指定类的构造方法用于初始化对象的值。如果类中没有定义构造函数，PHP会自动创建一个不带参数的默认构造函数。

对前面创建的ConnDB类进行实例化。

```
class ConnDB{                          //定义类
    function ConnDB(){                 //声明构造方法
        //方法体
    }
    function GetConnId(){              //声明数据库连接方法
        //方法体
    }
```

```
        function CloseConnId(){                    //声明数据库关闭方法
            $this->conn->Disconnect();              //方法体，执行关闭的操作
    }
    }
    $connobj1=new ConnDB();                         //类的实例化
    $connobj2=new ConnDB();                         //类的实例化
    $connobj3=new ConnDB();                         //类的实例化
```

一个类可以实例化多个对象，每个对象都是独立的。如果上面的 ConnDB 类实例化了三个对象，就相当于在内存中开辟了三个空间存储对象。同一个类声明的多个对象之间没有任何联系，只能说明它们是同一个类型。就像是三个人，都有自己的姓名、身高、体重，都可以进行吃饭、睡觉、学习等活动。

9.3.2 访问类中成员

在类中包括成员属性和成员方法，访问类中的成员包括成员属性和方法的访问。访问方法与访问数组中的元素类似，需要通过对象的引用来访问类中的每个成员。其中还要应用到一个特殊的运算符号“->”。访问类中成员的语法格式如下：

```
$变量名=new 类名称([参数]);          //类的实例化
$变量名->成员属性=值;                //为成员属性赋值
$变量名->成员属性;                   //直接获取成员属性值
$变量名->成员方法;                   //访问对象中指定的方法
```

这是访问类中成员的基本格式，下面看它们在具体的实例中是如何运用的。

【例 9-1】 创建 ConnDB 类，对类进行实例化，并访问类中的成员属性和成员方法。

```
<?php
    class mysql{                              //定义数据库连接类
        var $localhost;                       //定义成员变量
        var $name;
        var $pwd;
        var $db;
        var $conn;
        public function mysql($localhost,$name,$pwd,$db){ //定义构造方法
            $this->localhost=$localhost;                  //为成员变量赋值
            $this->name=$name;
            $this->pwd=$pwd;
            $this->db=$db;
            $this->connect();
            }
        public function connect(){                        //定义数据库连接方法
$this->conn=mysqli_connect($this->localhost,$this->name,$this->pwd)or die("CONNECT MYSQL
FALSE");                                                  //执行连接操作
mysqli_select_db($this->db,$this->conn)or die("CONNECT DB FALSE");
```

```
//选择数据库
        mysqli_query("SET NAMES utf8");                            //设置数据库编码格式
            }
            public function GetId(){                        //定义方法，返回数据库连接信息
                echo "MySQL 服务器的用户名：".$this->name."<br>";
                echo "MySQL 服务器的密码：".$this->pwd;
            }
        }
        $msl=new mysql("127.0.0.1","root","123","studentinfo");
//实例化数据库连接类
        $msl->GetId();                                      //调用类中方法
?>
```

运行结果为：

MySQL 服务器的用户名：root

MySQL 服务器的密码： 123

9.3.3 特殊的访问方法——“$this”和“::”

1．$this

在例 9-1 中，使用了一个特殊的对象引用方法“$this”。那么它到底表示什么意义呢？在这里将进行详细的讲解。

$this 存在于类的每个成员方法中，它是一个特殊的对象引用方法。成员方法属于哪个对象，$this 引用就代表哪个对象，其作用就是专门完成对象内部成员之间的访问。

正如在例 9-1 中定义的那样，将传递的参数值直接赋给成员变量，而在 GetConnId()方法中，直接通过$this->user 和$this->pwd 获取数据库的用户名和密码。

2．操作符“::”

相比$this 引用只能在类的内部使用，操作符“::”才是真正的强大。操作符“::”可以在没有声明任何实例的情况下访问类中的成员。在子类的重载方法中调用父类中被覆盖的方法。操作符“::”的语法格式如下：

```
关键字::变量名/常量名/方法名
```

这里的关键字分为 3 种情况：

1）parent 关键字：可以调用父类中的成员变量、成员方法和常量。

2）self 关键字：可以调用当前类中的静态成员和常量。

3）类名：可以调用本类中的变量、常量和方法。

【例 9-2】 依次使用类名、parent 关键字和 self 关键字来调用变量和方法。

```
<?php
/*
当实例化对象后不需要使用对象句柄调用对应的方法时可以只将类实例化不返回对象句柄。
```

```
*/
	class Car{
		const NAME="别克系列";
		public function __construct(){				//定义构造方法
			echo "父类：".Car::NAME."\n";			//类名引用
		}
	}
	class SmallCar extends Car{					//继承
		const NAME="别克君威";
		public function __construct(){				//定义构造方法
			parent::__construct()."\t";			//应用父类构造方法
			echo "子类：".self::NAME;
		}
	}
	new SmallCar();							//实例化对象
?>
```

运行结果为：父类：别克系列 子类：别克君威。

9.3.4 构造方法和析构方法

1．构造方法

构造方法是对象创建完成后第一个被对象自动调用的方法。它存在于每个声明的类中，是一个特殊的成员方法，如果在类中没有直接声明构造方法，那么类中会默认生成一个没有任何参数且内容为空的构造方法。

构造方法多数是执行一些初始化的任务。例如，例 9-1 中通过构造方法为成员变量赋初始值。

在 PHP 中，构造方法的声明有两种情况：第一种在 PHP 5 以前的版本中，构造方法的名称必须与类名相同；第二种在 PHP 5 的版本中，构造方法的方法名称必须是以两个下划线开始的“__construct()”（中间没有空格）。虽然在 PHP 5 中构造方法的声明方法发生了变化，但是以前的方法还是可用的。

PHP 5 中的这个变化是考虑到构造函数可以独立于类名，当类名发生变化时不需要修改相应的构造函数的名称。

【例 9-3】 通过__construct()声明构造方法的语法格式如下：

```
function __construct([mixed args [,…]]){
		//方法体
}
```

在 PHP 中，一个类只能声明一个构造方法。在构造方法中可以使用默认参数，实现其他面向对象的编程语言中构造方法重载的功能。如果在构造方法中没有传入参数，那么将使用默认参数为成员变量进行初始化。

【例 9-4】 通过使用与类名相同的方法声明构造方法，通过__construct()声明一个与类名不同的构造方法。

```
<?php
/*
构造函数：当类被实例化后构造函数自动执行。所以如果用户希望在实例化的同时调用某个方法
可以把此方法通过 this 关键字调用。
*/
    class mysql{                                          //定义类名称
        var $localhost;                                   //定义变量
        var $name;
        var $pwd;
        var $db;
        var $conn;
        public function __construct($localhost,$name,$pwd,$db){//构造函数
            $this->localhost=$localhost;
            $this->name=$name;
            $this->pwd=$pwd;
            $this->db=$db;
            $this->connect();
}
//省略了部分代码
}
    $msl=new mysql("127.0.0.1","root","123","studentinfo");  //实例化对象
    $msl->GetId();                                          //对象句柄调用指定的方法
?>
```

其运行的结果与例 9-1 是相同的。

2．析构方法

析构方法的作用和构造方法正好相反，是对象被销毁之前最后一个被对象自动调用的方法。它是 PHP 5 中新添加的内容，实现在销毁一个对象之前执行一些特定的操作，诸如关闭文件、释放内存等。

析构方法的声明格式与构造方法类似，都是以两个下划线开头的“__destruct”，析构函数没有任何参数。其语法格式如下：

```
function __destruct(){
    //方法体，通常是完成一些在对象销毁前的清理任务
}
```

在 PHP 中，有一种“垃圾回收”机制，可以自动清除不再使用的对象，释放内存。而析构方法就是在这个垃圾回收程序执行之前被调用的方法，在 PHP 中它属于类中的可选内容。

9.4 面向对象的封装特性

面向对象编程的特点之一是封装性，将类中的成员属性和方法结合成一个独立的相同单位，并尽可能隐藏对象的内容细节，其目的就是确保类以外的部分不能随意存取类的内部数

据（成员属性和成员方法），从而有效避免外部错误对类内数据的影响。

类的封装是通过关键字 public、private、protected、static 和 final 来实现的。下面对其中的 public、private 和 protected 关键字进行详细讲解。

9.4.1 Public（公共成员）

Public 关键字顾名思义，就是可以公开的、没有必要隐藏的数据信息。可以在程序的任何地点（类内、类外）被其他的类和对象调用。子类可以继承和使用父类中所有的公共成员。

在本堂课的前半部分，所有的变量都被声明为 public，而所有的方法在默认的状态下也是 public。所以对变量和方法的调用显得十分混乱。为了解决这个问题，就需要使用第二个关键字：private。

9.4.2 Private（私有成员）

被 private 关键字修饰的变量和方法，只能在所属类的内部被调用和修改，不可以在类外被访问，即使是子类中也不可以。

【例 9-5】 使用 Private 关键字调用成员方法的应用示例。

```
<?php
    class Car{
        private static $carName="奔驰系列";
        public function setName($carName){      //利用 set 方法为设置变量值
            $this->carName=$carName;
        }
        public function getName(){              //利用 get 方法返回变量值
            return $this->carName;
        }
    }
    class SmallCar extends Car{                 //继承
    }
    $car=new SmallCar();                        //实例化子类对象
    $car->setName("C200");                      //为子类变量赋值
    echo "正确操作私有变量<br>";
    echo $car->getName();                       //输出子类变量的值
    echo "<br>错误操作私有变量";
    echo Car::$carName;//要用：：需加 static 修饰,且此种使用方法适用于 php 5.3 以上
?>
```

运行结果如下：

```
正确操作私有变量
C200
错误操作私有变量
Fatal error: Cannot access private property Car::$carName in C:\xampp\htdocs\chap9\index.php on line 32
```

注：通过调用成员方法对私有变量$name 进行修改与访问；如果直接调用私有变量，将会发生错误。

对于成员方法，如果没有写关键字，那么默认就是 public。从本节开始，以后所有的方法及变量都会带上关键字，这是作为一名程序员的一种良好的编程习惯。

9.4.3 Protected（保护成员）

private 关键字可以将数据完全隐藏起来，除了在本类外，其他地方都不可以调用，子类也不可以。但对于有些变量希望子类能够调用，但对另外的类来说，还要做到封装。这时，就可以使用 protected 关键字。被 protected 修饰的类成员，可以在本类和子类中被调用，其他地方则不可以被调用。

【例 9-6】 Protected 的保护应用示例。

首先声明一个 protected 变量，然后使用子类中的方法调用，最后在类外直接调用一次，代码如下。

```
<?php
    class Car{                                          //定义轿车类
        protected $carName="奔驰系列";                    //定义保护变量
    }
    class SmallCar extends Car{                         //小轿车类定义轿车类
        public function say(){                          //定义 say 方法
            echo "调用父类中的属性：".$carName=$this->carName;
//输出父类变量
        }
    }
    $car=new SmallCar();                                //实例化对象
    $car->say();                                        //调用 say 方法
    $car->$carName='奔驰 C200';
?>
```

运行结果如下:

```
调用父类中的属性：奔驰系列
Notice: Undefined variable: carName in C:\xampp\htdocs\chap9\index.php on line 26
Fatal error: Cannot access empty property in C:\xampp\htdocs\chap9\index.php on line 26
```

注：虽然 PHP 中没有对修饰变量的关键字做强制性的规定和要求，但从面向对象的特征和设计方面考虑，一般使用 private 关键字或 protected 关键字来修饰变量，以防止变量在类外被直接修改和调用。

9.5 面向对象的继承特性

面向对象编程的特点之二是继承性，使一个类继承并拥有另一个已存在类的成员属性和成员方法，其中被继承的类称为父类，继承的类称为子类。通过继承能够提高代码的重用性和可维护性。

9.5.1 类的继承——extends 关键字

类的继承是类与类之间的一种关系的体现。子类不仅有自己的属性和方法，而且还拥有父类的所有属性和方法，正所谓子承父业。

在 PHP 中，类的继承通过关键字 extends 实现，其语法格式如下：

```
class 子类名称 extends 父类名称{
    //子类成员变量列表
    function 成员方法(){                    //子类成员方法
        //方法体
    }
    //省略其他方法
}
```

在 9.1.3 节中介绍面向对象的特点时，通过一个水果父类和一个苹果子类来形象地比喻面向对象继承性的特点。下面就创建这个子类和父类，体会一下它们之间的继承关系。

【例 9-7】 创建一个水果父类，在另一个苹果类中通过 extends 关键字来继承水果类中的成员属性和方法，最后对子类进行实例化操作。

```
<?php
    class Fruit{
        var $apple="苹果";                    //定义变量
        var $banana="香蕉";
        var $orange="橘子";
    }
    class FruitType extends Fruit{            //类之间继承
        var $grape="葡萄";                    //定义子类变量
    }
    $fruit=new FruitType();                   //实例化对象
    echo "水果包含：".$fruit->apple."、".$fruit->banana."、".$fruit->orange."、".$fruit->grape;
?>
```

运行结果为: 水果包含：苹果、香蕉、橘子、葡萄

9.5.2 类的继承——parent::关键字

通过 parent::关键字也可以在子类中调用父类中的成员方法，其语法格式如下：

```
parent:: 父类的成员方法(参数);
```

【例 9-8】 通过 parent::关键字重新设计例 9-7 中的继承方法。在子类的 AppleFruit_Type()方法中，直接通过 parent::关键字调用父类中的 Fruit_Type()方法。

```
<?php
```

```
        class Fruit{                           //定义水果类
            var $apple="苹果";                 //定义变量
            var $banana="香蕉";
            var $orange="橘子";
            public function say(){             //定义 say 方法
                echo "、".$this->apple."、"; //利用 this 关键字输出本类中的变量
                echo $this->banana."、";
                echo $this->orange;
            }
        }
        class FruitType extends Fruit{         //类之间继承
            var $grape="葡萄";                 //定义子类变量
            public function show(){            //定义 show 方法
                parent::say();                 //利用关键字 parent 调用父类中的 say 方法
            }
        }
        $fruit=new FruitType();                //实例化对象
        echo $fruit->grape;                    //调用子类变量
        $fruit->show();                        //调用子类 show 方法
    ?>
```

输出结果为：葡萄、苹果、香蕉、橘子

9.5.3 覆盖父类方法

所谓覆盖父类方法，也就是使用子类中的方法将从父类中继承的方法进行替换，也叫方法的重写。覆盖父类方法的关键就是在子类中创建与父类中相同的方法，包括方法名称、参数和返回值类型。

【例 9-9】 在子类中创建一个与父类方法同名的方法，实现方法的重写。

```
    <?php
        class Car{                                      //定义轿车类
            protected $wheel;                           //定义保护变量
            protected $steer;
            protected $speed;
            public function say_type(){                 //定义轿车类型方法
                $this->wheel="45.9 cm";                 //定义车轮直径长度
                $this->steer="15.7 cm";                 //定义方向盘直接长度
                $this->speed="120 m/s";                 //定义车速
            }
        }
    class SmallCar extends Car{                         //定义小型轿车类继承轿车类
            public function say_type_C200(){            //定义 C200 轿车类型
                $this->wheel="50.9 cm";                 //定义车轮直径长度
                $this->steer="20 cm";                   //定义方向盘直径长度
                $this->speed="160 m/s";                 //定义车速
            }
```

```
            public function say_show(){                    //定义输出方法
                $this->say_type_C200();                    //调用本类中方法
                echo "C200 轿车轮胎尺寸：".$this->wheel."<br>";  //输出本类中定义的车轮直径长度
                echo "C200 轿车方向盘尺寸：".$this->steer."<br>";  //输出本类中定义方向盘直径长度
                echo "C200 轿车最高时速：".$this->speed;          //输出本类中定义的最高时速
            }
        }
        $car=new SmallCar();                                //实例化小轿车类
        $car->say_show();                                   //调用 say_show()方法
    ?>
```

运行结果如下：

```
C200 轿车轮胎尺寸：50.9 cm
C200 轿车方向盘尺寸：20 cm
C200 轿车最高时速：160 m/s
```

注：当父类和子类中都定义了构造方法时，当子类的对象被创建后，将调用子类的构造方法，而不会调用父类的构造方法。

9.6 抽象类和接口

抽象类（Abstract）和接口（Interface）都是不能被实例化的特殊类，它们都是配合面向对象的多态性一起使用。下面讲解它们的声明和使用方法。

9.6.1 抽象类

抽象类是一种不能被实例化的类，只能作为其他类的父类来使用。抽象类使用 abstract 关键字来声明，其语法格式如下：

```
abstract class 抽象类名称{
    //抽象类的成员变量列表
    abstract function 成员方法 1( 参数 );          //定义抽象方法
    abstract function 成员方法 2( 参数 );          //定义成员方法
}
```

抽象类和普通类相似，包含成员变量、成员方法。两者的区别在于，抽象类至少要包含一个抽象方法。抽象方法没有方法体，其功能的实现只能在子类中完成。抽象方法也是使用 abstract 关键字来修饰。

注：在抽象方法后面要有分号“;”。

抽象类和抽象方法主要应用于复杂的层次关系中，这种层次关系要求每一个子类都包含并重写某些特定的方法。

【例 9-10】 中国的美食是多种多样的，有吉菜、鲁菜、川菜、粤菜等。每种菜系使用的都是煎、炒、烹、炸等手法，只是在具体的步骤上，各有各的不同。如果把中国美食当作一个大类 Cate，下面的各大菜系就是 Cate 的子类，而煎、炒、烹、炸则是每个类中都有的方法。每个方法在子类中的实现都是不同的，在父类中无法规定。为了统一规范，不同子类的方法要有一个相同的方法名：decoct（煎）、stir_fry（炒）、cook（烹）、fry（炸）。

根据中国的美食，创建一个抽象类 Cate，在抽象类中定义 4 个抽象方法：decocts（煎）、stir_frys（炒）、cooks（烹）、frys（炸）。创建吉、鲁、川、粤 4 个菜系子类，继承 Cate 类，并在子类中定义抽象方法：decocts（煎）、stir_frys（炒）、cooks（烹）、frys（炸）。最后，实例化吉菜子类。

```
<?php
    abstract class cate{                                //定义抽象类
        abstract function decocts($a,$b);               //定义抽象方法煎
        abstract function stir_frys($a,$b);             //定义抽象方法炒
        abstract function cooks($a,$b);                 //定义抽象方法烹
        abstract function frys($a,$b);                  //定义抽象方法炸
    }
    class JL_Cate extends cate{                         //定义吉菜
        public function decocts($a,$b){                 //定义煎方法
            echo "您点的菜是：".$a."<br>";              //输出菜名
            echo "价格是：".$b."<br>";                  //输出价格
            }
        public function stir_frys($a,$b){               //定义炒方法
            echo "您点的菜是：".$a."<br>";              //输出菜名
            echo "价格是：".$b."<br>";                  //输出价格
            }
        public function cooks($a,$b){                   //定义烹方法
            echo "您点的菜是：".$a."<br>";              //输出菜名
            echo "价格是：".$b."<br>";                  //输出价格
            }
        public function frys($a,$b){                    //定义炸方法
            echo "您点的菜是：".$a."<br>";              //输出菜名
            echo "价格是：".$b."<br>";                  //输出价格
            }
    }

//省略了部分代码
    $jl=new JL_Cate();                                  //实例化吉菜系
    $jl->decocts("小鸡炖粉条","39 元");                 //调用煎方法
 ?>
```

运行结果如下:

```
您点的菜是：小鸡炖粉条
价格是：39 元
```

9.6.2 接口

继承特性简化了对象、类的创建，增加了代码的可重性。但 PHP 只支持单继承，如果

想实现多重继承，就要使用接口。PHP 可以实现多个接口。

1．接口的声明

接口类通过 interface 关键字来声明，接口中声明的方法必须是抽象方法，接口中不能声明变量，只能使用 const 关键字声明为常量的成员属性，并且接口中所有成员都必须具备 public 的访问权限。接口声明的语法格式如下：

```
interface  接口名称{                          //使用 interface 关键字声明接口
    //常量成员                                //接口中成员只能是常量
    //抽象方法;                               //成员方法必须是抽象方法
}
```

接口和抽象类相同都不能进行实例化的操作，也需要通过子类来实现。但是接口可以直接使用接口名称在接口外去获取常量成员的值。

声明一个 One 接口。

```
interface One{                                    //声明接口
    const CONSTANT='CONSTANT value';              //声明常量成员属性
    function FunOne();                            //声明抽象方法
}
```

接口之间也可以实现继承，同样需要使用 extends 关键字。

下面声明一个 Two 接口，通过 extends 关键字继承 One。

```
interface Two extends One{                   //声明接口,并实现接口之间的继承
    function FunTwo();                       //声明抽象方法
}
```

2．接口的应用

因为接口不能进行实例化的操作，所以要使用接口中的成员，那么就必须借助子类。在子类中继承接口使用 implements 关键字。如果要实现多个接口的继承，那么每个接口之间使用逗号“,”连接。

注：既然通过子类继承了接口中的方法，那么接口中的所有方法必须都在子类中实现，否则 PHP 将抛出错误信息。

【例 9-11】 声明两个接口 Person 和 Popedom。然后在子类 Member 中继承接口并声明在接口中定义的方法。最后实例化子类，调用子类中方法输出数据。

```
<?php
    interface Person{                      //定义 Person 接口
        public function say();             //定义接口方法
    }
    interface Popedom{                           //定义 Popedom 接口
        public function money();                 //定义接口方法
    }
    class Member implements Person,Popedom{
//类 Member 实现接口 Person 和 Propedom 接口
```

```
        public function say(){                  //定义 say 方法
            echo "我只是一名普通员工，";    //输出信息
        }
        public function money(){                  //定义方法 money
            echo "我一个月的薪水是 10000 元";//输出信息
        }
    }
    $man=new Member ();                         //实例化对象
    $man->say();                                //调用 say 方法
    $man->money();                              //调用 money 方法
?>
```

运行结果如下：

```
我只是一名普通员工，我一个月的薪水是 10000 元
```

9.7 面向对象的多态性

面向对象编程的特点之三是多态性，是指一段程序能够处理多种类型对象的能力。例如，在介绍面向对象特点时举的火车和汽车的例子，虽然火车和汽车都可以移动，但是它们的行为是不同的，火车要在铁轨上行驶，而汽车则在公路上行驶。在 PHP 中，多态有两种实现方法：通过继承实现多态和通过接口实现多态。

9.7.1 通过继承实现多态

下面通过实例介绍如何通过继承实现多态。

【例 9-12】 继承实现多志的方法应用示例。

首先创建一个抽象类 type，用于表示各种交通方法，然后让子类继承这个 type 类。

```
<?php
    abstract class Type{                        //定义抽象类 Type
        abstract function go_Type();            //定义抽象方法 go_Type()
    }
    class Type_car extends Type{                //小轿车类继承 Type 抽象类
        public function go_Type(){              //重写抽象方法
            echo "我坐小轿车去拉萨";  //输出信息
            }
      }
    class Type_bus extends Type{                //定义巴士车继承 Type 类
public function go_Type(){                      //重写抽象方法
            echo "我坐公共汽车去拉萨";
            }
            }
        function change($obj){                  //自定义方法根据传入对象不同调用不同类中方法
        if($obj instanceof Type){
```

```
                $obj->go_Type();
            }else{
                echo "传入的参数不是一个对象";        //输出信息

                }
                }
            echo "实例化 Type_car：";
        change(new Type_car());                              //实例化 Type_car 类
        echo "<br>";
        echo "实例化 Type_bus：";
        change(new Type_bus);                                //实例化 Type_bus 类
?>
```

运行结果为:

```
实例化 Type_car：我坐小轿车去拉萨
实例化 Type_bus：我坐公共汽车去拉萨
```

在上述实例中对于抽象类 Type 而言，Type_bus 类和 Type_car 类就是其多态性的体现。

9.7.2 通过接口实现多态

下面通过实例讲解如何通过接口实现多态。

【例 9-13】 通过接口实现多态的应用示例。

在本例中，首先定义接口 Type，并定义一个空方法 go_type()。然后定义 Type_car 和 Type_Bus 子类继承接口 Type。最后通过 instanceof 关键字检查对象是否属于接口 Type。

```
<?php
        interface Type{                                      //定义 Type 接口
                public function go_Type();                   //定义接口方法
        }
class Type_car implements Type{                              //Type_car 类实现 Type 接口
                public function go_Type(){                   //定义 go_Type 方法
                        echo "我开着小轿车去拉萨";             //输出信息
                }
        }
class Type_bus implements Type{                              //Type_bus 实现 Type 方法
                public function go_Type(){                   //定义 go_Type 方法
                        echo "我做巴士去拉萨";                 //输出信息
                        }
        }
function change($obj){                                       //自定义方法

if($obj instanceof Type){
                        $obj->go_Type();
                }else{
                        echo "传入的参数不是一个对象";                //输出信息
```

```
            }
        }
        echo "实例化 Type_car：";
        change(new Type_car);                                    //实例化对象
        echo "<br>";
        echo "实例化 Type_bus：";
        change(new Type_bus);
?>
```

其运行结果与例 9.7.1 节例子是相同的。

9.8 面向对象中的 final、static、clone 关键字

9.8.1 final 关键字

final，中文含义是最终的、最后的。被 final 关键字修饰过的类和方法就是“最终的版本”。如果有一个类的格式为：

```
final class class_name{
//…
}
```

说明该类不可以再被继承，也不能再有子类。

如果有一个方法的格式为：

```
final function method_name()
```

说明该方法在子类中不可以进行重写，也不可以被覆盖。

这就是 final 关键字的作用。

9.8.2 static 关键字——声明静态类成员

在 PHP 中，通过 static 关键字修饰的成员属性和成员方法被称为静态属性和静态方法。静态属性和静态方法不需要在被类实例化的情况下就可以直接使用。

1．静态属性

静态属性就是使用关键字 static 修饰的成员属性，它属于类本身而不属于类的任何实例。它相当于存储在类中的全局变量，可以在任何位置通过类来访问。静态属性访问的语法如下：

```
类名称::$静态属性名称
```

其中的符号“::”被称为范围解析操作符，用于访问静态成员、静态方法和常量，还可以用于覆盖类中的成员和方法。

如果要在类内部的成员方法中访问静态属性，那么在静态属性的名称前加上操作符“self::”即可。

2．静态方法

静态方法就是通过关键字 static 修改的成员方法。由于它不受任何对象的限制，所以可以不通过类的实例化直接引用类中的静态方法。静态方法引用的语法如下：

```
类名称::静态方法名称([参数 1,参数 2,……])
```

同样如果要在类内部的成员方法中引用静态方法，那么也是在静态方法的名称前加上操作符“self::”。

注：在静态方法中，只能调用静态变量，而不能调用普通变量，而普通方法则可以调用静态变量。

使用静态成员，除了可以不需要实例化对象，另一个作用就是在对象被销毁后，仍然保存被修改的静态数据，以便下次继续使用。

【例 9-14】 声明一个静态变量$num，声明一个方法，在方法的内部调用静态变量并给变量值加 1。然后实例化类中的对象。最后，调用类中的方法。

```
<?php
    class Web{
        static $num="0";                                   //定义静态变量
        public function change(){                          //定义 change 方法
            echo "您是本站第".self::$num."位访客。\t";      //输出静态变量信息
            self::$num++;                                  //静态变量做自增运算
        }
    }
    $web=new Web();                                        //实例化对象
    echo "第一次实例化调用：<br>";
    $web->change();                                        //对象调用
    $web->change();
    $web->change();
    echo "<br>第二次实例化调用<br>";
    $web_wap=new Web();                                    //改变对象句柄实例化对象
    $web_wap->change();
    $web_wap->change();
?>
```

运行结果如下:

```
第一次实例化调用：
您是本站第 0 位访客。您是本站第 1 位访客。    您是本站第 2 位访客。
第二次实例化调用：
您是本站第 3 位访客。您是本站第 4 位访客。
```

如果将程序代码中的静态变量改为普通变量，如“private $num = 0;”，那么结果就不一样了。

注：静态成员不用实例化对象，当类第一次被加载时就已经分配了内存空间，所以直接调用静态成员的速度要快一些。但如果静态成员声明得过多，空间一直被占用，反而会影响

系统的功能。这个尺度只能通过实践积累才能真正地把握。

9.8.3 clone（克隆对象）关键字

1．克隆对象

对象的克隆可以通过关键字 clone 来实现。使用 clone 关键字克隆的对象与原对象没有任何关系，它是将原对象从当前位置重新复制了一份，也就是相当于在内存中新开辟了一块空间。clone 关键字克隆对象的语法格式如下：

```
$克隆对象名称=clone $原对象名称;
```

对象克隆成功后，它们中的成员方法、属性以及值是完全相同的。如果要为克隆后的副本对象在克隆时重新为成员属性赋初始值，那么就要使用到下面将要介绍的魔术方法“__clone()”。

2．克隆副本对象的初始化

魔术方法“__clone()”可以为克隆后的副本对象重新初始化。它不需要任何参数，其中自动包含$this 和$that 两个对象的引用，$this 是副本对象的引用，$that 则是原本对象的引用。

【例 9-15】 __clone()方法的使用。

在对象$book1 中创建__clone()方法，将变量$object_type 的默认值从 book 修改为 computer。使用对象$book1 克隆出对象$book2，输出$book1 和$book2 的$object_type 值。

```
<?php
class Book{                                   //类 Book
    private $object_type = 'book';            //声明私有变量$object_type，并赋初值为 book
    public function setType($type){           //声明成员方法 setType，为变量$object_type 赋值
        $this -> object_type = $type;
    }
    public function getType(){                //声明成员方法 getType，返回变量$object_type 的值
        return $this -> object_type;
    }
    public function __clone(){                //声明__clone()方法
        $this ->object_type = 'computer';     //将变量$object_type 的值修改为 computer
    }
}
$book1 = new Book();                          //实例化对象$book1
$book2 = clone $book1;                        //使用普通数据类型的方法给对象$book2 赋值
echo '对象$book1 的变量值为：'.$book1 -> getType();          //输出对象$book1 的值
echo '<br>';
echo '对象$book2 的变量值为：'.$book2 -> getType();
?>
```

运行结果如下:

```
对象$book1 的变量值为：book
对象$book2 的变量值为：computer
对象$book2 克隆了对象$book1 的全部行为及属性，而且还拥有属于自己的成员变量值
```

9.9 面向对象的魔术方法

PHP 中有很多以两个下划线“__”开头的方法，如前面已经介绍过的__construct、__destruct()和__clone()，这些方法被称为魔术方法。

9.9.1 __set()方法和__get()方法

__set()和__get()方法对私有成员进行赋值或者获取值的操作。

__set()方法：在程序运行过程中为私有的成员属性设置值，它不需要任何返回值。__set()方法包含两个参数，分别表示变量名称和变量值。两个参数不可省略。这个方法不需要主动调用，可以在方法前加上 private 关键字修饰，防止用户直接去调用。

__get()方法：在程序运行过程中，在对象的外部获取私有成员属性的值。它有一个必要参数，即私有成员属性名，它返回一个允许对象在外部使用的值。这个方法同样不需要主动调用，可以在方法前加上 private 关键字，防止用户直接调用。

9.9.2 __isset()方法和__unset()方法

__isset()和__unset()方法如果不看它们前面的“__”符号，我们一定会想到 isset()和unset()函数。

isset()函数用于检测变量是否存在，如果存在则返回 true，否则返回 false。而在面向对象中，通过 isset()函数可以对公有的成员属性进行检测，但是对于私有的成员属性，这个函数就不起作用了，而魔术方法__isset()的作用就是帮助 isset()函数检测私有成员属性。

如果在对象中存在__isset()方法，当在类的外部使用 isset()函数检测对象中的私有成员属性时，就会自动调用类中的__isset()方法完成对私有成员属性的检测操作。其语法如下：

```
bool__isset(string name)          //传入对象中的成员属性名，返回值为测定结果
```

unset()函数的作用是删除指定的变量，参数为要删除的变量名称。而在面向对象中，通过 unset()函数可以对公有的成员属性进行删除操作，但是对于私有的成员属性，那么就必须有__unset()方法的帮助才能够完成。

__unset()方法帮助 unset()函数在类的外部删除指定的私有成员属性。其语法格式如下：

```
void__unset(string name)          //传入对象中的成员属性名，执行将私有成员属性删除的操作
```

9.9.3 __call()方法

__call()方法的作用是：当程序试图调用不存在或不可见的成员方法时，PHP 会先调用__call()方法来存储方法名及其参数。__call()方法包含两个参数，即方法名和方法参数。其中，方法参数是以数组形式存在的。

【例 9-16】 声明一个类 MrSoft，包含两个方法：MingRi()和__call()。类实例化后，调用一个不存在的方法 MingR()。

```
<?php
```

```
class MrSoft{
	public function MingRi(){                                   //方法 MingRi()
		echo '调用的方法存在，直接执行此方法。<p>';
	}
	public function __call($method, $parameter) {               //__call()方法
		echo '如果方法不存在，则执行__call()方法。<br>';
		echo '方法名为：'.$method.'<br>';                        //输出第一个参数，即方法名
		echo '参数有：';
		var_dump($parameter);                                   //输出第二个参数，是一个参数数组
	}
}
$mrsoft = new MrSoft();                                         //实例化对象$mrsoft
$mrsoft -> MingRi();                                            //调用存在的方法 MingRi()
$mrsoft -> MingR('how','what','why');                           //调用不存在的方法 MingR()
?>
```

运行结果如下:

如果方法不存在，则执行__call()方法。

方法名为：MingR。

参数有：array(0) { }调用的方法存在，直接执行此方法。

9.9.4　__toString()方法

魔术方法__toString()的作用是：当使用 echo 或 print 输出对象时，将对象转化为字符串。

【例 9-17】 定义 People 类，应用__toString()方法输出 People 类的实例化对象$peo。

```
<?php
	class People{
		public function __toString(){
			return "我是 toString 的方法体";
		}
	}
	$peo=new People();
	echo $peo;
?>
```

运行结果为：

```
我是 toString 的方法体。
```

注：

1）如果没有__toString()方法，直接输出对象将会发生致命错误（fatal error）。

2）输出对象时应注意，echo()或 print()函数后面直接跟要输出的对象，中间不要加多余的字符。否则__toString 方法不会被执。

9.9.5　__autoload()方法

将一个独立、完整的类保存到一个 PHP 页中，并且文件名和类名保持一致，这是每个

开发人员都需要养成的良好习惯。这样，在下次重复使用某个类时就可以很轻松地找到它。但还有一个让开发人员头疼不已的问题是，如果要在一个页面中引进很多的类，需要使用include_once()函数或 require_once()函数一个一个地引入。

在 PHP 5 中应用__autoload()方法解决了这个问题。__autoload()方法可以自动实例化需要使用的类。当程序要用到一个类，但该类还没有被实例化时，PHP 5 将使用__autoload()方法，在指定的路径下自动查找和该类名称相同的文件。如果找到则继续执行；否则报告错误。

【例 9-18】 __autoload()方法的应用示例。

首先创建一个类文件 inc.php，该文件包含类 People。然后创建 index.php 文件，在文件中创建__autoload()方法，判断类文件是否存在，如果存在则使用 require_once()函数将文件动态引入，否则输出提示信息。

```
<?php
    class People{                                   //定义类
        public function __toString(){               //定义__toString 方法
            return"自动加载类";
        }
    }
?>
```

index.php 文件的代码如下：

```
<?php
    function __autoload($class_name){               //创建__autoload()方法
        $class_path = $class_name.'/inc.php';       //类文件路径
        if(file_exists($class_path)){               //判断类文件是否存在
            include_once($class_path);
                    //动态包含类文件
        }else
            echo '类路径错误。';
    }
    $mrsoft = new People();                         //实例化对象
    echo $mrsoft;                                   //输出类内容
?>
```

运行结果为：自动加载类。

思考与练习

1. 请写出 PHP 5 权限控制修饰符。

2. 如何声明一个名为“myclass”的没有方法和属性的类?

3. 在面向对象开发中，通常会看到在类的成员函数前面有此类限制，如 public，protected，private，请问它们三者之间有何区别？

4. PHP 中类成员属性和方法默认的权限修饰符是什么？

5. 哪种成员变量可以在同一个类的实例之间共享？

6．请写出 PHP 5 的构造函数和析构函数？

7．列举 PHP 5 中的面向对象关键字并指明它们的用途。

8．写出 PHP 5 中常用的魔术方法。

9．$this 和 self、parent 这三个关键词分别代表什么？在哪些场合下使用？

10．类中如何定义常量、如何类中调用常量、如何在类外调用常量。

11．作用域操作符::如何使用？都在哪些场合下使用？

12．_ _autoload()方法的工作原理是什么？

13．设计一个盒子属性描述的类：Box，使之具有长度、宽度和深度等属性，定义构造函数对盒子属性进行初始化，定义一个方法：ShowBox()，用于显示盒子的体积。当用提交表单的方式输入长度、宽度和深度，单击“计算”按钮后，就能够创建 Box 类的对象，调用 ShowBox()方法，显示计算信息。

14．下列不属于 OOP 的三大特性的一项是（　　）。

A．封装　　B．重载　　C．继承　　D．多态

15．下列说法不正确的是（　　）。

A．PHP 中类使用 class 关键字进行声明

B．类可以没有属性成员或方法程序

C．类中的属性成员应该在方法之前进行声明

D．可以不为类定义构造函数和析构函数

16．下列说法正确的是（　　）。

A．只有将类的实例对象赋值给变量，才能使用对象

B．如果没有定义类的构造函数，则无法创建类的对象

C．如果没有任何到对象的引用，则对象的析构函数会被调用

D．无论何种情况，在类外部都不能通过对象用“—>”访问私有属性

17．下面描述错误的是（　　）。

A．父类的构造函数与析构函数不会自动被调用

B．成员变量需要用 public protected private 修饰，在定义变量时不再需要 var 关键字

C．父类中定义的静态成员，可以在子类中直接调用

D．包含抽象方法的类必须为抽象类，抽象类不能被实例化

18．以下关于多态的说法正确的是（　　）。

A．多态在每个对象调用方法时都会发生

B．多态是由于子类里面定义了不同的函数而产生的

C．多态的产生不需要条件

D．当父类引用指向子类实例的时候，由于子类对父类的方法进行了重写，在父类引用调用相应的函数的时候表现出的不同称为多态。

19．以下面向对象的三大特性中不属于封装的做法的是（　　）。

A．将成员变为私有的　　B．将成员变为公有的

C．封装方法来操作成员　　D．使用_ _get()和_ _set()方法来操作成员

第10章　基于PDO数据库抽象层

PDO扩展类库为PHP访问数据库定义了轻量级的、一致性的接口，它提供了一个数据库访问抽象层，无论你使用什么数据库，都可以通过一致的函数执行查询和获取数据，大大简化了数据库的操作，并能够屏蔽不同数据库之间的差异，使用PDO可以很方便地进行跨数据库程序的开发，以及进行不同数据库间的移植。PDO具有编码一致性、灵活性、高性能等特性，有4种主流数据库抽象层：Metabase、PEAR:DB、PDO及ADODB。从PHP 5开始出现的PDO及ADODB（其中包括PDO、MySQLi的底层实现）已经逐渐普及。

本章将介绍PDO的概述、特点和安装以及PDO的具体应用。

10.1　什么是PDO

10.1.1　PDO概述

PDO是PHP Data Object（PHP数据对象）的简称，它是与PHP 5.1版本一起发行的，目前支持的数据库包括Firebird、FreeTDS、Interbase、MySQL、MS SQL Server、ODBC、Oracle、Postgre SQL、SQLite和Sybase。有了PDO，不必再使用mysql_*函数、oci_*函数或者mssql_*函数，也不必再为它们封装数据库操作类，只需要使用PDO接口中的方法就可以对数据库进行操作。在选择不同的数据库时，只需修改PDO的DSN（数据源名称）。

在PHP 7中将默认使用PDO连接数据库，所有非PDO扩展将会在PHP 7中被移除。该扩展提供PHP内置类PDO来对数据库进行访问，不同数据库使用相同的方法名，解决数据库连接不统一的问题。

10.1.2　PDO特点

1）PDO是一个“数据库访问抽象层”，作用是统一各种数据库的访问接口，与MySQL和MSSQL函数库相比，PDO让跨数据库的使用更具有亲和力；与ADODB和MDB2相比，PDO更高效。

2）PDO将通过一种轻型、清晰、方便的函数，统一各种不同RDBMS库的共有特性，实现PHP脚本最大程度的抽象性和兼容性。

3）PDO吸取现有数据库扩展成功和失败的经验教训，利用PHP 5的最新特性，可以轻松地与各种数据库进行交互。

4）PDO扩展是模块化的，能够在运行时为数据库后端加载驱动程序，而不必重新编译或重新安装整个PHP程序。例如，PDO_MySQL扩展会替代PDO扩展实现MySQL数据库API。还有一些用于Oracle、PostgreSQL、ODBC和Firebird的驱动程序，更多的驱动程序尚在开发。

10.1.3　安装 PDO

PDO 是与 PHP 5.1 一起发行的，默认包含在 PHP 5.1 中。由于 PDO 需要 PHP 5 核心面向对象特性的支持，因此其无法在 PHP 5.0 之前的版本中使用。

在默认情况下，PDO 在 PHP 5.2 中为开启状态，但是要启用对某个数据库驱动程序的支持，仍需要进行相应的配置操作。

在 Windows 环境下，PDO 在 php.ini 文件中进行配置，如图 10-1 所示。

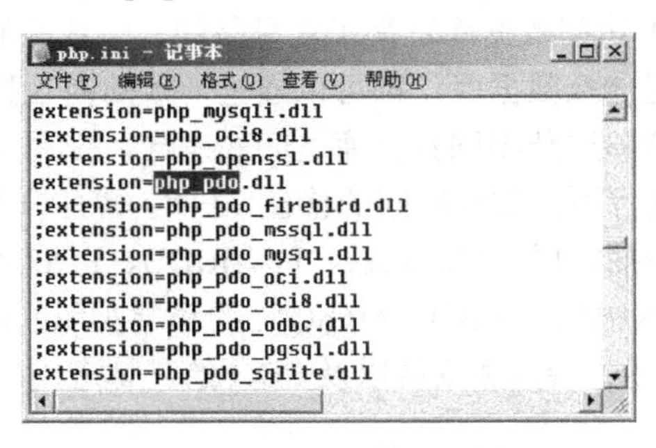

图 10-1　Window 环境下配置 PDO

要启用 PDO，首先必须加载“extension=php_pdo.dll”，如果要想其支持某个具体的数据库，那么还要加载对应的数据库选项。例如，要支持 MySQL 数据库，则需要加载“extension=php_pdo_mysql.dll”选项。

注：在完成数据库的加载后，要保存 php.ini 文件，并且重新启动 Apache 服务器。修改才能够生效。

10.2　PDO 连接数据库

PDO 连接数据库是通过创建 PDO 基类的实例而建立的。不管使用哪种驱动程序，都是用 PDO 类名。构造函数接收用于指定数据库源（所谓的 DSN）以及可能还包括用户名和密码（如果有的话）的参数。

10.2.1　PDO 构造函数

在 PDO 中，要建立与数据库的连接需要实例化 PDO 的构造函数，PDO 构造函数的语法如下：

```
__construct(string $dsn[,string $username[,string $password[,array $driver_options]]])
```

构造函数的参数说明如下：

dsn：数据源名，包括主机名端口号和数据库名称。

username：连接数据库的用户名。

password：连接数据库的密码。

driver_options：连接数据库的其他选项。

【例 10-1】 通过 PDO 连接 MySQL 数据库。

```
<?php
    $dbms='mysql';                                    //数据库类型
    $dbName='studentinfo';                            //使用的数据库名称
    $user='root';                                     //使用的数据库用户名
    $pwd='';                                          //使用的数据库密码
    $host='localhost';                                //使用的主机名称
    $dsn="$dbms:host=$host;dbname=$dbName";
    try {                                             //捕获异常
        $pdo=new PDO($dsn,$user,$pwd); //实例化对象
        echo "PDO 连接 MySQL 成功!";
    } catch (Exception $e) {
        echo $e->getMessage()."<br>";
}
?>
```

运行结果为：PDO 连接 MySQL 成功!

10.2.2 DSN 详解

DSN 是 Data Source Name（数据源名称）的首字母缩写。DSN 提供连接数据库需要的信息。PDO 的 DSN 包括 3 部分：PDO 驱动名称（例如：mysql、sqlite 或者 pgsql），冒号和驱动特定的语法。每种数据库都有其特定的驱动语法。

在使用不同的数据库时，必须明确数据库服务器是完全独立于 PHP 的实体。虽然在本书中数据库服务器和 Web 服务器是在同一台计算机上，但是实际的情况可能不是如此。数据库服务器可能与 Web 服务器不是在同一台计算机上，此时要通过 PDO 连接数据库时，就需要修改 DSN 中的主机名称。

由于数据库服务器只在特定的端口上监听连接请求。每种数据库服务器都具有一个默认的端口号（MySQL 是 3306），但是数据库管理员可以对端口号进行修改，因此有可能 PHP 找不到数据库的端口，此时就可以在 DSN 中包含端口号。

另外由于一个数据库服务器中可能拥有多个数据库，所以在通过 DSN 连接数据库时，通常都包括数据库名称，这样可以确保连接的是想要的数据库，而不是其他人的数据库。

10.3 PDO 中执行 SQL 语句

在 PDO 中，可以使用 exec()方法、query()方法和预处理语句：prepare()和 execate()来执行 SQL 语句。

10.3.1 exec()方法

exec()方法返回执行后受影响的行数，其语法如下：

```
int PDO::exec ( string statement )
```

参数 statement 是要执行的 SQL 语句。该方法返回执行查询时受影响的行数，通常用于 insert、delete 和 update 语句中。

【例 10-2】 使用 exec()方法执行删除操作，具体步骤如下。

创建 index.php 文件，设计网页页面。首先，通过 PDO 连接 MySQL 数据库。然后，定义 delete 删除语句，应用 execute 方法执行删除操作，其关键代码如下：

```
<?php
    $dbms='mysql';
    $dbName='studentinfo';
    $user='root';
    $pwd='123';
    $host='localhost';
    $dsn="$dbms:host=$host;dbname=$dbName";
    $query="delete from tb_user where id=3";//SQL 语句
            try {
                $pdo=new PDO($dsn,$user,$pwd);
                $affCount=$pdo->exec($query);
                echo "删除成功，受影响条数为".$affCount;
            } catch (Exception $e) {
                echo "ERROR!!".$e->getMessage()."<br>";
            }
?>
```

运行结果：删除成功，受影响条数为 1。

10.3.2 query()方法

query()方法通过用于返回执行查询后的结果集。其语法如下：

```
PDOStatement PDO::query ( string statement )
```

参数 statement 是要执行的 SQL 语句。它返回的是一个 PDOStatement 对象。

【例 10-3】 使用 query()方法执行查询操作，具体步骤如下。

创建 index.php 文件，设计网页页面。首先，通过 PDO 连接 MySQL 数据库。然后，通过 query()方法执行查询，最后应用 foreach()函数以表格形式输出查询内容，其关键代码如下：

```
<?php
    $dbms='mysql';
    $dbName='studentinfo';
    $user='root';
    $pwd='123';
    $host='localhost';
    $dsn="$dbms:host=$host;dbname=$dbName";
    $query="select * from tb_user "; //SQL 语句
            try {
$pdo=new PDO($dsn,$user,$pwd);
                $result=$pdo->query($query);            //输出结果集中的数据
                foreach ( $result as $row){             //输出结果集中的数据
?>
  <tr>
```

```
<td bgcolor="#FFFFFF"><div align="center"><?php echo    $row['id'];?>;</div></td>
<td bgcolor="#FFFFFF"><div align="center"><?php echo    $row['username'];?>;</div></td>
<td bgcolor="#FFFFFF"><div align="center"><?php echo    $row['userpwd'];?></div></td>
<td bgcolor="#FFFFFF"><div align="center"><?php echo    $row['qq'];?></div></td>
  </tr>
  <?php }
                    } catch (Exception $e) {
                    echo "ERROR!!".$e->getMessage()."<br>";
                }
  ?>
</table>
```

运行结果为：

ID	用户名	密码	QQ	邮箱	日期
1	lihui	123456	52486050	cau@126.com	2017-12-16
2	zhangsan	666666	987123	zhangsan@163.com	2017-12-01

10.3.3 预处理语句——prepare()和 execute()

预处理语句包括 prepare()和 execute()两个方法。首先，通过 prepare()方法做查询的准备工作，然后，通过 execute()方法执行查询。并且还可以通过 bindParam()方法来绑定参数提供给 execute()方法。其语法如下：

```
PDOStatement PDO::prepare ( string statement [, array driver_options] )
bool PDOStatement::execute ( [array input_parameters] )
```

【例 10-4】 在 PDO 中通过预处理语句 prepare()和 execute()执行 SQL 查询语句，并且应用 while 语句和 fetch()方法完成数据的循环输出。

```
<table width="515" border="0" bgcolor="#FF3366">
  <tr>
<td bgcolor="#FFFFFF"><div align="center">ID</div></td>
<td bgcolor="#FFFFFF"><div align="center">用户名</div></td>
<td bgcolor="#FFFFFF"><div align="center">密码</div></td>
<td bgcolor="#FFFFFF"><div align="center">QQ</div></td>
<td bgcolor="#FFFFFF"><div align="center">邮箱</div></td>
<td bgcolor="#FFFFFF"><div align="center">日期</div></td>
  </tr>
<?php
$dbms='mysql';      //数据库类型 ,对于开发者来说，使用不同的数据库，只要改这个，不用记住那么多的函数
$host='localhost';                  //数据库主机名
$dbName='studentinfo';              //使用的数据库
$user='root';                       //数据库连接用户名
$pass='123';                        //对应的密码
$dsn="$dbms:host=$host;dbname=$dbName";
try {
```

```
$pdo = new PDO($dsn, $user, $pass);      //初始化一个 PDO 对象，就是创建了数据库连接对象$pdo
      $query="select * from tb_user";      //定义 SQL 语句
      $result=$pdo->prepare($query);             //准备查询语句
      $result->execute();                        //执行查询语句，并返回结果集
      while($res=$result->fetch(PDO::FETCH_ASSOC)){
//循环输出查询结果集，设置结果集为关联索引
      ?>
<tr>
<td height="22" align="center" valign="middle"><?php echo $res['id'];?></td>
<td align="center" valign="middle"><?php echo $res['username'];?></td>
<td align="center" valign="middle"><?php echo $res['userpwd_name'];?></td>
<td align="center" valign="middle"><?php echo $res['QQ'];?></td>
<td bgcolor="#FFFFFF"><div align="center"><?php echo    $row['email'];?>;</div></td>
<td bgcolor="#FFFFFF"><div align="center"><?php echo    $row['date'];?>;</div></td>
  </tr>
<?php
      }
            } catch (PDOException $e) {
die ("Error!: " . $e->getMessage() . "<br/>");
}
?>
```

运行结果为：

ID	用户名	密码	QQ	邮箱	日期
1	lihui	123456	52486050	cau@126.com	2017-12-16
2	zhangsan	666666	987123	zhangsan@163.com	2017-12-01

注：预处理语句，要运行的是 SQL 的一种编译过的模板，它可以使用变量参数进行定制。预处理语句可以带来以下好处。

查询只需解析（或准备）一次，但是可以用相同或不同的参数执行多次。当查询准备好后，数据库将分析、编译和优化执行该查询的计划。对于复杂的查询，这个过程要花比较长的时间，如果您需要以不同参数多次重复相同的查询，那么该过程将大大降低应用程序的速度。通过使用预处理语句，可以避免重复分析/编译/优化周期。简言之，预处理语句使用更少的资源，因而运行得更快。

提供给预处理语句的参数不需要用引号括起来，驱动程序会处理这些。如果应用程序独占地使用预处理语句，那么可以确保没有 SQL 入侵发生。但是，如果仍然将查询的其他部分建立在不受信任的输入之上，那么就仍然存在风险。

注：PDO 中执行 SQL 语句方法的选择如下。

1）如果只是执行一次查询，那么 PDO->query 是较好的选择。虽然它无法自动转义发送给它的任何数据，但是它在遍历 SELECT 语句的结果集方面是非常方便的。然而在使用这个方法时也要相当小心，因为如果没有在结果集中获取到所有数据，那么下次调用 pdo->query 时可能会失败。

2）如果多次执行 SQL 语句，那么最理想的方法是 prepare 和 execute。这两个方法可以

对提供给它们的参数进行自动转义，进而防止 SQL 注入攻击；同时由于在多次执行 SQL 语句时，应用的是预编译语句，还可以减少资源的占用，提高运行速度。

10.4 PDO 中获取结果集

在 PDO 中获取结果集有 3 种方法 fetch( )方法，fetchAll( )方法和 fetchColum()方法。

10.4.1 fetch()方法

fetch()方法获取结果集中的下一行，其语法格式如下：

```
mixed PDOStatement::fetch ( [int fetch_style [, int cursor_orientation [, int cursor_offset]]] )
```

参数 fetch_style：控制结果集的返回方式，其可选方式如表 10-1 所示。

表 10-1　fetch_style 控制结果集的可选值

值	说　明
PDO::FETCH_ASSOC	关联数组形式
PDO::FETCH_NUM	数字索引数组形式
PDO::FETCH_BOTH	两者数组形式都有，这是默认的
PDO::FETCH_OBJ	按照对象的形式，类似于以前的 mysql_fetch_object()
PDO::FETCH_BOUND	以布尔值的形式返回结果，同时将获取的列值赋给 bindParam()方法中指定的变量
PDO::FETCH_LAZY	以关联数组、数字索引数组和对象 3 种形式返回结果

参数 cursor_orientation：PDOStatement 对象的一个滚动游标，可用于获取指定的一行。

参数 cursor_offset：游标的偏移量。

【例 10-5】 通过 fetch()方法获取结果集中下一行的数据，进而应用 while 语句完成数据库中数据的循环输出，具体步骤如下。

创建 index.php 文件，设计网页页面。首先，通过 PDO 连接 MySQL 数据库。然后，定义 select 查询语句，应用 prepare 和 execute 方法执行查询操作。接着，通过 fetch()方法返回结果集中下一行数据，同时设置结果集以关联数组形式返回。最后，通过 while 语句完成数据的循环输出。其关键代码如下：

```
<table width="515" border="0" bgcolor="#FF3366">
  <tr>
<td bgcolor="#FFFFFF"><div align="center">ID</div></td>
<td bgcolor="#FFFFFF"><div align="center">用户名</div></td>
<td bgcolor="#FFFFFF"><div align="center">密码</div></td>
<td bgcolor="#FFFFFF"><div align="center">QQ</div></td>
<td bgcolor="#FFFFFF"><div align="center">邮箱</div></td>
<td bgcolor="#FFFFFF"><div align="center">日期</div></td>
  </tr>
<?php
$dbms='mysql';          //数据库类型，对于开发者来说，使用不同的数据库，只要改这个，不用记
住那么多的函数
```

```
$host='localhost';          //数据库主机名
$dbName='studentinfo';      //使用的数据库
$user='root';               //数据库连接用户名
$pass='123';                //对应的密码
$dsn="$dbms:host=$host;dbname=$dbName";
try {
$pdo = new PDO($dsn, $user, $pass);     //初始化一个 PDO 对象，就是创建了数据库连接对象$pdo
    $query="select * from tb_user";     //定义 SQL 语句
    $result=$pdo->prepare($query);          //准备查询语句
    $result->execute();                     //执行查询语句，并返回结果集
    while($res=$result->fetch(PDO::FETCH_ASSOC)){
//循环输出查询结果集，并且设置结果集为关联索引
?>
  <tr>
<td height="22" align="center" valign="middle"><?php echo $res['id'];?></td>
<td align="center" valign="middle"><?php echo $res['username'];?></td>
<td align="center" valign="middle"><?php echo $res['QQ'];?></td>
<td align="center" valign="middle"><?php echo $res['email'];?></td>
<td align="center" valign="middle"><a href="#">删除</a></td>
  </tr>
<?php
    }
          } catch (PDOException $e) {
die ("Error!: " . $e->getMessage() . "<br/>");
}
          ?>
```

运行结果为:

ID	用户名	QQ	邮箱	操作
1	lihui	52486050	cau@126.com	删除
2	zhangsan	987123	zhangsan@163.com	删除

10.4.2 fetchAll()方法

fetchAll()方法获取结果集中的所有行。其语法如下：

```
array PDOStatement::fetchAll ( [int fetch_style [, int column_index]] )
```

参数 fetch_style：控制结果集中数据的显示方式。

参数 column_index：字段的索引。

其返回值是一个包含结果集中所有数据的二维数组。

【例 10-6】 通过 fecthAll()方法获取结果集中所有行，并且通过 for 语句读取二维数组中的数据，完成数据库中数据的循环输出，具体步骤如下。

创建 index.php 文件，设计网页页面。首先，通过 PDO 连接 MySQL 数据库。然后，定义 select 查询语句，应用 prepare 和 execute 方法执行查询操作。接着，通过 fetchAll()方法返回

结果集中所有行。最后，通过 for 语句完成结果集中所有数据的循环输出。其关键代码如下：

```
<?php
$dbms='mysql';        //数据库类型，对于开发者来说，使用不同的数据库，只要改这个，不用记住那么多的函数
$host='localhost';                                        //数据库主机名
$dbName='studentinfo';                                    //使用的数据库
$user='root';                                             //数据库连接用户名

 $pass='123';                                             //对应的密码
$dsn="$dbms:host=$host;dbname=$dbName";
try {
$pdo = new PDO($dsn, $user, $pass);      //初始化一个 PDO 对象，就是创建了数据库连接对象$pdo
    $query="select * from tb_tb_user_mysql";        //定义 SQL 语句
    $result=$pdo->prepare($query);                  //准备查询语句
    $result->execute();                             //执行查询语句，并返回结果集
    $res=$result->fetchAll(PDO::FETCH_ASSOC);//获取结果集中的所有数据
    for($i=0;$i<count($res);$i++){                  //循环读取二维数组中的数据
    ?>
        <tr>
<td height="22" align="center" valign="middle"><?php echo $res[$i]['id'];?></td>
<td align="center" valign="middle"><?php echo $res[$i]['username'];?></td>
<td align="center" valign="middle"><?php echo $res[$i]['QQ'];?></td>
<td align="center" valign="middle"><?php echo $res[$i]['email'];?></td>
<td align="center" valign="middle"><a href="#">删除</a></td>
</tr>
<?php
    }
} catch (PDOException $e) {
die ("Error!: " . $e->getMessage() . "<br/>");
} ?>
```

运行结果为:

ID	用户名	QQ	邮箱	操作
1	lihui	52486050	cau@126.com	删除
2	zhangsan	987123	zhangsan@163.com	删除

10.4.3 fetchColumn()方法

fetchColumn()方法获取结果集中下一行指定列的值。其语法如下：

```
string PDOStatement::fetchColumn ( [int column_number] )
```

可选参数 column_number 设置行中列的索引值，该值从 0 开始。如果省略该参数则将从第 1 列开始取值。

通过 fetchColumn()方法获取结果集中下一行中指定列的值，注意这里是“结果集中下一行中指定列的值”。本实例输出数据表中第一列的值，即输出数据的 ID。

【例 10-7】 创建 index.php 文件，设计网页页面。首先，通过 PDO 连接 MySQL 数据库。然后，定义 select 查询语句，应用 prepare 和 execute 方法执行查询操作。接着，通过 fetchColumn()方法输出结果集中下一行第一列的值。

```
<?php
$dbms='mysql';        //数据库类型，对于开发者来说，使用不同的数据库，只要改这个，不用记住
那么多的函数
$host='localhost';                    //数据库主机名
$dbName='studentinfo';                //使用的数据库
$user='root';                         //数据库连接用户名
$pass='123';                          //对应的密码
$dsn="$dbms:host=$host;dbname=$dbName";
try {
    $pdo = new PDO($dsn, $user, $pass);  //初始化一个 PDO 对象，就是创建了数据库连接对象$pdo
$query="select * from tb_pdo_mysql1";     //定义 SQL 语句
        $result=$pdo->prepare($query);                    //准备查询语句
        $result->execute();                               //执行查询语句，并返回结果集
    ?>
  <tr>
<td height="22" align="center" valign="middle"><?php echo $result->fetchColumn(0);?></td>
  </tr>
  <tr>
<td height="22" align="center" valign="middle"><?php echo $result->fetchColumn(0);?></td>
  </tr>
  <tr>
  </tr>
<?php
        } catch (PDOException $e) {
die ("Error!: " . $e->getMessage() . "<br/>");
}
        ?>
```

运行结果为:

```
1
2
```

10.5 PDO 中捕获 SQL 语句中的错误

在 PDO 中获取 SQL 语句中的错语有 3 种模式。

10.5.1 使用默认模式——PDO::ERRMODE_SILENT

在默认模式中设置 PDOStatement 对象的 errorCode 属性，但不进行其他任何操作。

通过 prepare 和 execute 方法向数据库中添加数据，设置 PDOStatement 对象的 errorCode 属性，手动检测代码中的错误，示例如下。

【例 10-8】 创建 index.php 文件，添加 form 表单，将表单元素提交到本页。通过 PDO 连接 MySQL 数据库，通过预处理语句 prepare()和 execute()执行 insert 添加语句，向数据表中添加数据，并且设置 PDOStatement 对象的 errorCode 属性，检测代码中的错误。

```
<?php
if($_POST['Submit']=="提交" && $_POST['pdo']!=""){
        $dbms='mysql';                    //数据库类型，对于开发者来说，使用不同的数据库，只要改这个，不用记住那么多的函数
        $host='localhost';                //数据库主机名
        $dbName='studentinfo';            //使用的数据库
        $user='root';                     //数据库连接用户名
        $pass='123';                      //对应的密码
        $dsn="$dbms:host=$host;dbname=$dbName";
$pdo = new PDO($dsn, $user, $pass);       //初始化一个 PDO 对象，就是创建了数据库连接对象$pdo
        $query="insert into userinfos(pdo_type,database_name,dates)values('".$_POST['pdo']."','".$_POST
['databases']."','".$_POST['dates']."')";
        $result=$pdo->prepare($query);
$result->execute();
        $code=$result->errorCode();
        if(empty($code)){
                echo "数据添加成功！";
        }else{
                echo '数据库错误：<br/>';
                echo 'SQL Query:'.$query;
                echo '<pre>';
                var_dump($result->errorInfo());
                echo '</pre>';
```

在本实例中，在定义 INSERT 添加语句时，使用了错误的数据表名称 userinfos（正确名称是 tb_pdo_mysql），导致输出结果为：

数据库错误：

```
SQL Query:insert into userinfos(username,userpwd,qq,email,rdate)values('adim','123456','987465',
'love@163.com')
array(3) {
  [0]=>
  string(5) "42S02"
  [1]=>
  int(1146)
  [2]=>
  string(43) "Table 'studentinfo.userinfos' doesn't exist"
}
```

10.5.2 使用警告模式——PDO::ERRMODE_WARNING

警告模式会产生一个 PHP 警告，并设置 errorCode 属性。如果设置的是警告模式，那么

除非明确地检查错误代码，否则程序将继续按照其方式运行。

设置警告模式，通过 prepare 和 execute 方法读取数据库中数据，并且通过 while 语句和 fetch()方法完成数据的循环输出，体会在设置成警告模式后执行错误的 SQL 语句。具体示例如下。

【例 10-9】 创建 index.php 文件，连接 MySQL 数据库，通过预处理语句 prepare()和 execute()执行 select 查询语句，并设置一个错误的数据表名称，同时通过 setAttribute()方法设置为警告模式，最后通过 while 语句和 fetch()方法完成数据的循环输出。

```
<?php
$dbms='mysql';     //数据库类型，对于开发者来说，使用不同的数据库，只要改这个，不用记住那么多的函数
$host='localhost';                          //数据库主机名
$dbName='studentinfo';                      //使用的数据库
$user='root';                               //数据库连接用户名
$pass='123';                                //对应的密码
$dsn="$dbms:host=$host;dbname=$dbName";
try {
$pdo = new PDO($dsn, $user, $pass);         //初始化一个 PDO 对象，就是创建了数据库连接对象$pdo
    $pdo->setAttribute(PDO::ATTR_ERRMODE,PDO::ERRMODE_WARNING);
//设置为警告模式
    $query="select * from tb_tb_user";   //定义 SQL 语句
    $result=$pdo->prepare($query);          //准备查询语句
    $result->execute();                     //执行查询语句，并返回结果集
    while($res=$result->fetch(PDO::FETCH_ASSOC)){
//while 循环输出查询结果集，并且设置结果集为关联索引
    ?>
  <tr>
<td height="22" align="center" valign="middle"><?php echo $res['id'];?></td>
<td align="center" valign="middle"><?php echo $res['username'];?></td>
<td align="center" valign="middle"><?php echo $res['QQ'];?></td>
<td align="center" valign="middle"><?php echo $res['email'];?></td>
  </tr>
<?php
    }
        } catch (PDOException $e) {
die ("Error!: " . $e->getMessage() . "<br/>");
}
        ?>
```

在设置为警告模式后，如果 SQL 语句出现错误将给出一个提示信息，但是程序仍能够继续执行下去，其运行结果如下:

ID	用户名	QQ	邮箱
1	lihui	52486050	cau@126.com
2	zhangsan	987123	zhangsan@163.com

10.5.3　使用异常模式——PDO::ERRMODE_ EXCEPTION

异常模式会创建一个 PDOException，并设置 errorCode 属性。它可以将执行代码封装到一个 try{…}catch{…}语句块中。未捕获的异常将会导致脚本中断，并显示堆栈跟踪了解是哪里出现的问题。

【例 10-10】 在执行数据库中数据的删除操作时，设置为异常模式，并且编写一个错误的 SQL 语句（操作错误的数据表 tb_pdo_mysqls），体会异常模式与警告模式和默认模式的区别。具体步骤如下。

1）创建 index.php 文件，连接 MySQL 数据库，通过预处理语句 prepare()和 execute()执行 SELECT 查询语句，通过 while 语句和 fetch()方法完成数据的循环输出，并且设置删除超级链接，链接到 delete.php 文件，传递的参数是数据的 ID 值。参考代码如下：

```
<table width="600" border="1">
  <tr align="center">
<td>ID</td>
<td>用户名</td>
<td>QQ</td>
<td>邮箱</td>
<td>操作</td>
  </tr>
<?php
$dbms='mysql';                //数据库类型
$host='localhost';            //数据库主机名
$dbName='studentinfo';        //使用的数据库
$user='root';                 //数据库连接用户名
$pass='';                     //对应的密码
$dsn="$dbms:host=$host;dbname=$dbName";
try {
      $pdo = new PDO($dsn, $user, $pass);  //初始化一个 PDO 对象，就是创建了数据库连接对象$pdo
      $pdo->setAttribute(PDO::ATTR_ERRMODE,PDO::ERRMODE_WARNING); //设置为警告模式
      $query="select * from userinfo";  //定义 SQL 语句
      $result=$pdo->prepare($query);    //准备查询语句
      $result->execute();               //执行查询语句，并返回结果集
      while($res=$result->fetch(PDO::FETCH_ASSOC)){//while 循环输出查询结果集，并且设置结果集的为关联索引
      ?>
  <tr>
<td><?php echo $res['id'];?></td>
<td><?php echo $res['username'];?></td>
<td><?php echo $res['qq'];?></td>
<td><?php echo $res['email'];?></td>
 <td ><a href="delete.php?id=<?php echo $row['id']; ?>">删除</a></td>
  </tr>
<?php
}
```

```
 } catch (PDOException $e) {
die ("Error!: " . $e->getMessage() . "<br/>");
}
?>
</table>
```

运行结果如下：

ID	用户名	QQ	邮箱	操作
1	lihui	52486050	cau@126.com	删除
2	zhangsan	987123	zhangsan@163.com	删除

2）创建 delete.php 文件，获取超级链接传递的数据 ID 值，连接数据库，通过 setAttribute()方法设置为异常模式，定义 DELETE 删除语句，删除一个错误数据表（userinfos）中的数据。并且通过 try{…}catch{…}语句捕获错误信息。其代码如下。

```
<?php
header ( "Content-type: text/html; charset=utf-8" );          //设置文件编码格式
if($_GET['conn_id']!=""){
    $dbms='mysql';  //数据库类型，对于开发者来说，使用不同的数据库，只要改这个，不用记
住那么多的函数
    $host='localhost';                                //数据库主机名
    $dbName='studentinfo';                            //使用的数据库
    $user='root';                                     //数据库连接用户名
    $pass='123';                                      //对应的密码
    $dsn="$dbms:host=$host;dbname=$dbName";
    try {
    $pdo = new PDO($dsn, $user, $pass);    //初始化一个 PDO 对象，就是创建了数据库连接对象$pdo
        $pdo->setAttribute(PDO::ATTR_ERRMODE,PDO::ERRMODE_EXCEPTION);
        $query="delete from userinfos where Id=:id";
        $result=$pdo->prepare($query);                //预准备语句
        $result->bindParam(':id',$_GET['conn_id']);   //绑定更新的数据
        $result->execute();

} catch (PDOException $e) {
        echo 'PDO Exception Caught.';
        echo 'Error with the database:<br/>';
        echo   'SQL Query: '.$query;
        echo '<pre>';
    echo "Error: " . $e->getMessage(). "<br/>";
        echo "Code: " . $e->getCode(). "<br/>";
        echo "File: " . $e->getFile(). "<br/>";
        echo "Line: " . $e->getLine(). "<br/>";
        echo "Trace: " . $e->getTraceAsString(). "<br/>";
        echo '</pre>';
    }
}
?>
```

在设置为异常模式后，执行错误的SQL语句（数据库的表名有错误）返回的结果如下：

```
PDO Exception Caught.Error with the database:
SQL Query: delete from userinfo1 where Id=:id
Error: SQLSTATE[42S02]: Base table or view not found: 1146 Table 'studentinfo.userinfo1' doesn't exist
Code: 42S02
File: C:\xampp\htdocs\chap10\delete.php
Line: 16
Trace: #0 C:\xampp\htdocs\chap10\delete.php(16): PDOStatement->execute()
#1 {main}
```

10.6 PDO中错误处理

在PDO中有两种处理程序错误的方法：errorCode()方法和errorEnfo()方法。

10.6.1 errorCode()方法

errorCode()方法用于获取在操作数据库句柄时所发生的错误代码，这些错误代码被称为SQLSTATE代码。其语法格式如下：

```
int PDOStatement::errorCode ( void )
```

errorCode()方法返回一个SQLSTATE，SQLSTATE是由5个数字和字母组成的代码。

在PDO中通过query()方法完成数据的查询操作，并且通过foreach语句完成数据的循环输出。在定义SQL语句时使用一个错误的数据表，并且通过errorCode()方法返回错误代码。具体实例如下。

【例10-11】 创建index.php文件。首先通过PDO连接MySQL数据库。然后通过query()方法执行查询语句。接着通过errorCode()方法获取错误代码。最后通过foreach语句完成数据的循环输出。

```
<?php
$dbms='mysql';        //数据库类型，对于开发者来说，使用不同的数据库，只要改这个，不用记住
那么多的函数
$host='localhost';                          //数据库主机名
$dbName='studentinfo';                      //使用的数据库
$user='root';                               //数据库连接用户名
$pass='123';                                //对应的密码
$dsn="$dbms:host=$host;dbname=$dbName";
try {
$pdo = new PDO($dsn, $user, $pass);         //初始化一个PDO对象，就是创建了数据库连接对象$pdo
$query="select * from userinfos";  //定义SQL语句
$result=$pdo->query($query);                //执行查询语句，并返回结果集
echo "errorCode为：".$pdo->errorCode();
foreach($result as $items){
    ?>
```

```
            <tr>
        <td height="22" align="center" valign="middle"><?php echo $items['id'];?></td>
        <td align="center" valign="middle"><?php echo $items['pdo_type'];?></td>
        <td align="center" valign="middle"><?php echo $items['database_name'];?></td>
        <td align="center" valign="middle"><?php echo $items['dates'];?></td>
            </tr>
                        <?php
                        }
            } catch (PDOException $e) {
        die ("Error!: " . $e->getMessage() . "<br/>");
        }
                        ?>
```

运行结果为：

```
Array ( [0] => 42S02 [1] => 1146 [2] => Table 'studentinfo.userinfos' doesn't exist )
Warning: Invalid argument supplied for foreach() in C:\xampp\htdocs\chap10\index.php on line 13
```

10.6.2 errorInfo()方法

errorInfo()方法用于获取操作数据库句柄时所发生的错误信息。其语法格式如下：

```
array PDOStatement::errorInfo ( void )
```

errorInfo()方法的返回值为一个数组，它包含了相关的错误信息。

【例 10-12】 在 PDO 中通过 query()方法完成数据的查询操作，并且通过 foreach 语句完成数据的循环输出。在定义 SQL 语句时使用一个错误的数据表，并且通过 errorInfo()方法返回错误信息。

创建 index.php 文件。首先通过 PDO 连接 MySQL 数据库。然后通过 query()方法执行查询语句。接着通过 errorInfo()方法获取错误信息。最后通过 foreach 语句完成数据的循环输出。

```
<?php
$dbms='mysql';   //数据库类型，对于开发者来说，使用不同的数据库，只要改这个，不用记住那么多的函数
$host='localhost';                          //数据库主机名
$dbName='studentinfo';                      //使用的数据库
$user='root';                               //数据库连接用户名
$pass='123';                                //对应的密码
$dsn="$dbms:host=$host;dbname=$dbName";
try {
$pdo = new PDO($dsn, $user, $pass);        //初始化一个 PDO 对象，就是创建了数据库连接对象$pdo
    $query= "select * from userinfos";    //定义 SQL 语句
    $result= $pdo->query($query);               //执行查询语句，并返回结果
    print_r ($pdo->errorInfo());
    foreach ($result as $items){
    ?>
```

```
    <tr>
  <td height= "22" align="center" valign="middle"><?php echo $items['id'];?></td>
  <td align= "center" valign="middle"><?php echo $items['pdo_type'];?></td>
  <td align= "center" valign="middle"><?php echo $items['database_name'];?></td>
  <td align= "center" valign="middle"><?php echo $items['dates'];?></td>
    </tr>
                <?php
                }
                } catch (PDOException $e) {
  die ( "Error!: " . $e->getMessage() . "<br/>");
  }
                ?>
```

运行结果如下：

```
Array ( [0] => 42S02 [1] => 1146 [2] => Table 'studentinfo.userinfos' doesn't exist )
Warning: Invalid argument supplied for foreach() in
C:\xampp\htdocs\chap10\index.php on line 13
```

思考与练习

1．什么是 PDO?

2．PDO 是如何安装的？

3．PDO 中获取结果集有几种方法？

4．为了使用 PDO 访问 MySQL 数据库，下列选项中不是必须执行的步骤是（　　）。

A．设置 extension_dir 指定扩展函数库路径

B．启用 extension=php_pdo.dll

C．启用 extension=php_pdo_mysql.dll

D．启用 extension=php_pdo_odbC. dll

5．下列说法不正确的是（　　）。

A．使用 PDO 对象 exec0 方法可以执行 SQL 命令添加记录

B．使用 PDO 对象 exec()方法可以执行 SQL 命令删除记录

C．使用 PDO 对象 exec0 方法可以执行 SQL 命令修改记录

D．使用 PDO 对象 exec()方法可以执行 SQL 命令查询记录，返回查询结果集

第 11 章　PHP 与 MVC 开发模式

MVC 是一种源远流长的软件设计模式，早在 20 世纪 70 年代就已经出现了基于 MVC 的开发模式。随着 Web 应用开发的广泛展开，也因为 Web 应用需求复杂度的提高，MVC 这一设计模式也渐渐被 Web 应用开发所采用。

随着 Web 应用的快速增加，MVC 模式对于 Web 应用的开发无疑是一种非常先进的设计思想，无论选择哪种语言，也无论应用多复杂，它都能为构造产品提供清晰的设计框架。MVC 模式会使得 Web 应用更加强壮，更加有弹性，也更加个性化。

本章首先介绍了什么是 MVC 模型，以及 MVC 模型中控制器、视图和数据模型的概念。然后介绍了 PHP 中的模板技术，包括什么是模板、如何在 PHP 程序中使用模板、Smarty 模板引擎的基本用法。接着，介绍几个目前比较流行的 PHP 基于 MVC 的 Web 开发框架，包括 CodeIgeniter、CakePHP、Zend Framework 以及国产优秀框架 FleaPHP。最后，以 CodeIgniter 为实例，介绍了使用 CodeIgniter 开发 PHP 网络应用程序的基本思路和用法。

11.1　什么是 MVC 模型

MVC 模型是开发大型 Web 应用时可以采用的程序架构。MVC 是 Model View Control 的缩写，简单地讲：Model 即程序的数据或数据模型，View 是程序视图界面，Control 是程序的流程控制处理部分。

MVC 是软件设计的典型结构。如今这一设计思想也开始在 Web 开发中实践并流行起来。在这种设计结构下，一个应用被分为 3 个部分：model、view 和 controller，每个部分负责不同的功能。Model 是指应用程序的数据，以及对这些数据的操作。View 是指用户界面。Controller 负责用户界面和程序数据之间的同步，也就是完成两个方向的动作，这两个动作如下所示。

1）根据用户界面（View）的操作完成对程序数据（Model）的更新。

2）将程序数据（Model）的改变及时反映到用户界面（View）上。

PHP 中的 MVC 架构可以用图 11-1 来描述。

使用 MVC 架构 Web 应用程序，可以使程序结构更加清晰，代码稳定性强。在 MVC 机制下，应用被清晰地分为 Model、View 和 Controller 3 个部分，这 3 个部分分别依次对应了业务逻辑和数据、用户界面、用户请求处理和数据同步。这种模块功能的划分有利于在代码修改过程中选择重点，而不是把具有不同功能的代码混杂在一起造成混乱。随着开发规模的扩大，这种架构将有利于提高开发效率，有利于控制开发进度。

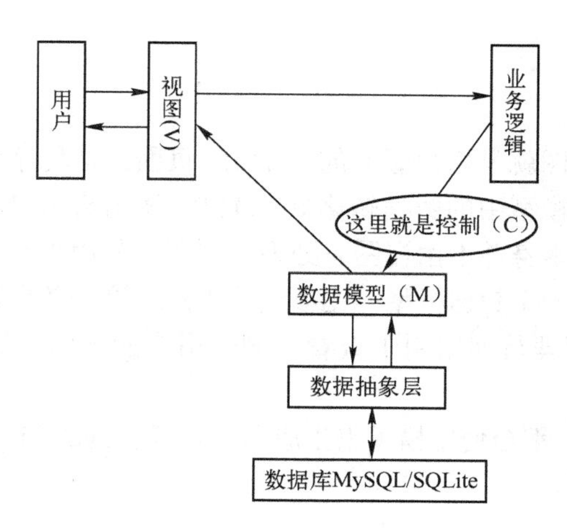

图 11-1　PHP 的 MVC 架构

11.2 MVC 模型的组成

MVC 是一个设计模式，它使 Web 应用程序的输入、处理和输出分开进行。MVC Web 应用程序被分成 3 个核心部件：模型（Model-M）、视图（View-V）、控制器（Controller-C）。一个好的 MVC 设计，不仅可以使模型、视图、控制器高效完成各自的任务处理，而且可以让它们完美地结合起来，完成整个 Web 应用。

11.2.1 控制器（Controller）

控制器负责协调整个应用程序的运转，简单来讲，控制器的作用就是接受浏览器端的请求。它接受用户的输入并调用模型和视图去完成用户的需求，当用户单击 Web 页面中的超链接或发 HTML 表单时，控制器本身不输出任何东西，它只是接收请求并决定调用哪个模型构件去处理浏览器端发出的请求，然后确定用哪个视图来显示模型处理返回的数据。

11.2.2 数据模型（Model）

通常，Web 应用的业务流程处理过程对其他层来说是不可见的，也就是说，模型接受视图请求的数据，并返回最终的处理结果。

数据模型的设计可以说是 MVC 最主要的核心。对一个开发者来说，需要专注于 Web 应用的业务模型的设计。MVC 设计模式把应用的模型按一定的规则抽取出来，抽取的层次很重要，抽象与具体不能隔得太远，也不能太近。MVC 并没有提供模型的设计方法，只是用来组织管理这些模型，以便模型的重构和提高重用性。从面向对象编程来讲，MVC 定义了一个顶级类，再告诉它的子类有哪些是可以做的，这点对开发人员非常重要。

既然是数据模型，那么它就携带着数据，但数据模型又不仅仅是数据，它还负责执行那些操作这些数据的业务规则。通常会将业务规则的实现放进模型，这样保证 Web 应用的其他部分不会产生非法数据，这意味着，模型不仅仅是数据的容器，还是数据的监控者。

11.2.3　视图（View）

从用户角度来说，视图就是用户看到的 HTML 页面。从程序角度来说，视图负责生成用户界面，通常根据数据模型中的数据转化成 HTML 输出给用户。视图可以允许用户以多种方式输入数据，但数据本身并不由视图来处理，视图只是用来显示数据。在实际应用中，可能会有多个视图访问同一个数据模型。比如说“用户”这一数据模型中，就有一个视图显示用户信息列表，还有管理员使用用于查看、删除用户的视图。这两个视图同时访问“用户”这一数据模型。

在很多 Web 开发中，都会使用模板来生成用户最终看到的 HTML 页面。关于模板的有关知识，将在 11.3 节介绍。

11.3　PHP 开发中的模板技术

在基于 MVC 模型的 Web 应用开发中，模板是不可或缺的。模板定义了一个并不完全的类 HTML 文件，它为用户视图提供了最基本内容的框架，一些重要的数据需要在程序中添加到模板中，从而形成完整的用户视图。

11.3.1　模板与模板引擎

1. 模板

模板是一组插入了 HTML 的 PHP 脚本，或者说是插入了 PHP 脚本的 HTML，通过这种插入的内容来表示变化的数据。例如下面的代码就是一个简单模板文件的例子。

```
<html>
<head>
<title>{pagetitle}</title>
</head>
<body>
{greetings}
</body>
</html>
```

当用户浏览时，由 PHP 程序文件打开该模板文件，将模板文件中定义的变量进行替换，动态生成内容，从而向用户显示一个完整的 HTML 页面。本例中的模板变量就是{greetings}和{pagetitle}，这两个变量是在 PHP 程序使用该模板时，根据具体的内容来替换。

2. 模板引擎

PHP 是一种 HTML 内嵌式的一在服务器端执行的脚本语言，所以大部分 PHP 开发出来的 Web 应用，初始的开发模板就是进行混合层的数据编程。虽然通过 MVC 设计模式可以把程序应用逻辑与网页呈现逻辑强制性分离，但也只是将应用程序的输入、处理和输出分开，网页呈现逻辑（视图）还会有 HTML 代码和 PHP 程序强耦合在一起。

PHP 脚本的编写者必须既是网页设计者，又是 PHP 开发者。但实际情况是，多数 Web 开发人员要么是精通网页设计，能够设计出漂亮的网页外观，但是编写的 PHP 代码很糟糕；要么仅熟悉 PHP 编程，能够写出“健壮”的 PHP 代码，但是设计的网页外观很难看。具备两种才能的开发人员很少见。

现在已经有很多解决方案，可以将网站的页面设计和 PHP 应用程序几乎完全分离。这些解决方案称为“模板引擎”，它们正在逐步消除由于缺乏层次分离而带来的难题。模板引擎的目的，就是要达到上述提到的逻辑分离的功能。它能让程序开发者专注于资料的控制或是功能的达成；而网页设计师则可专注于网页排版，让网页看起来更具有专业感。因此，模化引擎很适合公司的 Web 开发团队使用，使每个人都能发挥其专长。

模板引擎技术的核心比较简单。只要将美工页面（不包含任何的 PHP 代码）指定为模板文件，并将这个模板文件中有活动的内容，如数据库输出、用户交互等部分，定义成使用特殊“定界符”包含的“变量”，然后放在模板文件中相应的位置。当用户浏览时，由 PHP 脚本程序打开该模板文件，并将模板文件中定义的变量进行替换。这样，模板中的特殊变量被替换为不同的动态内容时，就会输出需要的页面。

在 Web 开发中分离应用程序的业务逻辑和表现逻辑，是我们使用模板引擎的主要目的。这是因为：

- 美工设计人员可以与应用程序开发人员独立工作，因为应用的表现和逻辑并非密不可分地纠缠在一起。此外，因为大多数模板引擎使用的表现逻辑一般比应用程序所使用编程语言的语法更简单，所以，美工设计人员不需要为完成其工作而在程序语言上花费太多精力。
- 可以使用同样的代码基于不同目标生成数据，例如生成打印的数据、生成 Web 页面或生成电子数据表等。如果不使用模板引擎，则需要针对每种输出目标复制并修改代码，这会带来非常严重的代码冗余，极大地降低了可管理性。

11.3.2 在 PHP 程序中使用模板

接下来通过一个具体实例来演示如何在 PHP 程序中使用模板文件。首先，需要定义一个模板文件，这里就使用 11.3.1 小节中的示例代码，将其按文件名 temp.html 保存。接下来编写 PHP 文件，用来处理模板。

【例 11-1】 在 PHP 程序中使用模板。

```
<?php
function print_page($temp_c,$temp_v,$str_c)
{
    return ereg_replace("\{".$temp_v."\}",$str_c,$temp_c);
}
$template_file = "temp.html";
$fs = fopen($template_file,"r");
$content = fread($fs, filesize($template_file));
fclose($fs);
$content = print_page($content,"pagetitle","模板的应用");
$page = print_page($content,"greetings","你好，这个页面由模板生成");
echo $page;
?>
```

在程序中打开一个模板文件，读出模板文件的内容。然后定义一个函数用来处理模板中的模板变量，函数 print_page()非常简单，只有一行代码，这行代码通过正则表达式替换函数将模板变量替换为程序中的实际数据。执行过程中往往会出现“Deprecated: Function ereg_replace() is deprecated”的错误信息。

注：Deprecated: Function ereg_replace() is deprecated 的解决方法:

这个问题是因为 PHP 版本过高。

在 PHP 5.3 中，正则函数 ereg_replace()已经废弃，而 dedecms()函数还继续用。有两个方案可以解决以上问题。

1）把 PHP 版本换到 v5.3 下。

2）继续使用 v5.3，修改 php.ini 文件。

;extension=php_mbstring.dll 改为：extension=php_mbstring.dll。

;mbstring.func_overload = 0 修改为：mbstring.func_overload = 7。

或者使用其他的函数：

```
define('DEDEADMIN', ereg_replace("[/\\]{1,}", '/', dirname(__FILE__) ) );
//改为
define('DEDEADMIN', preg_replace("/[\/\\\\]{1,}/", '/', dirname(__FILE__) ) );
```

因为 preg_replace()函数比 ereg_replace()函数的执行速度快，PHP 推荐使用 preg_replace()函数。

虽然这个在 PHP 程序中使用模板变量的示例程序很小，但却体现了模板在 PHP 程序中的处理思想。当然实际的模板引擎要比这个复杂得多，也更能满足实际需要。本章的下一小节将会为读者介绍一个被 PHP 官方推荐使用的模板引擎，并通过一些实例讲解模板引擎的使用。

11.3.3 Smarty 模板引擎介绍

对 PHP 来说，有很多模板引擎可供选择，比如最早的 PHPLIB template 和后起之秀 Fast template，经过数次升级，已经相当成熟稳定。Smarty 模板引擎是一款易于使用且功能强大的 PHP 模板引擎，它分开了逻辑程序和外在的内容，提供了一种 Web 页面易于管理的方法。Smarty 的显著特点之一是“模板编译”，这意味着 Smarty 读取模板文件然后用它们创建 PHP 脚本。这些脚本创建以后将被执行，而不是去解析模板文件的语法。可以通过 Smarty 的官方网站获取 Smarty 模板引擎，官方网站的网址是 http://www.smarty.net/。下面关于 Smarty 的介绍将以稳定的 2.5 版本为准。

下载 Smarty 安装包，解压后有 3 个目录，在 libs 模板文件目录下有 4 个类文件 1 个目录。首先介绍的是 Smarty.class.php，它是整个 Smarty 模板的核心类，通常，需要在 Web 应用程序目录下建立如下所示的目录结构。

appdir/smarty/libs，此目录对应压缩包下的 libs 目录，存储 smarty 需要的类文件。

appdir/smarty/templates_c，此目录存储模板文件，程序用到的模板文件都放在这里。

appdir/smarty/templates，存储模板属性文件。

appdir/smarty/configs，存储相关配置文件。

11.3.4 Smarty 模板引擎的使用

下面通过一个实例程序介绍 Smarty 模板引擎在 PHP 程序中的使用。首先定义一个简单模板文件，命名为 11-2.tpl（tpl 是 Smarty 模板文件使用的后缀名），并保存在当前目录下的 template 子目录下。该模板文件如例 11-2 所示。

【例 11-2】 定义一个简单的 Smarty 模板文件 11-2.tpl。

```
{*这里是 Smarty 模板的注释*>
<html>
<head>
<title> { $page_title }</title>
</head>
<body>
大家好，我是{$name}模板引擎，欢迎大家在 PHP 程序中使用{$name}。
</body>
</html>
{*模板文件结束*}
```

{*与*}之间的部分是模板页的注释，它在 Smarty 对模板进行解析时不进行任何处理，仅起说明作用。{$name}是模板变量，它是 Smarty 中的核心组成，用左边界符“{”与右边界符“}”包含着、以 PHP 变量形式给出。

【例 11-3】 在 PHP 程序中使用 Smarty 模板引擎 11-3.php。

```
<?php
include("./Smarty/libs/Smarty.class.php");        //包含 smarty 类文件
$smarty = new Smarty();                            //建立 smarty 实例对象$smarty
$smarty->template_dir = "./templates";                  //设置模板目录
$smarty->compile_dir = "./templates_c";            //设置编译目录
$smarty->left_delimiter = "{";                     //设定左右边界符为{}，Smarty 推荐使用的是<{}>
$smarty->right_delimiter = "}";
$smarty->assign("name", "Smarty");                      //进行模板变量替换
$smarty->assign("page_title", "Smarty 的使用");       //进行模板变量替换
$smarty->display("11-2.tpl");   //编译并显示位于./templates 下的 11-2.tpl 模板
?>
```

程序中首先将 Smarty 类新的类文件 Smarty.class.php 包含到当前文件中。代码第 3 行生成 Smarty 类的实例$smarty，它代表了一个 Smarty 模板。代码第 4、5 行分别设置模板文件所在目录及模板文件编译后存储目录。代码第 6、7 行设定了模板变量的界定符为“{”和“}”。第 8、9 行将模板变量替换为实际内容，最后在代码第 1 行显示最终用户看到的 HTML 视图。

如果转到当前目录下的子目录 template_c，可以看到其中有一个由 Smarty 模板引擎生成的 PHP 文件，这个文件最终由 Smarty 模板引擎调用，向浏览器端输出。打开这个文件，可以看到如下所示的代码。

```
<html>
<head>
<title><?php echo $this->_tpl_vars['page_title'];   ?>
</title>
</head>
<body>
大家好，我是<?php   echo   $this_>_tpl_vars['name'];?>
模板引擎，欢迎大家在 PHP 程序中使用<?php echo $this->_tpl_vars['name']; ?>
</body>`
```

从这段代码可以看到，代码 11-2.tpl 中的模板变量都被 Smarty 模板引擎换成了 PHP 普通的输出数据的用法，即使用 echo 结构输出 Smarty 模板引擎获取的实际变量。从这个文件的内容，应该看到一点 Smarty 模板引擎处理模板的机制。

11.4 常见的基于 MVC 的 PHP 开发框架简介

PHP 开发永远是一个活跃的领域，随着 MVC 设计方法、敏捷开发理念的流行，Web 应用领域产生了大量的开发框架，使用这些框架可以迅速搭建 Web 应用，降低开发成本和缩小开发周期。

PHP 社区也出现了大量的 MVC 开发框架，本节向读者介绍 4 种比较活跃的 PHP 开发框架：CodeIgniter、CakePHP、ZendFrame 和 FleaPHP。这些框架都有各自的特点与不足，而且它们有各自的设计目标和设计理念，这决定了它们有其适应的范围。在实际开发中，应该根据具体的需求和应用环境选择适合的开发框架。

11.4.1 CodeIgniter

CodeIgniter 是一个小巧但功能强大的、由 PHP 编写的、基于 MVC 的 Web 应用开发框架，作为一个简单而不强大的开发工具包，它可以为 PHP 程序员建立功能完善的 Web 应用程序。CodeIgniter 是经过 Apache/BSD-style 开源许可授权的免费框架。

CodeIgniter 最小化了模板中的程序代码量。CodeIgniter 生成的 URL 非常干净，而且对搜索引擎友好。不同于标准的“字符串查询”方法，CodeIgniter 使用了基于段的（segment-based）URL 表示法，如下所示。

```
www.mysite.com/aaa/bbb/123
```

这样的地址非常有利于搜索引擎搜索。除此之外，CodeIgniter 拥有全面的开发类库，可以完成大多数 Web 应用的开发任务，例如：读取数据库、发送电子邮件、数据确认、保存 session、图片的操作等。而且 CodeIgniter 提供了完善的扩展功能，可以有效帮助开发人员扩展更多的功能。更多的关于 CodeIgniter 框架的内容，可以访问其官方网站，网址是 http://www.codeigniter.com，从这里也可以下载最新版本和稳定版本的 CodeIgniter。

11.4.2 CakePHP

第二个要介绍的 PHP 开发框架是 CakePHP。CakePHP 封装了数据库访问逻辑，对于小应用来说可以获得令人惊叹的开发效率。CakePHP 比较有特色的地方是命令行代码生成工具让开发者可以快速生成应用程序框架。CakePHP 也是完全基于 MVC 架构的 Web 开发框架，它有以下一些特点。

1）兼容 PHP 4 和 PHP 5。

2）数据库交互和简单查询的集成。

3）MVC 体系结构。

4）自定义的 URL 的请求分配器（request dispatcher）。

5）内置验证机制。

6）快速灵活的模板。

7）支持 AJAX。

8）灵活的视图缓存。

9）可在任何 Web 站点的子目录里工作，不需要改变 Apache 配置。

10）命令行生成 Web 站点框架。

CakePHP 也有一些不足，就是 Model 实现过于复杂，CakePHP 中的 Model 不但尝试封装行数据集，甚至连数据库访问也包含在内。随着应用开发的展开，Model 类的高度复杂性和几乎无法测试的特性，使得项目的重构变得困难重重，大大降低了开发效率和应用的可维护性。可以通过 CakePHP 的官方网站 http://www.cakephp.org/了解关于这个框架更多的内容，从其官方网站上也可以下载最新版本和稳定版本的 CakePHP。

11.4.3 Zend Framework

Zend Framework 是完全基于 PHP 语言的针对 Web 应用开发的框架，与众多的其他 PHP 开发框架相比，Zend Framework 是一个 PHP“官方的”的框架，它由 Zend 公司负责开发和维护。Zend Framework 同样基于 MVC 模式，Zend Framework 采用了 ORM 思路，所谓 ORM 思路，即 Object Relational Mapping，即对象关系映射，这是一种为了解决面向对象编程与关系数据库存在的互不匹配现象的技术。简单地说，这种技术将数据库中的一个表映射为程序中的一个对象，表中的字段映射为对象的属性，然后通过提供的方法完成对数据库的操作。

Zend Framework 的另一个特点是，它实现了 Front Controller 模式，也就是说，所有的 HTTP 请求都会转发到同一个入口，然后再由路由功能模块转到相应的 Controller。Zend Framework 和其他几款 PHP 开发框架相比，比较庞大。除了最基本的 MVC 模型以外，Zend Framework 还提供了一系列高级功能，下面是这些功能的一部分。

1）Zend_Acl 实现了非常灵活的权限控制机制。

2）Zend_Cache 提供了一种通用的缓存方式，可以将任何数据缓存到文件系统、数据库、内存。

3）Zend_Log 提供通用的 log 解决方案，支持格式化的 log 信息。

4）Zend_Json 封装了数据在 PHP 和 JSON 格式之间的转换操作。

5）Zend_Feed 封装了对 RSS 和 ATOM 的操作。

这里非常简单地向读者介绍了 Zend Framework，读者可以通过 Zend Framework 的官方网站 http://framework.zend.com/获取更多的信息，也可从官方网站获取最新版本的 Zend

FrameworK。

11.4.4 FleaPHP

FleaPHP 是一款优秀的国产 Web 开发框架，FleaPHP 致力于减少开发者创建 Web 应用程序的工作量，并降低开发难度和强度，提高开发效率。

FleaPHP 除了 MVC 模式实现、分发调度器、模板引擎等常见功能外，还有以下一些重要特点。

1）简单、容易理解的 MVC 模型。

2）易于使用、高度自动化的数据库操作。

3）尽可能少的配置。

4）自动化的数据验证和转义。

5）丰富的组件。

6）与 Smarty 模板集成。

注：可以通过 FleaPHP 的官方网站 http://www.fleaphp.org/，获取完整的关于该框架的知识和内容，也可以从官方网站上下载最新版本和稳定版本的 FleaPHP。

11.5 CodeIgniter 框架应用

从上节介绍的 4 个框架中，本书选择 CodeIgniter 作为讲解实例。通过前面的几小节内容，读者已经了解到 CodeIgniter 是一个用 PHP 编写的为 Web 开发应用程序人员提供的工具包。它的目标是实现比从零开始编写代码更快速地开发项目，为此，CodeIgniter 提供了一套丰富的类库来满足通常的任务需求，并且提供了一个简单的接口和逻辑结构来调用这些库。CodeIgniter 可以将需要完成的任务代码量最小化，这样开发人员就可以把更多的精力放到项目的开发上。另外，CodeIgniter 提供了非常完善的文档，读者通过这些文档可以快速学习、理解 CodeIgniter，并且可以在开发中高效使用 CodeIgniter 框架。

11.5.1 CodeIgniter 的技术特点介绍

CodeIgniter 在设计之初就有其明确的目标，这个目标就是在最小化、最轻量级的开发包中得到最大的执行效率、功能和灵活性。为了这个目标，CodeIgniter 在开发过程的每一步都致力于基准测试、重构和简化工作，拒绝加入任何无助于目标的内容。从技术和架构角度看，CodeIgniter 按照下列目标创建。

1）动态实例化。在 CodeIgniter 中，组件的导入和函数的执行只有在被要求的时候才进行，而不是在全局范围。

2）松耦合。耦合是指一个系统的组件之间的相关程度。组件互相依赖越少，那么系统的重用性和灵活性就越好。CodeIgniter 的目标就是构建一个非常松耦合的系统。

3）组件单一性。单一是指组件有一个非常小的专注目标。在 CodeIgniter 里面，为了达到最大的用途每个类和它的功能都是高度自治的。

CodeIgniter 是基于 MVC 这一设计模式的，该模式将应用程序的逻辑层和表现层进行分离。在实践中，由于表现层从 PHP 脚本中分离了出来，所以它允许网页中只包含很少的

PHP 代码。

在 CodeIgniter 中，模型（Model）代表数据结构，包含取出、插入、更新数据库的这些功能。视图（View）通常是一个网页，但是在 CodeIgniter 中，一个视图也可以是一个页面片段，如头部、顶部 HTML 代码片段。它还可以是一个 RSS 页面，或其他任一页面。控制器（Controller）相当于一个指挥者，或者说是一个“中介”，它负责联系视图和模型，以及其他任何处理 HTTP 请求和产生网页的资源。

11.5.2 安装 CodeIgniter

CodeIgniter 安装分为如下所示的 4 个步骤。

1）解压缩安装包。

2）把 CodeIgniter 文件夹和里面的文件部署到服务器，通常 index.php 位于应用服务器的根目录。

3）编辑 application/config/config.php 文件，设置基本 URL。

4）如果需要使用数据库，编辑 application/config/database.php，在这个文件中设置数据库参数。

下面介绍 CodeIgniter 框架的组织结构。从官方网站下载 CodeIgniter 框架，解压缩后可以看到最主要的一个目录是 system，该目录就是 CodeIgniter 框架的目录。除此之外还有一个 index.php 文件，该文件用来做一些初始化配置，它还起到处理 HTTP 请求的作用。

11.5.3 CodeIgniter 的 Controller（控制器）

在 CodeIgniter 中，一个 Controller 就是一个类文件，Controller 所属的类和普通的 PHP 类几乎没有区别，唯一的不同是 Controller 类的命名方式，它所采用的命名方式可以使该类和 URI 关联起来。例如下面这个 URL 地址，就说明了这个问题。

```
www.mysite.com/index.php/news/
```

当访问到上面这个地址时，CodeIgniter 会尝试找一个名叫 news.php 的控制器(Controller)，然后加载它。当一个 Controller 的名字匹配 URI 段的第一部分，即 news 时，它就会被加载。例 11-4 演示创建一个简单的 Controller 类。

【例 11-4】 在 CodeIgniter 框架中创建一个简单的 Controller 类，命名为 Hello.php。

```
<?php
class  Hello  extends Corttroller
{
  function index()              //方法 index()
  {
    echo  'Hello  World!' ;
  }
}
?>
```

把这个文件保存在 application/controllers/目录下，以本书为例，通过浏览器访问地址

http://localhost/chap11/index.php/hello。

注：在 Codegniter 中，类名首字母必须大写。

例如下面的代码写法就是不正确的。

```
<?php
class hello extends Controller
{
//do something
}
?>
```

例 11-4 定义了一个 Hello 类，它继承于 Controller 类，Controller 类是 CodeIgniter 控制器基类，所有的控制器都将从这个类派生。这个例子中用到的方法名是 index()。如果 URI 的第二部分为空，会默认载入“index”方法，这也就是说，也可以将地址写成 http://localhost/chap11/index.php/hello/index 来访问 hello.php。

由此可知，URI 的第二部分决定调用控制器中哪个方法，例 11-5 演示了在 Hello 控制器中加入了其他方法，此时 hello.php 如下所示。

【例 11-5】 为 Controller 添加方法 hello.php。

```
<?php
class Hello extends controller
 {
    function index()                //方法 indeex()
   {
   echo   'Hello World!';
    }
   function saylucky()            //添加方法 saylucky()
   {
          echo   'It\'s time t0 say "Good Luck"!';
   }
  }
  ?>
```

第 8～12 行添加了一个方法 saylucky()，此时通过地址 http://localhost/chap11/index.php/hello/saylucky 访问 hello.php。

如果 URI 超过两个部分，那么超过的部分将被作为参数传递给相关方法。例如地址 www.mysite.com/index.php/products/shoes/sandals/123，URI 中的 sandals 和 123 将被当作参数传递给 products 类的方法 shoes。例 11-6 演示了这种用法，仍然以 hello.php 为例，完整代码如下所示。

【例 11-6】 向 Controller 的方法传递参数 hello.php。

```
<?php
 class Hello extends Controller
  {
  function index()                          //方法 index()
```

```
    {
  echo   'Hello world!';
    }
        function   saylucky ( )              //方法 saylucky()
    {
     echo        'It's time to say   ;-Good Luck"!';
    }
     function sayhello($name)          //添加带参数的方法 sayhello()
    {
        echo    "Hello, $name !";
    }
  }
?>
```

第 12～15 行创建的 sayhello()方法带一个参数，假设为方法 sayhello()传递参数“michae”，通过地址 http://localhost20/index.php/hello/sayhello/lihui/运行结果：Hello,lihui !

11.5.4 CodeIgniter 的 Model（数据模型）

在 CodeIgniter 中，Model 是专门用来和数据库打交道的 PHP 类。通常在 Model 类里包含插入、更新、删除数据的方法。CodeIgniter 中的 Model 类文件存储在 application/models/目录，可以在里面建立子目录。最基本的 Model 定义如下面的代码所示。

```
class Model_name extends Model
{
function   Model_name ()
{
    parent::Model()
}
}
```

其中 Model_name 是模型类的名字，类名的首字母必须大写，并且确保自定义的 Model 类继承了基本 Model 类。Model 类的文件名应该是 Model 类名的小写版，比如一个 Model 类的代码如下所示。

```
class User extends Model
{
function User_model()
{
    Parent::Model() ;
}
}
```

那么该 Model 类对应的文件名是 applicatiort/models/user.php。Model 通过 Controller 载入，代码如下所示。

```
$this- >load_>model ('Model_name');
```

其中 Model_name 是要载入的 Model 类的名字。模型载入后，就可以通过如下代码所示的方法使用它。

```
$this->load->model('Model_name' );
$this->Model_name->function ();
```

11.5.5 CodeIgniter 的 View（视图）

在 CodeIgniter 中，视图从不直接调用，必须被一个控制器来调用。

使用文本编辑器创建一个名为 helloview.php 的文件。

【例 11-7】 用标题输出一句话的视图文件 helloview.php。

```
<html>
<head>
 <title>Welcome - helloview.php</title>
</head>
<body>
 <hl>Hello everyone! < / hl>
</body>
 </html>
```

将该代码保存到 application/views/目录下。然后，需要使用某个方法载入该视图文件。这个方法的用法如下所示。

```
$this->load->view('name');
```

这行代码中，name 是需要载入的视图文件的名字，文件的后缀名没有必要写出。接下来，在 hello 控制器的文件 hello.php 中，写入这段用来载入视图的代码，此时完整的 hello.php 如例 11-8 所示。

【例 11-8】 在 Controller 中载入视图 hello.php。

```
<?php
 class Hello extends Controller
  {
     function index( )                                  //方法 index()
     {
        $this->load->view('helloview') ;
     }
     function saylucky()                                //方法 saylucky()
     {
        echo  'It's time to say " Good Luck"!';
     }
      function   sayhello ( $name)                      //带参数的 sayhello()方法
      {
```

```
        echo  "Hello, $name !";
    }
}
?>
```

上述代码创建 3 个方法，其中第 3 个带一个参数$name。最重要的是第 6 行代码，载入前面创建好的 helloview 视图。

此时再通过地址 http://localhost/chap11/index.php/hello 浏览 hello.php，将看到所示的执行结果：Hello，everyone。

通过这段代码，读者了解了如何载入一个视图。但视图中经常需要动态数据的内容，下面就介绍如何处理含有动态数据的视图。动态数据通过控制器以一个数组或是对象的形式传入视图，这个数组或对象作为视图载入方法的第 2 个参数。

【例 11-9】 向视图中添加动态数据 hello.php。

```
<?php
 class Hello extends Controller
 {
  function index()                                    //方法 index()
  {
      $data['title']="New Title - Hello.php"   ;
      $data['heading']  =  "大家好，欢迎使用 CodeIgniter 框架!";
      $this ->load->view ('helloviewl', $data) ;
  }
   function saylucky()                               //方法 saylucky()
  {
       echo  'it\'s time to say “Good Luck”!';
  }
      function   sayhello ( $name )               //带参数的 sayhello()方法
  {
       echo  'Hello, $name !';
  }
 }
?>
```

程序首先定义了数组$data 两个元素，这两个元素分别是页面的标题和页面的文本内容。代码第 8 行向载入视图的方法 view()传入第 2 个参数，该参数即代码前两行定义的数组。

此时访问 hello.php 会看到执行结果，浏览器上的页面标题和页面的 heading 文字都更换成动态数据内容。

最后还需要修改 helloview.php，将在其中添加输出数据的 PHP 代码，修改后按 hello-view1.php 保存在 application/views/目录下，修改后的代码如下所示。

```
 <html>
<head>
<title><?php   echo $title;?></title>
</head>
```

```
 <body>
<hl><?php   echo $heading; ?></h1>
 </tbody>
</html>
```

第 3 行和第 6 行是有输出数据的 PHP 代码。

11.6 ThinkPHP 框架的应用

前边内容介绍了 Smarty 使用模板构架有效地分离了代码与页面，当页面发生变化的时候，程序员并不需要修改代码。本章将要介绍另外一种基于模板的开发框架——ThinkPHP 框架。

11.6.1 ThinkPHP 的安装与项目创建

ThinkPHP 可以通过访问其官方网站 http://www.thinkphp.cn/来获取。目前最新的版本是 2.0。本节中所讲的例子与操作方法均以这个版本为例。

1．ThinkPHP 的获取与安装

在 ThinkPHP 的官方网站上，提供了以下两个版本供用户下载。

ThinkPHP 5.0.11 核心包。和 ThinkPHP 5.0.11 完整包。

其中核心包包含了运行 ThinkPHP 框架所需的所有代码，完整版包含了一些常用的类库。对于初学者来说，推荐下载“ThinkPHP 5.0.11 完整包”。

ThinkPHP 的代码不需要任何安装过程。只需要把下载的压缩包中的 ThinkPHP 文件夹解压缩到项目指定的目录中就可以了。例如 D:\WWW\htdocs\thinkphp\。

2. 项目入口文件

将 ThinkPHP 的核心代码安放好以后，就可以创建一个项目入口文件来开始一个新的项目了。项目入口文件一般使用默认的文件/public/index.php，入口文件位置的设计是为了让应用部署更安全，public 目录为 Web 可访问目录，其他的文件都可以放到非 Web 访问目录下面。

具体代码如下所示。

```
<?php

// [ 应用入口文件 ]

// 定义应用目录
define('APP_PATH', __DIR__ . '/../application/');
// 加载框架引导文件
require __DIR__ . '/../thinkphp/start.php';
```

上面的代码指定了 ThinkPHP 的目录以及框架入口文件。这样，在运行项目主页的时候，ThinkPHP 的框架入口文件将被加载并运行。

11.6.2 项目的创建

项目入口文件创建好后，在浏览器上访问项目的首页，将会看到标志项目配置成功的欢迎页面，如图 11-2 所示。

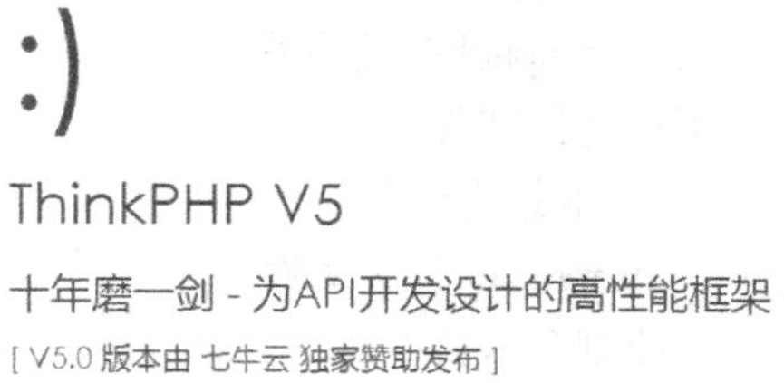

:)

ThinkPHP V5

十年磨一剑 - 为API开发设计的高性能框架

[V5.0 版本由 七牛云 独家赞助发布]

图 11-2　欢迎页面

下载最新版框架后，解压缩到 Web 目录下面，可以看到初始的目录结构如下：

```
project  应用部署目录
├─application           应用目录（可设置）
│  ├─common             公共模块目录（可更改）
│  ├─index              模块目录（可更改）
│  │  ├─config.php      模块配置文件
│  │  ├─common.php      模块函数文件
│  │  ├─controller      控制器目录
│  │  ├─model           模型目录
│  │  ├─view            视图目录
│  │  └─ ...            更多类库目录
│  ├─command.php        命令行工具配置文件
│  ├─common.php         应用公共（函数）文件
│  ├─config.php         应用（公共）配置文件
│  ├─database.php       数据库配置文件
│  ├─tags.php           应用行为扩展定义文件
│  └─route.php          路由配置文件
├─extend                扩展类库目录（可定义）
├─public                Web 部署目录（对外访问目录）
│  ├─static             静态资源存储目录（css、js、image）
│  ├─index.php          应用入口文件
│  ├─router.php         快速测试文件
│  └─.htaccess          用于 apache 的重写
├─runtime               应用的运行时目录（可写，可设置）
├─vendor                第三方类库目录（Composer）
├─thinkphp              框架系统目录
```

```
|    ├──lang                  语言包目录
|    ├──library               框架核心类库目录
|    |  ├──think              Think 类库包目录
|    |  └──traits             系统 Traits 目录
|    ├──tpl                   系统模板目录
|    ├──.htaccess             用于 apache 的重写
|    ├──.travis.yml           CI 定义文件
|    ├──base.php              基础定义文件
|    ├──composer.json         composer 定义文件
|    ├──console.php           控制台入口文件
|    ├──convention.php        惯例配置文件
|    ├──helper.php            助手函数文件（可选）
|    ├──LICENSE.txt           授权说明文件
|    ├──phpunit.xml           单元测试配置文件
|    ├──README.md             README 文件
|    └──start.php             框架引导文件
├──build.php                  自动生成定义文件（参考）
├──composer.json              composer 定义文件
├──LICENSE.txt                授权说明文件
├──README.md                  README 文件
├──think                      命令行入口文件
```

11.6.3 项目的配置

在开始一个新的项目之前，首先要进行项目的配置。默认的配置文件存储在 application 目录下，文件名为 config.php。

该文件通过返回数组的形式对各配置项进行配置。常见的配置项包括是否需要开启调试模式。

在配置好以后，就可以进行项目的具体开发了。其中开启调试模式在开发的过程中非常必要。

11.6.4 控制器类的创建

控制器类是 ThinkPHP 项目运行的核心，项目所需的逻辑与方法均存储在控制器类中。ThinkPHP 项目的控制器存储在 application/项目名/controller 文件夹下，此处项目即 index。

1．控制器的模块与操作

ThinkPHP 框架对控制器类的文件名有一定规定，要求必须是<模块名>.php。在默认情况下项目首页的模块名是 Index，因此在自动创建项目的时候 Index.php 就会被自动创建，其代码如下所示。

```
<?php
```

```
namespace app\index\controller;

class Index
{
    public function index()
    {
return '
            <style type="text/css">
                *{ padding: 0; margin: 0; }
                .think_default_text{ padding: 4px 48px;}
                a{color:#2E5CD5;cursor: pointer;text-decoration: none}
                a:hover{text-decoration:underline; }
                body{ background: #fff; font-family: "Century Gothic","Microsoft yahei"; color: #333;font-size:18px}
                h1{ font-size: 100px; font-weight: normal; margin-bottom: 12px; }
                    p{ line-height: 1.6em; font-size: 42px }
            </style>
            <div style="padding: 24px 48px;">
                <h1>:)</h1>
                <p> ThinkPHP V5<br/>
                    <span style="font-size:30px">十年磨一剑 - 为 API 开发设计的高性能框架</span>
                </p>
                <span style="font-size:22px;">[ V5.0 版本由 <a href="http://www.qiniu.com" target="qiniu">七牛云</a> 独家赞助发布 ]</span>
            </div>
            <script type="text/javascript" src="http://tajs.qq.com/stats?sId=9347272" charset="UTF-8"></script>
            <script type="text/javascript" src="http://ad.topthink.com/Public/static/client.js"></script>
            <thinkad id="ad_bd568ce7058a1091"></thinkad>';
    }
}
```

从上面的代码可以看出，该方法就是用来输出图 11-2 所示页面的源代码。对该代码进行适当的修改并在 index 操作方法下添加适当的逻辑就可以实现项目需要的功能了。下面的代码向页面输出了一个“Hello World!”字符串。

```
<?php
namespace app\index\controller;

class Index
{
    public function index()
    {
        return 'Hello World!';
    }
}
```

在 ThinkPHP 中，每一个程序入口生成的实例都可以称为一个项目，每个项目下可以拥有多个模块，每个模块可以包含多个操作方法。

例如，上面的例子的项目名称为 index.php，模块名是 Index，方法是 index。在浏览器上可以使用链接 http:Hlocalhost/thinkphp/index.php/lndex/index/来访问。

在默认情况下，如果在浏览器链接上没有指定模块名和方法名，ThinkPHP 框架会自动寻找默认的模块 Index 和方法 index()。也就是说以下 4 个链接的访问效果是相同的。

http://localhost/thinkphp/。

http://localhost/thinkphp/index.php。

http://localhost/thinkphp/index.php/lndex。

http://localhost/thinkphp/index.php/lndex/index。

除了以上的默认的操作方法，在同一个模块下还可以创建多个用户自定义方法，如下例所示。

这时，可以在浏览器上通过地址 http://localhost/thinkphp/index.php/lndex/show/id/1 来访问这个用户自定义方法 show()。

2．URL 的处理

ThinkPHP 还提供了一些其他的 URL 处理模式供用户选择。URL 处理模式的修改可以通过修改 application 目录下的 config.php 文件来实现。如下所示。

```
// +----------------------------------------------------------------------
// | URL设置
// +----------------------------------------------------------------------

// PATHINFO变量名 用于兼容模式
'var_pathinfo'          => 's',
// 兼容PATH_INFO获取
'pathinfo_fetch'        => ['ORIG_PATH_INFO', 'REDIRECT_PATH_INFO', 'REDIRECT_URL'],
// pathinfo分隔符
'pathinfo_depr'         => '/',
// URL伪静态后缀
'url_html_suffix'       => 'html',
// URL普通方式参数 用于自动生成
'url_common_param'      => false,
// URL参数方式 0 按名称成对解析 1 按顺序解析
'url_param_type'        => 0,
// 是否开启路由
'url_route_on'          => true,
// 路由使用完整匹配
'route_complete_match'  => false,
// 路由配置文件（支持配置多个）
'route_config_file'     => ['route'],
// 是否强制使用路由
'url_route_must'        => false,
```

通常情况下，不希望通过输入的网址来发现物理机上的实际位置，因为这是极其不安全的，这就要用到 URL 路由，即将 URL 与实际文件位置做一个映射。

下面简要介绍一下 ThinkPHP 提供的 URL 处理模式。

（1）普通模式

关闭路由，完全使用默认的 PATH_INFO 方式 URL：

```
'url_route_on'  =>  false,
```

路由关闭后，不会解析任何路由规则，采用默认的 PATH_INFO 模式访问 URL：

```
http://serverName/index.php/module/controller/action/param/value/…
```

但仍然可以通过操作方法的参数绑定、空控制器和空操作等特性实现 URL 地址的简化。

可以设置 url_param_type 配置参数来改变 pathinfo 模式下面的参数获取方式，默认是按名称成对解析，支持按照顺序解析变量，只需要更改为：

```
// 按照顺序解析变量
'url_param_type'     =>   1,
```

（2）混合模式

开启路由，并使用路由定义+默认 PATH_INFO 方式的混合：

```
'url_route_on'   =>   true,
'url_route_must'=>   false,
```

该方式下面，只需要对需要定义路由规则的访问地址定义路由规则，其他的仍然按照第一种普通模式的 PATH_INFO 模式访问 URL。

（3）强制模式

开启路由，并设置必须定义路由才能访问：

```
'url_route_on'          =>   true,
'url_route_must'        =>   true,
```

这种方式下面必须严格给每一个访问地址定义路由规则（包括首页），否则将抛出异常。

首页的路由规则采用/定义即可，例如下面把网站首页路由输出 Hello,world!

```
Route::get('/',function(){
    return 'Hello,world!';
});
```

11.6.5 模型类的创建

在早期的 ThinkPHP 版本中，模型类是一个必不可少的组件。然而，从 ThinkPHP 2.0 开始，可以不需要任何模型类的定义。因此，在大多数情况下，并不需要为每个数据表创建一个独立的模型类。模型类只在有特殊的需求或者需要单独封装基于数据表的程序逻辑时才需要。ThinkPHP 项目的模型类存储在 application\项目名\model 文件夹下，此处项目即 index。使用模型类需要在 application\database.php 中配置。

1．模型的定义与实例化

ThinkPHP 框架对模型类的文件名有一定的规定，要求必须是<模型名>.php。

下面来创建一个简单的 User 模型。首先创建一个名为 user 的数据表，结构如表 11-1 所示。

表 11-1　user 数据表结构

名　字	类　型	长度/值	主　键	注　释
uid	int		是	
name	varchar	15		
email	Varchar	15		

接下来创建一个基于User模型的模型类，文件名为User.php，代码如下所示。

```
namespace app\index\model;
use think\Model;
class User extends Model
{
}
```

上面的代码继承了 ThinkPHP 的公用模型类，默认主键为自动识别，如果需要指定，可以设置属性：

```
namespace app\index\model;
use think\Model;
class User extends Model
{
    protected $pk = 'uid';
}
```

模型会自动对应数据表，模型类的命名规则是除去表前缀的数据表名称，采用驼峰法命名，并且首字母大写，例如表11-2所示：

表 11-2　模型自动对应的数据表

模型名	约定对应数据表
User	user
UserType	user_type

如果规则和上面的系统约定不符合，那么需要设置Model类的数据表名称属性，以确保能够找到对应的数据表。

下面修改Index.php中的Index代码来实例化这个UserModel模型类。

```
<?php
namespace app\index\controller;

class Index
{
    public function index()
    {
        $user = new \app\index\model\User();
        $user->name = “user1”;
        $user->email = “abc@abc.com”;
        $user->save();
        return 'done';
    }
}
?>
```

此时访问 localhost/安装目录/public/index.php/index 即可看见输出 done，并在数据库中看到新增条目。

2．数据库的连接与操作

因为 ThinkPHP 的数据操作是基于模型类的，所以所有的底层数据库连接和操作都会由 ThinkPHP 的核心代码自动完成，而不需要用户的具体操作。也就是说，在项目中只需要在 config.php 中进行数据库配置操作。

11.6.6 模板文件的编写

与 Smarty 类库类似，ThinkPHP 的页面显示也是通过模板来完成的。上一小节使用了一个简单的模板来显示用户注册表单和用户列表。事实上，ThinkPHP 框架提供了强大的模板功能。模板文件通常以 html 文件格式存储在 application/项目名/view/控制器名/文件夹相应的模块目录中，文件名即为操作方法名。本小节将对 ThinkPHP 模板的几种常见操作进行简要介绍。

1. 模板中的变量

从上一节的示例模板中可以看到模板中的变量与 PHP 中的变量定义方法相同，即使用一个美元符号“$”开头的变量名。并且，与 Smarty 模板类似，模板中的变量需要用一对定界符来标示。在默认情况下，这一对定界符是一对大括号“{}”。以下代码就使用了一对大括号来标记模板中的变量$name。

```
文件 index/view/index/hello.html
hello {$name}
```

创建一个控制器来调用这个模板，如下所示。

```
<?php
namespace app\index\controller;
class Index
{
    public function index()
    {
        return view("hello",["name"=>"user1"]);
    }
}
?>
```

运行后可以看到模板中的内容被成功输出了，如图 11-3 所示。

图 11-3　内容输出

模板变量中除了这种单一变量，最常见的还有一种数组变量。ThinkPHP 最简里的数组变量的输出方法是用“数组名.关键字”的方式，如下面的模板代码所示。

```
文件 index/view/index/hello.html
```

```
hello {$data.name}， your email is {$data.email}
```

创建一个控制器来调用这个模板，如下所示。

```
<?php
namespace app\index\controller;
class Index
{
    public function index()
    {
        $data['name']="user1";
        $data['email']="abc@abc.com";
        return view("hello",['data'=>$data]);
    }
}
?>
```

运行后可以看到模板中对应的 name 和 email 值被成功输出了，如图 11-4 所示。

localhost/thinkphp/public/index.php/index

hello user1 , your email is abc@abc.com

图 11-4　输出结果

2. 模板中函数的使用

ThinkPHP 模板的另一个强大功能就是可以直接调用 PHP 默认和用户自定义的函数，其语法格式为：{?$var | function1 | function2 }

其中，$var 是从控制器传入的变量名，functionl 和 function2 是要依次运行的函数。在默认情况下，模板会把传入的变量作为函数的唯一参数。但是，如果函数包含多个参数，则需要使用“###”进行定位。下面的例子是一个把变量 password 传入模板的控制器，在模板上调用了 PHP 的 MD5 加密函数。

模板代码如下所示。

```
<$data.name|md5>
```

编译后的结果是：

```
<?php echo (md5($data['name'])); ?>
```

下面是一个把变量 string 传入模板的控制器，在模板上调用了 PHP 的函数来去除首尾空格，并只显示前 5 个字符。

模板代码如下所示。

```
{$string|trim|substr=###,0,5}
```

编译结果如下所示。

```
<?php echo (substr(trim($tring),0,5)); ?>
```

3. 几种基本标签的使用

与 Smarty 模板类似，在 ThinkPHP 的模板中也可以使用类似的标签来实现循环、条件判断甚至直接使用 PHP 代码。

（1）循环标签<volist>

前面介绍了如何在模板中输出数组的元素，但是该功能一般仅用来处理一维数组。对于通常的数据库操作则往往使用循环标签<volist>。该标签有两个属性，name 是传入的变量名称，而 id 则是在标签内可以使用的代表数组中每个元素的变量数组，如下面的模板代码所示。

```
{volist name="data" id="vo"}
{$vo.id}:{$vo.name}<br/>
{/volist}
```

相应的控制器代码如下所示。

```
<?php
namespace app\index\controller;
class Index
{
    public function index()
    {
     $data[1]['id']="1";
            $data[1]['name']="user1";
            $data[2]['id']="2";
            $data[2]['name']="user2";
            $data[3]['id']="3";
            $data[3]['name']="user3";
        return view("volist",['data'=>$data]);
    }
}
?>
```

运行结果如图 11-5 所示。

图 11-5　运行结果

（2）条件判断标签<if>

与 PHP 的 if 语句类似，ThinkPHP 的模板上也可以根据传入变量进行条件判断，其语法格式如下所示。

```
{if condition="condition1"} value1
{elseif condition="condition2"/}value2
{else /} value3
{/if}
```

其中，condition1 和 condition2 表示用来判断条件是否满足的表达式，value1、value2 和 value3 表示用于输出的值，如下面的模板代码所示。

```
{if condition="($name = = 1) OR ($name > 100) "} value1
{elseif condition="$name eq 2"/}value2
{else /} value3
{/if}
```

除此之外，我们可以在 condition 属性里面使用 php 代码，例如：

```
{if condition="strtoupper($user['name']) eq 'THINKPHP'"}ThinkPHP
{else /} other Framework
{/if}
```

相应的控制器代码如下所示。

```
<?php
namespace app\index\controller;
class Index
{
    public function index()
    {
     $user["name"]="thinkphp";
        return view("if",['user'=>$user]);
    }
}
?>
```

运行结果如图 11-6 所示。

图 11-6　运行结果

（3）PHP 代码标签<php>

在有些情况下，使用控制器与模板输出的方式不能满足项目的需要。为此，ThinkPHP 提供了一个可以直接将 PHP 代码放到模板中运行的方式。用户只需要把要执行的 PHP 代码放到{php}标签中就可以了，如下所示。

```
{php}echo 'Hello,world!';{/php}
```

相应的控制器代码如下所示。

```
<?php
namespace app\index\controller;
class Index
{
    public function index()
    {
        return view("hello");
    }
}
?>
```

运行结果如图 11-7 所示。

图 11-7　输出结果

11.7　ThinkPHP 应用实例——在线日程表

前面几节介绍了 ThinkPHP 的语法与模板应用的基本方法。本节将用一个在线日程表实例来演示如何使用 ThinkPHP 开发一个小型项目。为了简单起见，本节的在线日程表仅提供一个表单页和日程显示页。

11.7.1　数据库的设计

首先，创建一个数据表 calendar 用来保存日程表数据，如表 11-3 所示。该表将记录日程的具体日期、时间、具体描述和是否已经完成。

表 11-3　calendar 表

名　字	类　型	长度/值	主　键	注　释
id	int		是	自增
date	varchar	15		
event	varchar	15		
complete	varchar	10		

11.7.2　模板的设计

数据库创建好后，还需要创建供用户访问的模板。这里，每个页面都需要一个模板文件。主页面将显示出所有的日程，并且提供链接以方便用户添加新日程和更新、删除现有日程。具体代码如下所示。

添加新日程页面需要一个简单的表单，具体代码如下所示。

1. 文件名 index.html

```
<!DOCTYPE html>
<html>
<head>
  <meta charset="UTF-8">
  <title>在线日程表~</title>
</head>
<body>
<h1>在线日程表</h1>
     <table>
          <tr>
               <td>时间</td>
               <td>事件</td>
               <td>是否完成</td>
               <td>操作</td>
          </tr>
          {volist name="data" id="item"}
          <tr>
               <td>{$item.date}</td>
               <td>{$item.event}</td>
               <td>{$item.complete}</td>
               <td>
                    <a href="updateView/id/{$item.id}">修改</a>
                    <a href="delete/id/{$item.id}">删除</a>
               </td>
          </tr>
          {/volist}
     </table>
     <button onclick="window.location='addView'">新增</button>
</body>
</html>
```

2. 模板 edit.html

```
<!DOCTYPE html>
<html>
<head>
  <meta charset="UTF-8">
  <title>在线日程表~</title>
</head>
<body>
<h1>{php}if($item->id)echo '修改';else echo'新增'{/php}</h1>
     <form action="{php}if($item->id)echo '../../update/id/'.$item->id;else echo'add'{/php}">
     时期:<input type="text" name="date" value="{php}if($item->date)echo $item->date;{/php}"/>
     事件:<input type="text" name="event" value="{php}if($item->event)echo $item->event;{/php}"/>
```

```
            是否完成:<select name="complete">
                    <option value="是" selected="{php}if($item->complete=='是')echo 'true';{/php}">是
</option>
                    <option value="否" selected="{php}if($item->complete=='否')echo 'true';{/php}">否
</option>
                </select>
            <input type="submit" value="提交"/>
            </form>
            <button onclick="window.location='{php}if(!$item->id)echo 'index';else echo '../../index'{/php}'">
返回</button>
        </body>
        </html>
```

将上面的主页面保存为 index.html，表单页面保存到 edit.html 供控制器调用。

11.7.3 控制器的实现

为了实现在线日程表的功能，控制器共需要以下 5 个操作方法。

index()：主页面的操作方法，用于读取数据库中的内容并显示在主页面。

addView()：显示新日程页面的操作方法，用于调用表单模板。

add()：插入新日程的操作方法。

update()：更新现有日程的操作方法。

updateView()：显示更新的视图页面。

delete()：删除现有日程的操作方法。

具体代码如下所示。

```
<?php
namespace app\index\controller;
use think\Controller;
class Index extends Controller
{
    public function index()
    {
     $data= \app\index\model\Calendar::all();
        return view("index",['data'=>$data]);
    }

    public function addView()
    {
     $cal= new \app\index\model\Calendar();
     $cal->id="";
     $cal->date="";
     $cal->event="";
     $cal->complete="";
     return view("edit",['item'=>$cal]);
    }
```

```
public function add()
{
 $cal= new \app\index\model\Calendar();
 $cal->date=input('get.date');
 $cal->event=input('get.event');
 $cal->complete=input('get.complete');
 $cal->save();
 if($cal)
  {
      $this->success('新增成功', 'Index/index');
    }
    else
    {
      $this->error('新增失败');
    }
}

public function updateView($id)
{
 $item= \app\index\model\Calendar::get(["id"=>$id]);
 return view("edit",['item'=>$item]);
}

public function update($id)
{
 $cal= new \app\index\model\Calendar();
 $cal->save(["date"=>input('get.date'),"event"=>input('get.event'),"complete"=>input
('get.complete')],["id"=>$id]);
 if($cal)
  {
      $this->success('修改成功', 'Index/index');
    }
    else
    {
      $this->error('修改失败');
    }
}

public function delete($id)
{
 \app\index\model\Calendar::destroy(['id' => $id]);
 $this->success('删除成功', 'Index/index');
}
}
?>
```

运行结果如图 11-8 和图 11-9 所示。

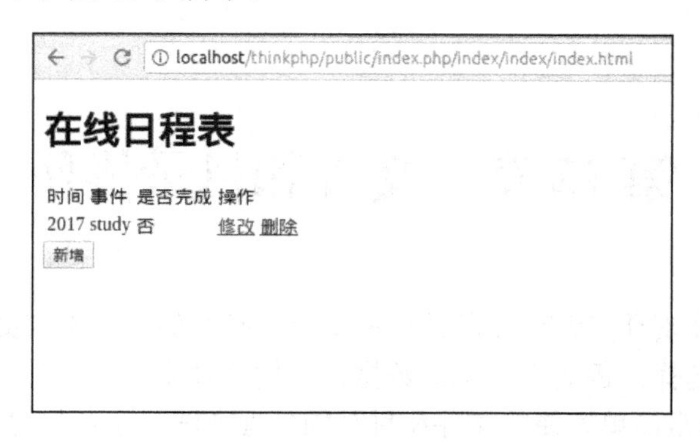

图 11-8　运行结果

图 11-9　运行结果

思考与练习

1．现在编程中经常采取 MVC 三层结构，请问 MVC 分别指哪三层，有什么优点？

2．ThinkPHP 中的 MVC 分层是什么？

3．什么是 smarty? Smarty 的优点是什么？

4．smarty 模板引擎中的编译和缓存区别？

5．使用 Smarty 模板输出一句简单的“Hello World”。

【提示】根据本书第 11.3 节的介绍，安装并调试好 Smarty 模板。

6．使用 CodeIgniter 框架输出一句简单的“Hello World”。

【提示】根据第 11.5 节的流程，分别设计好 CodeIgniter 框架的 M、V、C 三部分，然后输出一句简单的话。

第 12 章　文件和目录操作

掌握文件处理技术对于 Web 开发者来说是十分必要的。虽然在处理信息方面，使用数据库是多数情况下的选择，但对于少量的数据，利用文件来存取是非常方便快捷的，更关键的是 PHP 中提供了非常简单方便的文件和目录的处理方法。本章将对 PHP 文件和目录的操作进行系统讲解。

12.1　基本的文件处理

文件操作是通过 PHP 内置的文件系统函数完成的。文件和目录操作可以归纳为如下 3 个步骤。

第 1 步：打开文件的方法；

第 2 步：读取、写入和操作文件的方法；

第 3 步：关闭文件的方法。

掌握这 3 个步骤，就可以区分出函数使用的先后顺序和功能，达到运用自如。

12.1.1　打开一个文件

要对文件进行操作，首先必须要打开这个文件，就像要把大象装冰箱里一样，如果不打开冰箱，怎么也装不进去。

在 PHP 中使用 fopen()函数打开一个文件，语法如下：

```
resource fopen (string filename, string mode [,bool use_include_path [, resource zcontext]])
```

参数 filename 指定打开的文件名。

注：参数 filename 可以是包含文件路径的文件名。

参数 mode 设置打开文件的方式，参数值如表 12-1 所示。

表 12-1　fopen()中参数 mode 的可选值

mode	模式名称	说　明
r	只读	读模式——读文件，文件指针位于文件头部
r+	只读	读写模式——读、写文件，文件指针位于文件头部。注：如果在现有文件内容的末尾之前进行写入就会覆盖原有内容
w	只写	写模式——写入文件，文件指针指向文件头部。注：如果文件存在，则文件内容被删除，重新写入；如果文件不存在，则函数自行创建文件
w+	只写	写模式——读、写文件，文件指针指向文件头部。注：如果文件存在，则文件内容被删除，重新写入；如果文件不存在，则函数自行创建文件

（续）

mode	模式名称	说　明
X	谨慎写	写模式打开文件，从文件头部开始写入。注：如果文件已经存在，函数返回 FALSE，产生一个 E_WARNING 级别的错误信息
x+	谨慎写	读/写模式打开文件，从文件头部开始写入。注：如果文件已经存在，函数返回 FALSE，产生一个 E_WARNING 级别的错误信息
a	追加	追加模式打开文件，文件指针指向文件尾部。注：如果文件已有内容，则将从文件末尾开始追加；如果文件不存在，则函数自行创建文件
a+	追加	追加模式打开文件，文件指针指向文件尾部。注：如果文件已有内容，则从文件末尾开始追加或者读取；如果文件不存在，则函数自行创建文件
b	二进制	二进制模式——用于与其他模式进行连接。注：如果文件系统能够区分二进制文件和文本文件，可能会使用它。Windows 可以区分；UNIX 则不区分。推荐使用这个选项，便于获得最大程度的可移植性。它是默认模式
t	文本	用于与其他模式的结合。这个模式只是 Windows 下的一个选项

参数 use_include_path 为可选参数，决定是否在 include_path（php.ini 中的 include_path 选项）定义的目录中搜索 filename 文件。例如：在 php.ini 文件中设置 include_path 选项的值为“C:\xampp\php”。

参数 context 称为上下文，同样为可选参数，是设置流操作的特定选项，用于控制流的操作特性。在一般情况下只需使用默认的流操作设置，不需要使用此参数。

注：这就是 fopen()函数，在使用这个函数时应该谨慎从事，因为从 fopen()函数的参数中可以看到，使用这个函数不像平时用的记事本、Word 应用程序那么简单，一不小心就有可能将文件内容全部删掉。

【例 12-1】 通过 fopen 函数打开指定的文件。

```
<?php
//以只读方式打开当前执行脚本所在目录下的 count.txt 文件
$file1=fopen("./count.txt","r");
//以读写方式打开指定文件夹下的文件，如果文件不存在，则创建
$file2=fopen("C:/count.txt","w+");
//以二进制只写方式打开指定文本，并清空文件
$file3=fopen("./images/bg_01.jpg","wb");
//以只读方式打开远程文件
$file4=fopen("http://127.0.0.1/in/index.php","r");
?>
```

运行本实例后，在页面中看不到任何效果。但是，可以查看一下 C 盘的根目录，会有一个 count.txt 文件；在本实例根目录下的 images 文件夹，存储了两个图片：一个是 bg_01.jpg，另一个是 bg_01.jpg 的备份。

另外，如果在本实例的根目录下没有创建 count.txt 文件，那么运行本程序将看到错误信息。

12.1.2　读取文件内容

文件打开之后，就可以进行读取和写入操作了，这里先讲解文件的读取。可以将 PHP 提供的文件读取函数分为 4 类：读取一个字符、读取一行字串、读取任意长度的字串和读取整个文件。

1．fgetc()函数，读取一个字符

fgetc()函数从文件指针指定的位置读取一个字符。函数语法如下：

```
string fgetc ( resource handle )
```

该函数返回一个字符，该字符从 handle 指向的文件中得到。遇到文件结束符 EOF（End of File）则返回 false。

【例 12-2】 应用 fgetc()函数循环读取 in.txt 文件中的字符。

1）在当前目录下创建 txt 文件夹，新建一个 in.txt 文本文件。向文件中写入如下内容，然后保存并关闭文件。

```
<font size="13" color="red">Welcome to Beijing！</font>
```

2）创建 index.php 文件。首先定义文件路径，然后用只读方式打开文件，由于 fgetc()函数只能读取单个字符，所以为了拼接 for 循环的循环条件，这里使用 filesize()函数判断文本文件的数据长度。最后利用 fgets()函数输出文本数据。

```
<?php
header("Content-Type:text/html; charset=UTF-8");          //设置页面编码格式
$path="./txt/in.txt";                                      //定义文件路径
$ffile=fopen($path,"r");                                   //打开指定文件（只读方式）
$size=filesize($path);                                     //获取文件的数据长度
for($a=0;$a<$size;$a++){                                   //for 循环语句
    echo fgetc($ffile);                                    //输出数据
fclose($ffile);                                            //关闭文件
}
?>
```

运行结果为：输出文本数据“Welcome to Beijing!”（字体为红色）。

2．fgets()函数，读取一行字符

fgets()函数从文件指针中读取一行数据。文件指针必须是有效的，并且必须指向一个由 fopen()或 fsockopen()成功打开的文件。fgets()函数语法如下：

```
string fgets( int handle [, int length] )
```

参数 handle 是被打开的文件；参数 length 是要读取的数据长度。

fgets()函数能够从 handle 指定文件中读取一行并返回长度最大值为 length-1 个字节的字符串。在遇到换行符、EOF 或者读取了 length-1 个字节后停止。如果忽略 length 参数，那么将读取到行结束。

注：fgetss()函数是 fgets()函数的变体，用于读取一行数据，同时 fgetss()函数会过滤掉被读取内容中的 html 和 php 标记。语法如下：

```
string fgetss ( resource handle [, int length [, string allowable_tags]] )
```

参数 handle 指定读取的文件；参数 length 指定读取字符串的长度；参数 allowable_tags

控制哪些标记不被去掉。

【例 12-3】 应用 fgets()函数和 fgetss()两个函数分别输出文本文件的内容，看两者之间有什么区别。

```
<?php
    $fopen = fopen('./files.php','rb');
    while(!feof($fopen)){                  //feof 函数测试指针是否到了文件结束的位置。
        echo fgets($fopen);                //输出当前行
    }
    fclose($fopen);
?>
<!--  fgetss 函数读取.php 文件  -->
<?php
    $fopen = fopen('./files.php','rb');
    while(!feof($fopen)){                  //使用 feof 测试指针是否到了文件结束的位置
        echo fgetss($fopen);               //输出当前行
    }
    fclose($fopen);
?>
```

运行结果如下所示：

注：应用 fgets()函数读取的数据原样输出，没有任何变化；而应用 fgetss()函数读取的数据，去除了文件中的 html 标记，输出的完全是普通字符串。

3．fread()函数，读取任意长度的字串

fread()函数从文件中读取任意长度的数据，还可以用于读取二进制文件。函数语法如下：

```
string fread ( int handle, int length )
```

参数 handle 为指向的文件资源，参数 length 指定要读取的字节数。此函数在读取到 length 个字节或者到达 EOF 时停止执行。

【例 12-4】 应用 fread()函数读取 txt 文件夹下 in.txt 文件的内容，文本内容如下图 12-1 所示，具体步骤如下。

test.php × in.txt ×
1 hello1
2 hello2
3 hello3
4 hello4

图 12-1 in.txt 文本内容

首先，定义文本文件在实例根目录下的存储位置；其次，利用 fopen()函数以只读方式打开文件并返回文件句柄；然后，利用

filesize()函数获取文本文件数据的长度；最后，利用 fread()函数输出文本数据。代码如下：

```
<?php
    $path="txt/in.txt";                 //定义文本文件路径
    $open=fopen($path,"r");             //打开指定文件
    $size=filesize($path);              //获取文本数据长度
    echo fread($open,$size);            //输出所有数据
    fclose($open);                      //关闭文件
?>
```

运行结果如图 12-2 所示。

图 12-2　例 12-4 运行结果

4．readfile()、file()和 file_get_contents()函数，读取整个文件

1）readfile()函数

readfile()函数读取一个文件并写入到输出缓冲，成功返回读取的字节数，失败返回 FALSE。语法如下：

```
int readfile ( string filename [, bool use_include_path [, resource context]] )
```

参数 filename 指定读取的文件名称；参数 use_include_path 控制是否支持在 include_path 中搜索文件，如果支持，则将该值设置为 TRUE；参数 context 是 PHP 5.0 的新增内容。

注：应用 readfile()函数，不需要打开/关闭文件，不需要输出语句，直接应用函数即可。

2）file()函数

file()函数将整个文件的内容读入到一个数组中。成功返回数组，数组中的每个元素都是文件中对应的一行，包括换行符在内；失败返回 false。语法如下：

```
array file ( string filename [, int use_include_path [, resource context]] )
```

其参数与 readfile()函数相同，唯一区别是该函数返回值是数组。

3）file_get_contents()函数

file_get_contents()函数将文件内容读入一个字符串。如果有 offset 和 maxlen 参数，将在参数 offset 所指定的位置开始读取长度为 maxlen 的内容。如果失败，返回 false。语法如下：

```
string file_get_contents ( string filename [, bool use_include_path [, resource context [, int offset [, int maxlen]]]] )
```

参数 filename 指定读取的文件名称；参数 use_include_path 控制是否支持在 include_path 中搜索文件，如果支持，则将该值设置为 true。

注：读取整个文件中的内容，推荐读者使用 file_get_contents()函数。

【例 12-5】 读取指定文件中的全部内容。创建 index.php 文件，分别应用 readfile()、file()和 file_get_contents()函数读取指定文件中的内容。

```
<?php
function type($number,$path="txt/in.txt"){              //自定义函数，将 path 参数定义为可选参数
        if($number= ="1"){                              //判断传递进来的参数是否等于 1
                echo '<h2>file_get_contents()输出数据</h2>'; //输出数据
                echo file_get_contents($path);
        }else{
                if($number=="2"){                       //判断传递进来的参数是否等于 2
                        echo '<h2>readfile()输出数据</h2>';     //输出数据
                        readfile($path);
                }else{
                        $array=file($path);             //将数据保存在数组中
                        echo '<h2>file()输出数据</h2>';         //循环输出数据
                        for($a=0;$a<count($array);$a++){
                                echo "#".$array[$a]."<br>";

}
type("3");                                              //方法调用
type("2");
type("1");
?>
```

运行结果如图 12-3 所示。

图 12-3　例 12-5 运行结果

注：不知道大家是否已经注意到，在通过 readfile()、file()和 file_get_contents()函数读取整个文件中的内容时，不需要通过 fopen()函数打开文件，也不需要使用 fclose()函数关闭文

件。但是，在读取一个字符、读取一行字符和读取任意长度的字符串时必须应用 fopen()函数打开文件后才能进行读取，在读取完成后还要应用 fclose()函数关闭文件。

12.1.3 向文件中写入数据

前面讲了文件的打开和读取，下面介绍文件的写入操作。PHP 中通过 fwrite()函数和 file_put_ contents()函数执行文件的写入操作。

1．fwrite()函数，向文件中写入数据

fwrite()函数执行文件的写入操作。它还有一个别名 fputs()函数。其语法如下：

```
int fwrite ( resource handle, string string [, int length] )
```

fwrite()函数把 string 的内容写入文件指针 handle 处。如果设置 length，那么当写入 length 个字节或者完成 string 的写入后，操作就会停止。fwrite()函数成功返回写入的字符数，失败则返回 false。

注：在应用 fwrite()函数时，如果给出 length 参数，那么 magic_quotes_runtime（php.ini 文件中的选项）配置选项将被忽略，而 string 中的斜线将不会被抽去。如果在区分二进制文件和文本文件的系统上（例如：Windows）应用这个函数，打开文件时，fopen()函数的 mode 参数要加上'b'。

2．file_put_contents()函数，向文件中写入数据

file_put_contents()函数将一个字符串写入文件中。成功返回写入的字节数，失败则返回 false。其语法如下：

```
int file_put_contents ( string filename, string data [, int flags [, resource context]] )
```

file_put_contents()函数的参数说明如表 12-2 所示。

表 12-2 file_put_contents()函数的参数说明

参　数	说　明
filename	指定写入文件的名称
data	指定写入的数据
flags	实现对文件的锁定。可选值为：FILE_USE_INCLUDE_PATH、FILE_APPEND 或 LOCK_EX，这里只要知道 LOCK_EX 的含义就可以，LOCK_EX 为独占锁定
context	一个 context 资源

注：本函数可安全用于二进制对象。如果“fopen wrappers”已经被激活，则在本函数中可以把 URL 作为文件名来使用。

【例 12-6】 通过 fwrite()和 file_put_contents()函数执行文件的写入操作。

首先，应用 file_put_contents()函数写入文件，并应用 file_get_contents()函数读取 bg_01.jpg 图片文件。然后，将读取到的二进制数据通过 file_put_contents()函数写入到另外一个 files.jpg 文件中。最后通过 img 标记输出 files.jpg 图片。

```
<?php
    $path="images/cau_03.gif";                    //图片地址和名称
```

```
    $pic=file_get_contents($path);                  //获取数据信息并保存到变量中
    file_put_contents("images/cau_04.gif",$pic);    //将图片信息写入到另一张图片中
    echo "<img src='images/cau_04.gif'>";           //显示图片
?>
```

第二个应用 fwrite()函数完成文件的写入操作。代码如下：

```
<?php
    $path="images/cau_03.gif";                      //图片地址和名称
    $pic=file_get_contents($path);                  //读取图片数据
    $open=fopen("images/cau_04.gif","wb");          //以读写二进制方式打开文件
    fwrite($open,$pic);                             //写入信息
    echo "<img src='images/cau_04.gif'>";           //输出图像
    fclose($open);                                  //关闭文件
?>
```

运行结果如图 12-4 所示。

图 12-4　例 12-6 运行结果

12.1.4 关闭文件指针

文件有打开就应该有关闭，对文件的操作结束后，应该关闭这个文件，否则可能引起错误。在 PHP 中使用 fclose()函数关闭文件。其语法如下：

```
bool fclose ( resource handle ) ;
```

fclose()函数将参数 handle 指向的文件关闭，成功返回 true，否则返回 false。其中参数 handle（文件指针）必须是有效值，并且是通过 fopen()函数成功打开的文件。

12.2 常用目录操作

目录也是文件，是一种特殊的文件。那么既然是文件，如果要对其进行操作同样必须要先打开，然后才可以进行浏览、操作，最后还要记得关闭。对于 PHP 目录处理技术的学习仍然可以依照学习文件操作技术的步骤进行。

12.2.1 打开指定目录

打开文件和打开目录虽然都是执行打开的操作，不但使用的函数不同，而且对未找到指

定文件的处理结果也不同。fopen()函数如果未找到指定的文件，那么可能会自动创建这个文件，而打开目录函数 opendir()却没有那么勤劳和爽快，它会直接抛出一个错误信息。这就是PHP 提供的打开目录的函数 opendir()。

opendir()函数打开一个指定目录。成功则返回目录句柄，否则返回 false。其语法如下：

```
resource opendir ( string path [, resource context] )
```

参数 path 指定要打开的目录路径，如果参数 path 指定的不是一个有效的目录，或者因为权限、文件系统错误而不能打开，opendir()函数将返回 FALSE，并产生一个 E_WARNING 级别的错误信息。

注：通过在 opendir()函数前添加@符号，可以屏蔽错误信息的输出。

【例 12-7】 首先验证指定目录是否存在，如果存在则通过 opendir()函数打开指定的目录。

```
<?php
    header("Content-Type:text/html;charset=utf-8");
    if(is_dir("dir")){                    //判断指定文件夹是否存在
        echo "<b >指定文件夹存在</b>";
        echo"<br>";
        $array=scandir('dir') ;  //读取目录结构
        foreach($array as $key=>$value){
            echo "#".$value."<br>";
    }else{
        echo  "<b>指定文件夹不存在</b>";
?>
```

运行结果如图 12-5 所示。

图 12-5　例 12-7 运行结果

12.2.2　读取目录结构

应用 opendir()函数打开目录之后，就可以利用其返回的目录句柄，配合 PHP 中提供的 scandir()函数完成对目录的浏览操作。此处的例子并未使用 opendir()函数。

scandir()函数浏览指定路径下的目录和文件。成功返回包含有文件名的 array，失败则返回 false。其语法如下：

```
array scandir ( string directory [, int sorting_order [, resource context]] )
```

参数 directory 指定要浏览的目录，如果 directory 不是目录，那么 scandir()函数将返回 false，并生成一条 E_WARNING 级的错误信息。

参数 sorting_order 设置排序顺序，默认按字母升序排序，如果应用参数 sorting_order，则变为降序排序。

【例 12-8】 打开 Apache 服务器的根目录，并且浏览目录下的文件和文件夹。

```
<?php
    $path="../../../../";                                   //定义相对路径
    echo "Apache 根目录所在的硬盘路径为：".realpath($path)."<br>";  //输出 Apache 根目录的
绝对路径
    if(is_dir($path)){                                      //判断当前路径是否为目录
        $path=scandir($path);                               //将目录信息保存在数组中
        for($a=0;$a<count($path);$a++){                     //循环输出结果
            echo "#".$path[$a]."<br>";
        }
    }
?>
```

运行结果如图 12-6 所示:

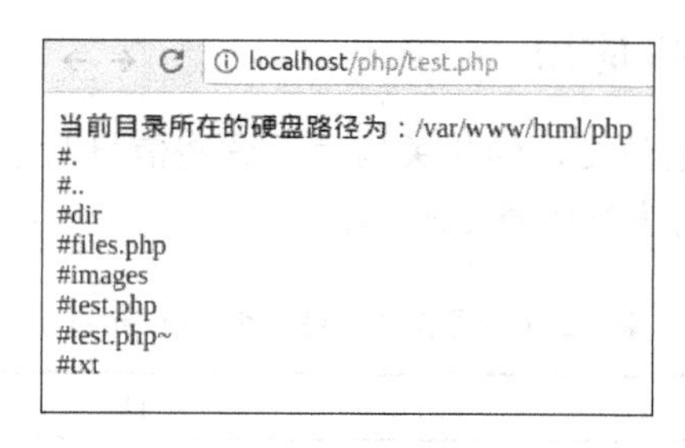

图 12-6　例 12-8 运行结果

12.2.3 关闭目录指针

目录打开，完成操作之后，就应该关闭目录。PHP 中通过 closedir()函数关闭目录。其语法如下：

```
void closedir ( resource handle )
```

参数 handle 为使用 opendir()函数打开的一个目录句柄。

在应用 rmdir()函数删除指定的目录时，被删除的路径必须是空的目录，并且权限必须要合乎要求，否则将返回 false。

12.3 文件上传处理

12.3.1 相关设置

要想顺利地实现上传功能，首先要在 php.ini 中开启文件上传，并对其中的一些参数做出合理的设置。在 php.ini 文件中找到 File Uploads 项，可以看到下面有 3 个属性值，表示含义如下。

1）file_uploads：如果值是 on，说明服务器支持文件上传；如果为 off，则不支持。

2）upload_tmp_dir：上传文件临时目录。在文件被成功上传之前，文件首先存储到服务器端的临时目录中。如果想要指定位置，就在这里设置，否则使用系统默认目录即可。

3）upload_max_filesize：服务器允许上传的文件的最大值，以 MB 为单位。系统默认为 2 MB，用户可以自行设置。

除了 File Uploads 项，还有几个属性也会影响到上传文件的功能。

1）max_execution_time：PHP 中一个指令所能执行的最大时间，单位是秒。

2）memory_limit：PHP 中一个指令所分配的内存空间，单位是 MB。

注：如果我们使用集成化的安装包来配置 PHP 的开发环境，那么就不必担心上述介绍的这些配置信息，因为默认已经为我们配置好了。

注：如果我们要上传超大的文件，那么就有必要对 php.ini 文件进行修改。包括 upload_max_filesize 的最大值、max_execution_time 一个指令所能执行的最大时间和 memory_limit 一个指令所分配的内存空间。

12.3.2 全局变量 $_FILES 应用

$_FILES 变量存储的是上传文件的相关信息，这些信息对于上传功能有很大的作用。该变量是一个二维数组。保存的信息如表 12-3 所示。

表 12-3 预定义变量$_FILES 元素

元素名	说明
$_FILES[filename][name]	存储了上传文件的文件名。如 exam.txt、myDream.jpg 等
$_FILES[filename][size]	存储了文件大小。单位为字节
$_FILES[filename][tmp_name]	文件上传时，首先在临时目录中被保存成一个临时文件。该变量为临时文件名
$_FILES[filename][type]	上传文件的类型
$_FILES[filename][error]	存储了上传文件的结果。如果返回 0，说明文件上传成功

【例 12-9】 创建一个上传文件域，通过$_FILES 变量输出上传文件的资料。

```
<table width="500" border="0" cellspacing="0" cellpadding="0">
<!--  上传文件的 form 表单，必须有 enctype 属性  -->
<form action="" method="post" enctype="multipart/form-data">
  <tr>
<td width="150" height="30" align="right" valign="middle">请选择上传文件：</td>
<!--  上传文件域，type 类型为 file  -->
<td width="250"><input type="file" name="upfile"/></td>
<!--  提交按钮  -->
<td width="100"><input type="submit" name="submit" value="上传" /></td>
  </tr>
</form>
</table>
<?php
```

```
    <!--  处理表单返回结果  -->
        if(!empty($_FILES)){                                              //判断变量$_FILES 是否为空
            foreach($_FILES['upfile'] as $name => $value) //使用 foreach 循环输出上传文件信息的名称和值
                echo $name.' = '.$value.'<br>';
        }
    ?>
```

运行结果如图 12-7 所示：

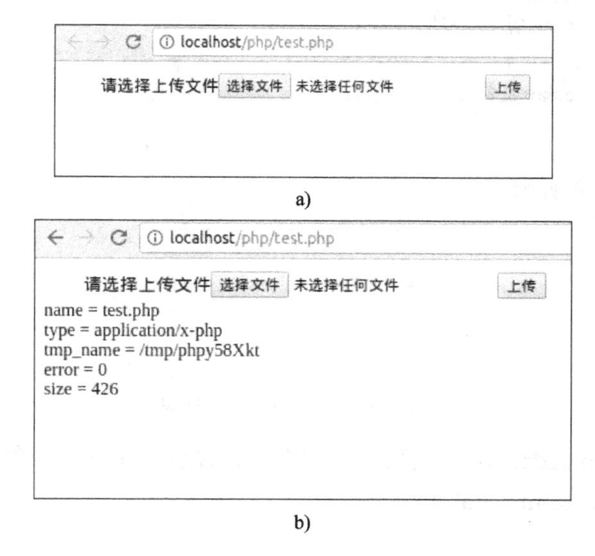

图 12-7　例 12-9 运行结果

a) 页面显示　b) 结果显示

12.3.3　文件上传函数

PHP 中使用 move_uploaded_file()函数上传文件。该函数的语法如下：

```
bool move_uploaded_file ( string filename, string destination )
```

move_uploaded_file()函数将上传文件存储到指定的位置。如果成功，则返回 true，否则返回 false。参数 filename 是上传文件的临时文件名，即$_FILES[tmp_name]；参数 destination 是上传后保存的新的路径和名称。

【例 12-10】 本例创建一个上传表单，允许上传 150 KB 以下的文件。

```
<!--  上传表单，有一个上传文件域  -->
<form action="" method="post" enctype="multipart/form-data" name="form">
    <input name="up_file" type="file" />
    <input type="submit" name="submit" value="上传" />
</form>
<!--  ———————————————————————————  -->
```

```
<?php
/*  判断是否有上传文件  */
    if(!empty($_FILES[up_file][name])){
/*  将文件信息赋给变量$fileinfo  */
        $fileinfo = $_FILES[up_file];
/*  判断文件大小  */
        if($fileinfo['size'] < 1000000 && $fileinfo['size'] > 0){
/*  上传文件  */
            move_uploaded_file($fileinfo['tmp_name'],$fileinfo['name']);
            echo '上传成功';
        }else{
            echo '文件太大或未知';
    }
```

运行结果如图 12-8 所示：

图 12-8　例 12-10 运行结果

注：使用 move_uploaded_file()函数上传文件时，在创建 form 表单时，必须设置 form 表单的 enctype="multipart/form-data"属性。

12.3.4　多文件上传

PHP 支持同时上传多个文件，只需要在表单中对文件上传域使用数组命名即可。

【例 12-11】 本实例有 4 个文件上传域，文件域的名字为 u_file[]，提交后上传的文件信息都被保存到$_FILES[u_file]中，生成多维数组。读取数组信息，并上传文件。

```
<!--  上传文件表单  -->
<form action="" method="post" enctype="multipart/form-data">
<table id="up_table" border="1" bgcolor="f0f0f0" >
 <tbody id="auto">
<tr id="show" > <td>上传文件 </td>
        <td><input name="u_file[]" type="file"></td>
        </tr>
      <tr>
 <td>上传文件 </td>
        <td><input name="u_file[]" type="file"></td>
        </tr></tbody>
       <tr><td colspan="4"><input type="submit" value="上传" /></td></tr> </table> </form>
<?php
<!--  判断变量$_FILES 是否为空  -->
if(!empty($_FILES[u_file][name])){
    $file_name = $_FILES[u_file][name];                    //将上传文件名另存为数组
```

```
        $file_tmp_name = $_FILES[u_file][tmp_name];          //将上传的临时文件名存为数组
        for($i = 0; $i < count($file_name); $i++){           //循环上传文件
         if($file_name[$i] != ''){                           //判断上传文件名是否为空
            move_uploaded_file($file_tmp_name[$i],$i.$file_name[$i]);
            echo '文件'.$file_name[$i].'上传成功。更名为'.$i.$file_name[$i].'<br>';

    }
    }
    ?>
```

运行结果如图 12-9 所示：

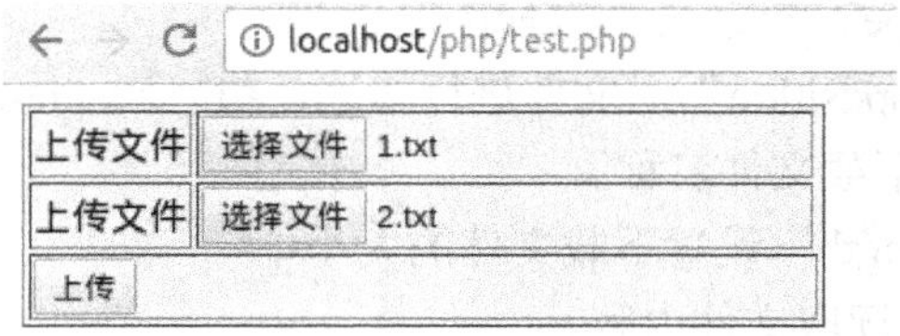

a)

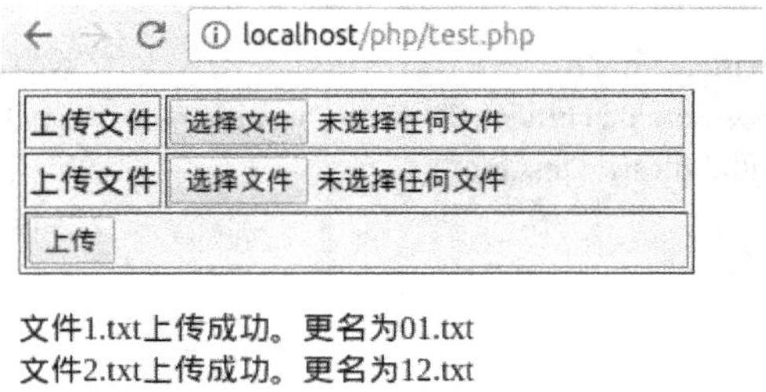

b)

图 12-9　例 12-11 运行结果

a) 页面显示　b) 运行结果

12.3.5　文件下载

header()是一个 HTTP 相关函数，其作用是以 HTTP 协议将 HTML 文档的标头送到浏览器，并告诉浏览器具体怎么处理这个页面。当用户使用 HTTP 方式下载时，我们便可以使用 header()函数告诉浏览器这是一个下载文件。header()函数的语法如下：

```
void header ( string string [, bool replace [, int http_response_code]] )
```

参数说明：

- string：发送的标头。
- replace：如果一次发送多个标头，对于相似的标头是替换还是添加。如果是 false，则强制发送多个同类型的标头。默认是 true，即替换。
- http_response_code：强制 HTTP 响应为指定值。

通过 HTTP 下载的代码如下：

```
header("Content-type: application/x-gzip");
header("Content-Disposition: attachment; filename=文件名");
header("Content-Description: PHP3 Generated Data"); >
```

HTTP 标头有很多，这里介绍的是下载的 HTTP 标头。其代码如下：

```
header('Content-Disposition: attachment; filename="filename"');
```

在应用的过程中，唯一需要改动的就是 filename。即将 filename 替换为要下载的文件。

【例 12-12】 下面通过一个具体的实例，讲解如何运用 header()函数完成文件的下载操作。具体步骤如下。

1）通过“Content-Type”指定文件的 MIME 类型。

2）通过“Content-Disposition”对文件进行描述，值“attachment;filename="test.jpg"”说明是一个附件，同时指定下载文件名称。

3）通过“Content-Length”设置下载文件的大小。

4）通过 readfile()函数读取文件内容。

其具体语句如下：

```
header('Content-Type:image/jpg');                                     //设置图片类型
header('Content-Disposition:attachment;filename="test.jpg"');         //描述下载文件，指定文件名称
header('Content-Length:'.filesize('test.jpg'));                       //定义下载文件大小
readfile('test.jpg');                                                 //读取文件，执行下载
```

思考与练习

1．编写一个函数，遍历一个文件夹下的所有文件和子文件夹。

2．如何获取一个指定网页中的内容？

3．如何实现分级目录？

4．如何计算文件和磁盘的大小？

5．实现一个文件上传网页，要求不允许上传可执行文件。

6．下列说法正确的是（　　）。

A．在执行文件操作时，都必须先执行 fopen()函数将其打开

B．r+模式打开文件时，只能从文件中读出数据

C．w+模式打开文件时，只能向文件中写入数据

D．x+模式不能打开已存在的文件

7．要查看文件创建时间，可使用下面的（　　）选项中的函数。

A．filetype()　　　　B．filectime()

C．fileatime()　　　　D．filemtime()

8．打开文件后，不可以从文件中（　　）。

A．读一个字符　　　　B．读一个单词

C．读一行　　　　D．读多行

9．在实现上传文件表单时，表单编码方式应使用（　　）。

A．Text/plain　　　　　　　　　　B．application/octet-stream

C．Multipart/form-data　　　　　　D．image/gif

10．下列说法正确的是（　　）。

A．如果没有设置任何文件大小限制，则可上传超大文件

B．要启用 PHP 文件上传，必须设置 upload_tmp_dir

C．上传的文件保存在临时目录中，可随时访问

D．可从全局变量$_FILES 中获得上传文件的信息

第 13 章　PHP 图形图像处理

GD2 库是 PHP 处理图形图像的扩展库，GD2 库提供了一系列用来处理图像的 API，使用 GD2 库可以处理图像，或者生成图像。由于有 GD2 库的强大支持，PHP 的图形图像处理功能可以说是 PHP 的一个强项，便捷易用、功能强大。另外，PHP 图形化类库——Jpgraph 也是一款非常好用和强大的图形处理工具，可以绘制各种统计图和曲线图，也可以自定义设置颜色、字体等元素。

图像处理技术中的经典应用是绘制饼形图、柱形图和折线图，这是对数据进行图形化分析的最佳方法。本章分别对 GD2 库以及 Jpgraph 类库进行详细讲解。

13.1　了解 GD2 函数库

PHP 目前在 Web 开发领域已经被广泛地应用，互联网上已经有近半数的站点采用 PHP 作为开发语言。PHP 不仅可以生成 HTML 页面，而且可以创建和操作二进制形式数据，例如图像、文件等，其中使用 PHP 操作图形可以通过 GD2 函数库来实现，使用 GD2 函数库可以在页面中绘制各种图形图像，以及统计图，如果与 AJAX 技术相结合还可以制作出各种强大的动态图表。

GD2 函数库是一个开放的、动态创建图像的、源代码公开的函数库，可以从官方网站“http://www.boutell.com/gd”处下载最新版本的 GD2 库。目前，GD2 库支持 GIF、PNG、JPEG、WBMP 和 XBM 等多种图像格式。

13.2　设置 GD2 函数库

PHP 5 中 GD2 函数库已经作为扩展被默认安装，但目前有些版本中，还需要对 php.ini 文件进行设置来激活 GD2 函数库。用文本编辑工具，如记事本等打开 php.ini 文件，将该文件中的“;extension=php_gd2.dll”选项前的分号“;”删除，如图 13-1 所示，保存修改后的文件，并重新启动 Apache 服务器，即可激活 GD2 函数库。

图 13-1　激活 GD2 函数库

图 13-2　GD2 函数库的安装信息

在成功加载 GD2 函数库后，可以通过 phpinfo()函数来获取 GD2 函数库的安装信息，验证 GD 库是否安装成功。在 Apache 的默认站点目录中编写 phpinfo.php 文件，并在该文件中编写如下代码：

```
<?php
    phpinfo();        //输出 PHP 配置信息
?>
```

在 IE 浏览器的地址栏中输入“http://127.0.0.1/phpinfo.php”，按〈Enter〉键后，如果在打开的页面中检索到图 13-2 所示的 GD 库安装信息，说明 GD 库安装成功，这样开发人员就可以在程序中使用 GD2 函数库编写图形图像。

13.3 常用的图像处理

13.3.1 创建画布

GD2 函数库在图像图形绘制方面功能非常强大，开发人员既可以在已有图片的基础上进行绘制，也可以在没有任何素材的基础上绘制，在这种情况下首先要创建画布，之后所有操作都将依据所创建的画布进行，在 GD2 函数库中创建画布应用 imagecreate()函数。其语法如下：

```
resource imagecreate ( int x_size, int y_size )
```

该函数用于返回一个图像标识符，参数 x_size、y_size 为图像的尺寸，单位为像素（pixel）。

【例 13-1】 通过 imagecreate()函数创建一个宽 200 像素，高 100 像素的画布，并且设置画布背景颜色 RGB 值为：211 126 29，最后输出一个 gif 格式的图像，具体代码如下。

```
<?php
    header("Content-type:text/html;charset=utf-8");        //设置页面的编码风格
    header("Content-type:image/jpg");                      //告知浏览器输出的是图片
    $image=imagecreate(400,100);                           //设置画布的大小
    $bgcolor=imagecolorallocate($image,200,60,60);         //设置画布的背景颜色
    imagejpeg($image);                                     //输出图像
    imagedestroy($image);                                  //销毁图像
?>
```

在上面的代码中，应用 imagecreate()函数创建一个基于普通调色板的画布，通常支持 256 色。其中通过 imagecolorallocate()函数设置画布的背景颜色，通过 imagegif()函数输出图像，通过 imagedestroy()函数销毁图像资源。

其运行效果为将背景设置为红色，如图 13-3 所示。

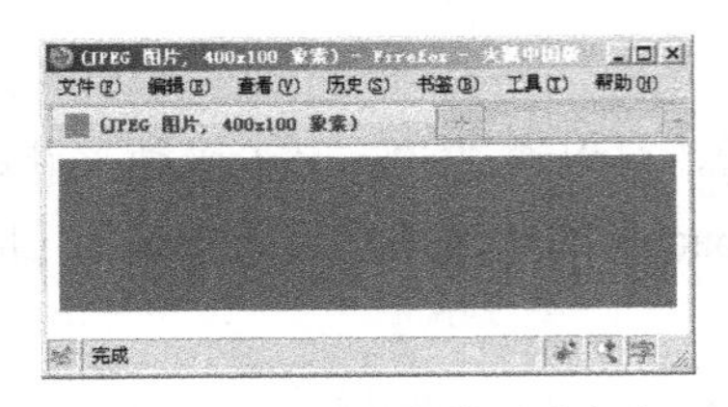

图 13-3　设置画布背景为红色

13.3.2　颜色处理

应用 GD2 函数绘制图形需要为图形中的背景、边框和文字等元素指定颜色，GD2 中使用 imagecolorallocate()函数设置颜色，其语法如下：

```
int imagecolorallocate ( resource image, int red, int green, int blue)
```

image 参数是 imagecreatetruecolor()函数的返回值。red、green 和 blue 分别是所需要的颜色的红、绿、蓝成分，这些参数是 0 到 255 的整数或者 16 进制的 0x00 到 0xFF。

imagecolorallocate()函数返回一个标识符，代表由给定的 RGB 成分组成的颜色。

注：如果是第一次调用 imagecolorallcate()函数，那么它将完成背景颜色的填充。

【例 13-2】 通过 imagecreate()函数创建一个宽 685 像素，高 180 像素的画布，通过 imagecolorallocate()函数为画布设置背景颜色以及图像的颜色，并且输出创建的图像。

首先，通过 imagecreate()函数创建一个宽 685 像素，高 180 像素的画布。然后，通过 imagecolorallocate()函数为画布设置背景颜色以及图像的颜色，接着通过 imageline()函数绘制一条白色的直线。最后，完成图像的输出和资源的销毁。

```
<?php
    header("Content-Type:text/html;charset=utf-8");     //设置页面的编码风格
    header("Content-Type:image/jpeg");                   //告知浏览器输出的是一个图片
    $image=imagecreate(685,180);                         //设置画片大小
    $bgcolor=imagecolorallocate($image,200,60,120);      //设置图片的背景颜色
    $write=imagecolorallocate($image,200,200,250);       //设置线条的颜色
    imageline($image,20,20,650,160,$write);              //画一条线
    imagejpeg($image);                                   //输出图像
    imagedestroy($image);                                //销毁图片
?>
```

运行结果如图 13-4 所示，在画布背景上画出了一道白线。

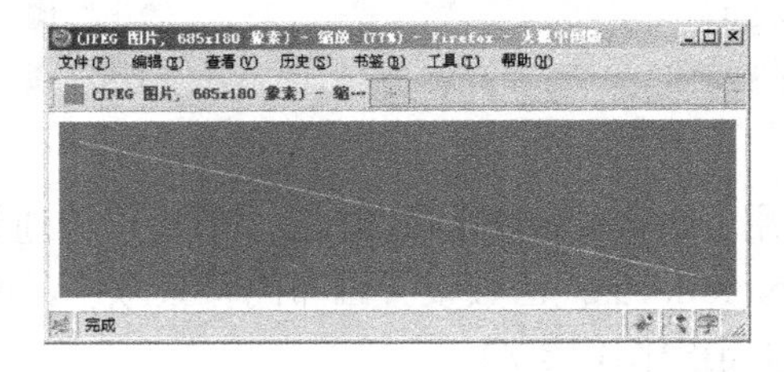

图 13-4　绘制一条白色直线

13.3.3 绘制文字

在 PHP 中的 GD2 库既可以绘制英文字符串，也可以绘制中文汉字。绘制英文字符串应用 imagestring()函数。其语法如下：

```
bool imagestring ( resource image, int font, int x, int y, string s, int col )
```

imagestring()函数用 col 颜色将字符串 s 绘制到 image 所代表的图像的 x，y 坐标处（这是字符串左上角坐标，整幅图像的左上角为 0，0）。如果 font 是 1、2、3、4 或 5，则使用内置字体。

绘制中文汉字应用 imagettftext()函数，其语法如下：

```
array imagettftext ( resource image, float size, float angle, int x, int y, int color, string fontfile, string text )
```

imagettftext()函数的参数说明如表 13-1 所示。

表 13-1　imagettftext()函数的参数说明

参　数	说　明
image	图像资源
size	字体大小。根据 GD 版本不同，应该以像素大小指定（GD1）或点大小（GD2）
angle	字体的角度，顺时针计算，0 度为水平，也就是 3 点钟的方向（由左到右），90 度则为由下到上的文字
x	文字的 x 坐标值。它设定了第一个字符的基本点
y	文字的 y 坐标值。它设定了字体基线的位置，不是字符的最底端
color	文字的颜色
fontfile	字体的文件名称，也可以是远端的文件
text	字符串内容

注：在 GD2 函数库中支持的是 UTF-8 编码格式的中文，所以在通过 imagettftext()函数输出中文字符串时，必须保证中文字符串的编码格式是 UTF-8，否则中文将不能正确的输出。如果定义的中文字符串是 gb2312 简体中文编码，那么要通过 iconv()函数对中文字符串的编码格式进行转换。

【例 13-3】 通过 imagestring()函数水平地绘制一行字符串“I like PHP”。

首先，创建一个画布。然后，定义画布背景颜色和输出字符串的颜色。接着，通过 imagestring()函数水平的绘制一行英文字符串。最后，输出图像并且销毁图像资源。

```
<?php
    header("Content-Type:text/html;charset=utf-8");            //设置页面的编码风格
    header("Content-Type:image/jpeg");                      //告知浏览器输出的是一张图片
    $image=imagecreate(300,80);                                 //创建画布的大小
    $bgcolor=imagecolorallocate($image,200,60,90);             //设置背景颜色
    $write=imagecolorallocate($image,0,0,0);                   //设置文字颜色
    imagestring($image,5,80,30,"I Like PHP",$write);     //书写英文字符
    imagejpeg($image);                                                      //输出图像
    imagedestroy($image);                                               //销毁图像
```

```
?>
```

运行结果如图 13-5 所示，在背景上显示“I Like PHP”英文字符串。

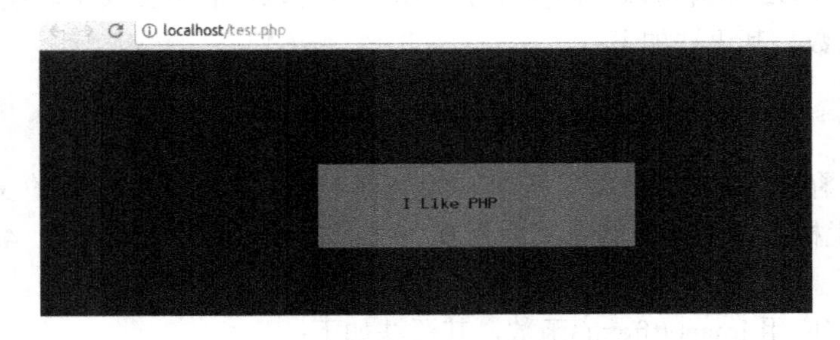

图 13-5　绘制英文字符串

【例 13-4】 通过 imagettftext ()函数水平地绘制一行中文字符串。

首先，创建一个画布，定义画布背景颜色和输出字符串的颜色。然后，定义中文字符串使用的字体，以及要输出的中文字符串的内容。接着，通过 imagettftext ()函数水平的绘制一行中文字符串。最后，输出图像并且销毁图像资源。

```
<?php
    header("Content-Type:text/html;charset=utf-8");                    //设置文件编码格式
    header("Content-Type:image/jpeg");                      //告知浏览器所要输出图像的类型
    $image=imagecreate(800,150);                                     //创建画布
    $bgcolor=imagecolorallocate($image,0,200,200);                     //设置图像背景色
    $fontcolor=imagecolorallocate($image,200,80,80);              //设置字体颜色为黑色
    $font="msyh.ttf";                                    //定义字体，此处字体必须指明路径
    $string="北京欢迎您 ";                                                   //定义输出中文
    imagettftext($image,80,5,100,130,$fontcolor,$font,$string);
//写 TTF 文字到图中
    imagejpeg($image);                      //建立 JPEG 图形
    imagedestroy($image);                                    //释放内存空间
?>
```

运行结果如图 13-6 所示，在背景上显示“北京欢迎您”中文字符串。

图 13-6　绘制中文字符串

注：由于 imagettftext()函数只支持 UTF-8 编码，如果创建的网页的编码格式使用 GB2312，那么在应用 imagettftext()函数输出中文字符串时，必须应用 iconv()函数将字符串的编码格式由 GB2312 转换为 UTF-8，否则在输出时将会乱码。在本范例中之所以没有进行编码格式转换，是因为创建的文件默认使用的是 UTF-8 编码。

【例 13-5】 在用户注册功能模块中，为了提高站点的安全性，避免由于网速慢造成用户注册信息的重复提交，往往会在用户注册表单中增加验证码功能。这里应用 GD2 函数库中的函数生成一个数字验证码，其具体步骤如下。

1）设置页面的编码风格为 UTF-8。

2）告知浏览器输出的是一个 jpeg 格式的图像。

3）利用 GD2 函数将 rand 函数生成的验证码以图像的形式输出。

```
<?php
    header("Content-Type:text/html;charset=utf-8");        //设置编码风格
    header("Content-Type:image/jpeg");                     //设置图片格式
    $image=imagecreate(250,100);                           //创建画布
    $bgcolor=imagecolorallocate($image,250,180,180);       //设置背景颜色
    $fontcolor=imagecolorallocate($image,30,30,30);        //设置字体颜色
    $font="meiryon_boot.TTF";                              //设置字体
    $rand="";//需要初始化，否则会报未定义的变量
for($a=0;$a<4;$a++){                                       //循环语句
        $rand.=dechex(rand(0,15));
    }
    $string=$rand;
    imagettftext($image,50,7,40,80,$fontcolor,$font,$string);   //输出验证码
    imagejpeg($image);
    imagedestroy($image);
?>
```

其运行结果如图 13-7 所示，在背景上生成随机图像验证码。

图 13-7　生成图像验证码

13.3.4 输出图像

PHP 作为一种 Web 语言，无论是解析出的 HTML 代码还是二进制的图片最终都要通过浏览器显示。应用 GD2 函数绘制的图像首先需要用 header()函数发送 HTTP 标头信息给浏览器，告知所要输出图像的类型，然后应用 GD2 函数库中的函数完成图像输出。

header()函数向浏览器发送 HTTP 标头信息，其语法如下：

```
void header ( string string [, bool replace [, int http_response_code]] )
```

参数 string：发送的标头。

参数 replace：如果一次发送多个标头，对于相似的标头是替换还是添加。如果是 false，则强制发送多个同类型的标头。默认是 true，即替换。

参数 http_response_code：强制 HTTP 响应为指定值。

header()函数可以实现如下 4 种功能。

1）重定向，这是最常用的功能。

```
header("Location: http://www.mrbccd.com");
```

2）强制客户端每次访问页面时获取最新资料，而不是使用存在于客户端的缓存。

```
//设置页面的过期时间(用格林威治时间表示)。
header("Expires:    Mon,    08    Jul    2008    08:08:08    GMT");
//设置页面的最后更新日期(用格林威治时间表示)，使浏览器获取最新资料
header("Last-Modified: " . gmdate("D, d M Y H:i:s") . "GMT");
header("Cache-Control: no-cache,    must-revalidate");   //控制页面不使用缓存
header("Pragma: no-cache");            //参数（与以前的服务器兼容），即兼容 HTTP1.0 协议
header("Content-type:    application/file");        //输出 MIME 类型
header("Content-Length:    227685");                //文件长度
header("Accept-Ranges:    bytes");                  //接受的范围单位
//缺省时文件保存对话框中的文件名称
header("Content－Disposition: attachment; filename=$filename");    //实现下载
```

3）输出状态值到浏览器，控制访问权限。

```
header('HTTP/1.1 401 Unauthorized');
header('status: 401 Unauthorized');
```

4）完成文件的下载。

```
header("Content-type: application/x-gzip");
header("Content-Disposition: attachment; filename=文件名");
header("Content-Description: PHP3 Generated Data"); >
```

在应用的过程中，唯一需要改动的就是 filename，即将 filename 替换为要下载的文件。

imagegif()函数，以 GIF 格式将图像输出到浏览器或文件。其语法如下：

```
bool imagegif ( resource image [, string filename] )
```

参数 image：是 imagecreate()或 imagecreatefromgif()等创建图像函数的返回值，图像格式为 GIF。如果应用 imagecolortransparent()函数，则使图像设置为透明，图像格式为 GIF。

参数 filename：可选参数，如果省略，则原始图像流将被直接输出。

imagejpeg()和 imagepng()函数的使用方法与 imagegif()函数类似，这里不再赘述。至于图像输出函数的应用在前面的 4 个实例中都已经使用过，这里不再重新举例。

13.3.5 销毁图像

在 GD2 函数库中，通过 imagedestroy()函数来销毁图像，释放内存。其语法如下：

```
bool imagedestroy ( resource image )
```

imagedestroy()函数释放与 image 关联的内存。image 是由图像创建函数返回的图像标识符，例如 imagecreatetruecolor()函数。

有关销毁图像函数的应用在前面的 4 个实例中都已经使用过，这里不再重新举例。

13.4 运用 Jpgraph 类库绘制图像

13.4.1 Jpgraph 类库简介

Jpgraph 类库是一个可以应用在 PHP 4.3.1 以上版本的用于图像图形绘制的类库，该类库完全基于 GD2 函数库编写，Jpgraph 类库提供了多种方法创建各类统计图，包括坐标图、柱状图、饼状图等。使用 Jpgraph 类库使复杂的统计图编写工作变得简单，大大提高了开发者的开发效率，在现今的 PHP 项目中被得以广泛的应用。

注：要运用 Jpgraph 类库，首先必须了解它如何下载，都有哪些版本，都适用于哪些环境。Jpgraph 包括 Jpgraph 1.x 系列、Jpgraph 2.x 系列和 Jpgraph 3.x 系列。

Jpgraph 1.x 系列仅适用于 PHP 4 环境，在 PHP 5 下不能工作。

Jpgraph 2.x 系列仅适用于 PHP 5 环境(>= 5.1.x)，PHP 4 下不能工作。目前 JP2.x 系列的最新版本是 2.3.4。

Jpgraph 3.x 系列是 2.x 的升级版本。

目前 Jpgraph 最新的版本是 4.0.2。

13.4.2 Jpgraph 类库的安装

安装 Jpgraph 类库前，首先需要下载该类库的压缩包，Jpgraph 类库的压缩包主要有两种形式，即 zip 格式和 tar 格式，如果是 Linux/UNIX 平台可以选择 tar 格式的压缩包，如果是微软的 win32 平台选择上述两种格式的压缩包任一种都可以。Jpgraph 类库可以从其官方网站“http://jpgraph.net/download/”下载。

如果已经下载 Jpgraph 类库的安装包，解压后将会呈现图 13-8 所示的目录结构。

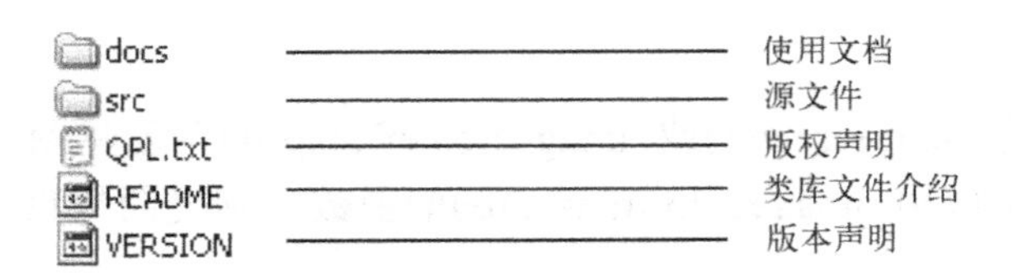

图 13-8　Jpgraph 压缩包解压后的目录

1）如果希望服务器中所有站点均有效，可以按如下步骤进行配置。

首先，解压下载的压缩包，复制图 13-8 中的 src 文件夹，并将该文件夹保存到服务器磁盘中，例如：c:\jpgraph。

然后，编辑 php.ini 文件，修改 include_path 配置项，在该项后增加 Jpgraph 类库的保存目录，例如：include_path = “.;c:\jpgraph”。

最后，重新启动 Apache 服务，则配置生效。

2）如果只希望在本站点使用 Jpgraph 类库，则直接将 src 文件夹复制到工程目录下即可。

通过上述两种方式都可以完成 Jpgraph 类库的安装，此时在程序中通过 require_once 语句即可完成 Jpgraph 类库的载入操作。代码如下：

```
require_once 'src/jpgraph.php';
```

注：因为 Jpgraph 类库属于第三方的内容，所以本书没有提供。运行本章中所有涉及 Jpgraph 类库的程序时，需要读者自己下载 Jpgraph 类库，然后复制 src 文件夹将其放置于实例根目录的上级文件夹下。

13.4.3　柱形图分析产品月销售量

【例 13-6】 通过 Jpgraph 类库创建柱形图，完成对产品月销售量的统计分析，具体步骤如下。

1）将 Jpgraph 类库导入到程序中。

2）将 src 文件夹复制到实例的根目录下。

3）创建 index.php 文件，将 Jpgraph 类库导入到项目中。具体操作步骤如下：

① 使用 Graph 类创建统计图对象；

② 调用 Graph 类的 SetScale()方法设置统计图的刻度样式；

③ 调用 Graph 类的 SetShadow()方法设置统计图阴影；

④ 调用 Graph 类的 img 属性的 SetMargin()方法设置统计图的边界范围；

⑤ 调用 BarPlot 类创建统计图的柱状效果；

⑥ 调用 BarPlot 类的 SetFillColor()方法设置柱状图的前景色。

```
<?php
header ( "Content-type: text/html; charset=UTF-8" );          //设置文件编码格式
require_once 'src/jpgraph.php';                               //导入 Jpgraph 类库
require_once 'src/jpgraph_bar.php';                           //导入 Jpgraph 类库的柱状图功能
$data = array(80, 73, 89, 85, 92);                            //设置统计数据
$datas = array("C#", "VB", "VC", "JAVA", "ASP.NET");          //设置统计数据
$graph = new Graph(600, 300);                                 //设置画布大小
```

```
$graph->SetScale('textlin');                                    //设置坐标刻度类型
$graph->SetShadow();                                            //设置画布阴影
$graph->img->SetMargin(40, 30, 20, 40);                         //设置统计图边距
$barplot = new BarPlot($data);                                  //实例化 BarPlat 对象
$barplot->SetFillColor('blue');                                 //设置柱形图前景色
$barplot->value->Show();
$graph->Add($barplot);
$graph->title->Set(iconv("utf-8","gb2312","1 月份《程序设计实例教程》售量分析")); //统计图标题
$graph->xaxis->title->Set(iconv("utf-8","gb2312","部门"));      //设置 X 轴名称
$graph->xaxis->SetTickLabels($datas);
$graph->yaxis->title->Set(iconv("utf-8","gb2312",'总数量(本)')); //设置 Y 轴名称
$graph->title->SetFont(FF_SIMSUN, FS_BOLD);                         //设置标题字体
$graph->xaxis->title->SetFont(FF_SIMSUN,FS_BOLD);                   //设置 X 轴字体
$graph->yaxis->title->SetFont(FF_SIMSUN,FS_BOLD);                   //设置 Y 轴字体
$graph->Stroke();                                                   //输出图像
```

其运行效果如图 13-9 所示。

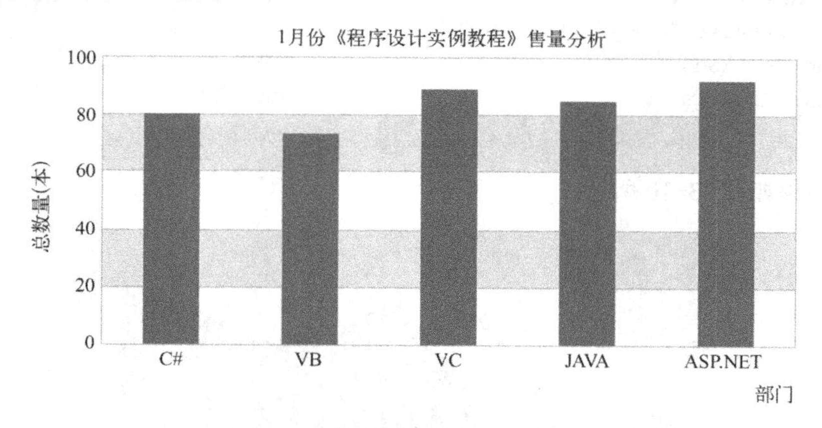

图 13-9　柱形图分析产品月销售量

13.4.4　折线图分析网站一天内的访问走势

【例 13-7】 通过 Jpgraph 类库创建折线图，对网站一天内的访问走势进行分析。其中，应用 SetFillColor()方法为图像填充颜色；通过 SetColor()方法定义数据、文字、坐标轴的颜色的具体步骤如下。

1）创建 index.php 文件，设置网页的编码格式，并通过 include()语句导入所需的存储在文件夹 src 下的 Jpgraph 文件。注意这里创建的是折线图，所以导入的文件也发生了变化。

2）应用 Jpgraph 类库中的方法创建一个折线图，对网站一天中的访问量走势进行分析。

```
<?php
header ( "Content-type: text/html; charset=UTF-8" );        //设置文件编码格式
include ("../src/jpgraph.php");
include ("../src/jpgraph_line.php");
//这里省略了创建数据的代码
```

```
$graph = new Graph(450,275);                           //创建图像
$graph->SetMargin(40,40,40,50);                        //设置图像的边
$graph->SetScale("textint");                           //定义刻度值的类型
$graph->SetShadow();                                   //设置图像阴影
$graph->title->Set(iconv("utf-8","gb2312",'网站一天内流量分析'));//定义标题
$graph->title->SetFont(FF_SIMSUN, FS_BOLD);            //设置标题字
$graph->title->SetMargin(10);                          //设置标题字
$graph->xaxis->SetTickLabels($datas);                  //添加 X 轴上的数据
$graph->xaxis->SetFont(FF_SIMSUN, FS_BOLD,8);          //定义字体
$graph->xaxis->title->Set("2011-06-21");               //设置 X 轴的角标
$graph->xaxis->title->SetFont(FF_ARIAL,FS_BOLD);       //定义字体
$graph->xaxis->title->SetMargin(10);                   //定义位置
$pl = new LinePlot($datay);                            //创建折线图像
$pl->value->Show();                                    //输出图像对应的数据值
$pl->value->SetFont(FF_ARIAL,FS_BOLD);                 //定义图像值的字体
$pl->value->SetColor("black","darkred");               //定义值的颜色
$pl->SetColor("blue");                                 //定义图像颜色
$pl->SetFillColor("blue@0.4");                         //定义填充颜色
$graph->Add($pl);                                      //添加数据
$graph->Stroke();                                      //输出图像
?>
```

其运行结果如图 13-10 所示：

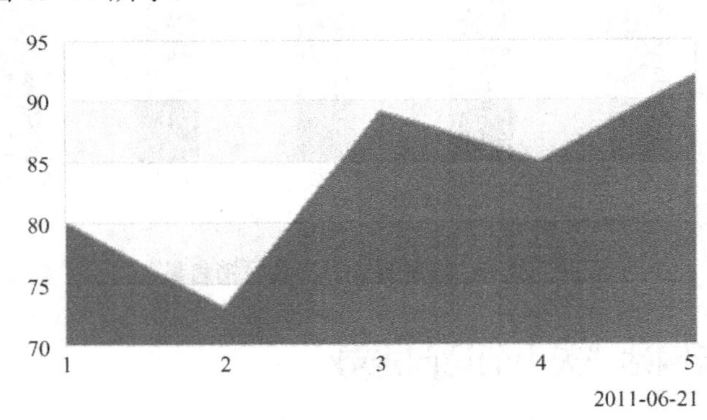

图 13-10　网站访问走势分析

注：在本例中，使用 Jpgraph 类库创建折线统计图，除了需要在程序中包含“jpgraph.php”文件外，还需要包含“jpgraph_line.php”文件，从而启用 Jpgraph 类库的折线创建功能。其中使用到的 Jpgraph 类如下。

1）使用 LinePlot 对象绘制曲线。

通过 Jpgraph 类库中的 LinePlot 类创建曲线，该类的语法如下：

```
$linePlot = new LinePlot($data)        //创建折线图
    $data：数值型数组，指定统计数据。
```

2）SetFont()方法统计图标题、坐标轴等文字样式。

制作统计图时，需要对图像的标题、坐标轴内文字进行样式设置，Jpgraph 类库中，可以使用 SetFont()实现，该方法的语法如下：

```
SetFont($family, [$style,] [$size])
```

$family：指定文字的字体。

$style：指定文字的样式。

$size：指定文字的大小，默认为 10。

3）SetMargin()方法设置图像、标题、坐标轴上文字与边框的距离。其语法如下：

```
SetMargin($left,$right,$top,$bottom)
```

参数指定其与左右、上下边框的距离。

或者采用如下方法：

```
SetMargin($data)
```

参数$data 同样指定与边框的距离。

注：创建不同的图像导入的文件是有所区别的。如果创建的是柱形图，那么导入的是以下文件：

```
include ("../src/jpgraph.php");
include ("../src/jpgraph_bar.php");
include ("../src/jpgraph_flags.php");
```

如果创建折线图，那么导入的是以下文件：

```
include ("../src/jpgraph.php");
include ("../src/jpgraph_line.php");
```

这点必须注意，如果没有导入正确的文件，那么就不能够完成图像的创建操作。

13.4.5 3D 饼状图展示不同月份的业绩

【例 13-8】 用 Jpgraph 类库制作统计图的功能极其强大，不仅可以绘制平面图形，而且可以绘制具有 3D 效果的图形。直接使用 GD2 函数库可以绘制出各种图形，当然也包括 3D 饼状图，但使用 GD2 函数绘制 3D 图形需要花费大量的时间，而且相对复杂，而采用 Jpgraph 类库绘制 3D 饼状图却十分方便、快捷。本例介绍如何使用 Jpgraph 类库绘制 3D 饼状图具体实现代码如下。

```
<?php
include ("src/jpgraph.php");
include ("src/jpgraph_pie.php");
include ("src/jpgraph_pie3d.php");
$data = array(20,23,34,38,45,65,21,78,85,87,90,96);
$graph = new PieGraph(800,600);
$graph->SetShadow();
```

```
$graph->title->Set(iconv("utf-8","gb2312",'每月收益图'));
$graph->title->SetFont(FF_SIMSUN,FS_BOLD);
$pieplot = new PiePlot3D($data); //创建 PiePlot3D 对象
$pieplot->SetLegends($gDateLocale->GetShortMonth()); //设置图例
$graph->Add($pieplot);
$graph->Stroke();
?>
```

效果如图 13-11 所示。

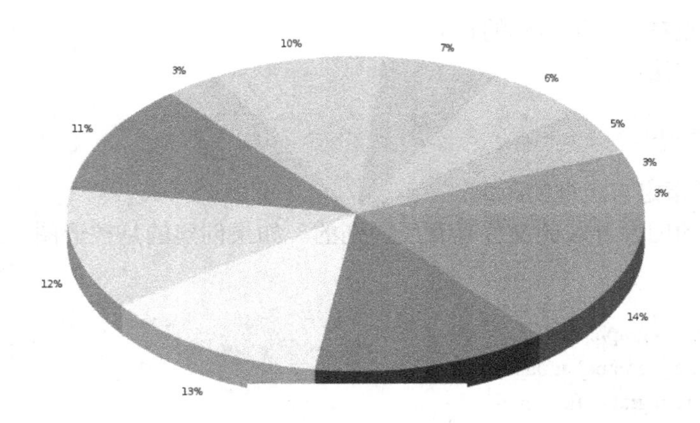

图 13-11　部门业绩比较

思考与练习

1．GD2 库是做什么用的?

2．Jpgraph 类库是做什么用的?

3．以下获取图片相关信息说法错误的是（　　）。

A．getimagesize()获取图像尺寸　　B．imagesetpixel()获取图片的像素

C．imagesx()获取图像的亮度　　D．imagesy()获取图像的高度

第 14 章　程序调试与错误处理

本章主要介绍基本的调试策略、常见的程序调试方法和 MySQL 数据库中的常见错误，在 PHP 中如何对程序进行调试，如何避免错误的发生，以及如何修改出现的错误。

14.1　程序调试的基本流程

在使用 PHP 编写程序时，难免会出现一些错误，可能是复杂的逻辑错误，也可能是简单的语法错误。调试错误虽然不是什么高深的学问，但是有效的查找方式却可以缩短查找错误的时间。其基本的策略应该遵循以下原则，首先要判断错误最可能出现在哪一个环节，然后针对该环节采取一些有效的措施来查找错误，基本调试流程如图 14-1 所示。

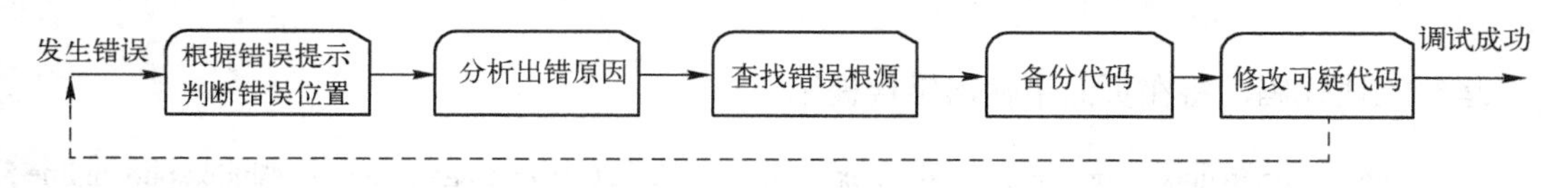

图 14-1　基本调试流程

上述这些只是进行错误调试工作的一个简单流程，具体的调试手段还是由程序设计者自己掌握。

常用的调试手段如下。

1）增加中间变量或跟踪变量。当程序结果与预期结果不一致时，可以通过增加中间变量，或者输出一些相关的变量值来发现错误根源。例如，在实现数据添加时，可以输出 SQL 语句来验证是否正确获取到数据值。

2）应用注释语句排除法调试程序。当无法找到错误根源的时候，就可以应用注释符号（//或/**/）注释掉部分代码进行调试，即先注释掉部分代码，然后运行程序，查看错误是否存在，如果不存在，则说明错误在注释掉的那部分代码中；如果仍然存在，则继续对下一段代码进行注释，依此类推，直到查找到错误的代码为止。该方法是最常用的调试方法。

3）通过调试器来单步调试，这样可以跟踪整个程序的执行过程，发现是否有些应该被执行的函数没有被执行，或者变量赋值错误等各种导致错误的原因。

14.2　常见错误类型

在程序的开发过程中，会产生很多的错误，尤其是初学者，对知识的掌握不够以及经验不足，出现错误是在所难免的。为了少走一些弯路，本章根据在学习过程中遇到的一些问题以及吸取别人的经验，将 PHP 中常见的错误进行了总结，按照错误的类型可以分为语法错误、语义错误、逻辑错误、注释错误和运行错误 5 种。

14.2.1 语法错误

语法错误即 PHP 编译错误，在 PHP 编译过程中，一旦发生语法错误，程序就会立即终止执行。虽然语法错误出现的概率比较高，但是也非常容易解决，多数通过修正编写的代码就可以解决。下面介绍一些常见的语法错误。

1．缺少结束符引起的错误

编写 PHP 代码时，要求每一行以“;”结束，如果代码编写人员因疏忽未写结束符“;”，在运行或调试程序时就会发生错误。

【例 14-1】 使用 for 循环输出 1～10 之间的数字，并设置缺少结束符错误。

```
<?php
for($i=1; $i<=10;$i++)
{
    echo $i            //没写结束符
}
?>
```

运行上述代码，将在页面中输出错误提示：

```
Parse error: syntax error, unexpected '}', expecting ',' or ';' in C:\xampp\htdocs\chap14\index.php on line 5
```

分析页面中的错误，从语意中可以判断程序的第 5 行应该以“;”结束，而不应该以“}”结束，也就是说，程序将“}”当作第 5 行的结束符，而非 for 循环体的结束标志。

2．缺少单引号或双引号引起的语法错误

和其他语言不同，PHP 中无论使用单引号还是双引号，所引部分都当作字符串常量，区别是使用单引号效率较双引号高，而双引号字符串中可以包含变量并能进行区分。在编写代码时，开发人员可能由于书写错误，使用单引号或者双引号时少书写一个，或字符串两侧使用的引号不一致而导致语法错误。

【例 14-2】 使用 echo 语句输出一个字符串，并设置引号不一致错误。

```
<?php
echo  "Hello PHP';    //引号不一致
?>
```

运行上述实例，将在页面中输出的错误提示:

```
Parse error: syntax error, unexpected end of file, expecting variable (T_VARIABLE) or ${ (T_DOLLAR_OPEN_CURLY_BRACES) or {$ (T_CURLY_OPEN) in C:\xampp\htdocs\chap5\index.php on line 3
```

从错误提示中可以判断，导致错误的原因是没有结束标志，这说明在程序编译时将字符串后的单引号当作字符串的一部分，而非字符串的结束标志。

3．缺少括号引起的语法错误

与 C/C++语法类似，PHP 中诸如 for 循环、while 循环以及包含多条语句的 if 代码块都需要使用大括号。如果代码行数较多，很可能造成大括号遗漏。

【例 14-3】 使用双层 for 循环输出两个数的乘积，并设置内层循环缺少结束大括号错误。

```
<?php
for($i=0;$i<10;$i++)
{
    for($j=0;$j<10;$j++)
    {
        echo $i*$j."<br>";          //遗漏循环体结束大括号
}
?>
```

运行上述实例，将在页面中输出的错误提示：

```
Parse error: syntax error, unexpected end of file in C:\xampp\htdocs\chap5\index.php on line 8
```

从该错误提示可以得知内层嵌套无结束标志，这就是未写内层 for 循环的结束大括号所导致的。

4．缺少变量标识符$引起的语法错误

在 PHP 中，设置变量时需要使用美元符号“$”，如果不添加美元符号就会引起解析错误。

【例 14-4】 在使用变量时不添加美元符号会产生什么错误。

```
<?php
for($i=1;$i<=10;i++) {      //缺一个变量的美元符号
echo $i."<br>";
}
?>
```

运行程序时，将在页面中输出的错误提示：

```
Parse error: syntax error, unexpected '++' (T_INC), expecting ')' in C:\xampp\htdocs\chap5\index.php on
line 2
```

在该语句中，“i++”应该修改为“$i++”，如果是前面的“$i<=10”没有使用“$”符号，那么该程序将进入无限循环的状态，直到服务器终止执行。

注：语法错误是最基本的错误，只要在编写程序时认真，那么就会减少此类错误。这里介绍的只是语法错误中的几种类型，还有很多类似的错误，要避免错误的出现，就要在平时编写代码时注意，尽量书写准确的代码。在出现错误时，注意积累经验，避免同样的错误出现。

14.2.2 语义错误

语义错误是在语法正确的前提下导致的错误。例如，应用 PHP 连接符实现两个字符串的连接：

```
<?php
$str="中国农业大学";
$url="www.cau.edu.cn";
echo $str + $url;          //错误地使用了字符串连接符号，正确的连接符是“.”
?>
```

PHP 中的字符串连接符是“.”，而不是“+”。上面的代码错误地使用了“+”作为字符串的连接符。但是由于 PHP 能够隐式转换变量类型，上面的代码并不会导致编译器出错，只是不会输出正确的结果。

14.2.3 逻辑错误

逻辑错误对于 PHP 编译器来说并不算错误，但是由于代码中存在的逻辑问题，导致运行结果没有得到期望的结果。逻辑错误在语法上是不存在错误的，但从程序的功能上看是缺陷，它是难以调试和发现的，因为它们不会抛出任何错误信息，唯一能看到的就是程序的功能（或部分功能）没有实现。

例如，某商城实施商品优惠活动，如果用户为普通用户，那么商品不打折；如果是商城的会员，那么商品打八五折。

```
<?php
if($user=="普通用户"){
echo $price=485*1;          //485 是商品价格，1 是指不打折
}
if($user=="会员"){
echo $price=485*8.5;     //485 是商品价格，8.5 是指打八五折
}
?>
```

上面的代码对于 PHP 编译器来说没有任何问题。运行程序时，程序没有弹出错误信息。但是当用户为商城的会员时，商品价格乘以 8.5，这一点就没有符合要求，属于逻辑错误，应该乘以 0.85 才正确。

注：实现动态的 Web 编程时，在通常情况下，数据表中均是以 8.5 进行存储，这时在程序中就应该再除以 10，这样，就相当于原来的商品价格乘以 0.85。正确的代码为：

```
echo $price=485*8.5/10;     //485 是商品价格，8.5 是指打八五折
```

对于逻辑错误而言，发现错误是容易的，但要查找出逻辑错误的原因却很困难。因此，在编写程序的过程中，一定要注意使用语句或者函数的书写完整性，否则将导致程序出错。

14.2.4 注释错误

培养编写注释的习惯，对于一个程序员来说是很有帮助的。它可以增强程序的可读性，便于对程序的修改和后期维护。虽然错误的注释并不影响程序的运行，但是会给维护人员在后期的维护上带来一定的难度。例如：

```
<?php
    $backTime=date("Y-m-d",(time()+3600*24*30)); //格式化$backTime 变量为系统当前日期
echo $backTime;
?>
```

上面获取时间的代码与后面的注释不符，注释应改为“$backTime 为当前日期+30 天期限”。

14.2.5 运行错误

运行错误的原因不容易确定，它可能是由脚本导致的，也可能是在脚本的交互过程中或其他的事件、条件下产生的，这就需要程序员平时多积累遇错处理的方法，以提高解决问题和分析问题的能力。

常见的运行错误如下。

1）调用不存在的文件。在编写程序时，由于调用文件的名称书写错误，导致调用了一个不存在的文件。

2）调用不存在的函数。在编写程序时，如果函数名称输写错误，就会产生错误。即使函数名写对了，但使用的参数不对，同样也会产生一个错误。

3）读写文件。访问文件的错误也是经常出现的，如硬盘驱动器出错或写满，人为操作错误导致目录权限改变等。如果没有考虑到文件的权限问题，文件权限设置为只读属性，直接对文件进行操作就会产生错误。由于该文件具有只读的权限，不能进行写入的操作。在执行这项操作时，首先要明确该文件的属性是否为可写。如果要坚持执行操作，就需要修改文件的权限。

4）运算的错误。在进行一些算术运算或者逻辑运算的过程中，如果出现不符合运算法则的运算，例如，在做除法运算时，分母为 0，就会产生错误。

14.3 错误处理机制

PHP 最基本的错误处理机制是使用 PHP 的错误报告机制，打印出简单的错误信息，并显示出错文件的行号。合理地运用 PHP 的错误处理机制可以降低程序调试的难度，提高开发效率，增强系统的稳定性。

注：在程序的生成环境中，对于 PHP 的错误处理机制，还是关闭为好，不单是为避免浏览者得到一些错误信息，同时也避免给程序的安全带来隐患。

14.3.1 控制错误显示及显示方式

在 php.ini 文件中可以控制错误是否显示，以及以何种方式显示。具体配置选项的名

称、默认值和表述的含义，如表 14-1 所示。

表 14-1　php.ini 文件中控制错误显示的主要配置选项说明

选项名称	默认值	说　明
error_reporting	E_ALL	设定报告错误级别
display_errors	On	控制错误是否作为 PHP 的一部分输出
display_startup_errors	Off	控制是否显示 PHP 启动时的错误
track_errors	Off	设置是否使用全局变量$php_errormsg 来记录最后一个错误
html_errors	On	控制是否在错误信息中采用 HTML 格式
log_errors	Null	设置是否要记录错误日志文件
errors_log	Off	控制是否应该将错误发送到主机服务器的日志文件
log_errors_max_len	1024	控制在 log_errors 选项开启时，生成错误信息的最大长度
ignore_repeated_errors	Off	指定记录错误日志时是否忽略重复的错误信息

14.3.2　控制错误级别

PHP 中的错误级别在向开发者展示错误严重性的同时，还可以使开发人员对错误进行准确的定位。错误级别的控制通过 php.ini 文件中的 error_reporting 配置选项进行配置。常见的错误级别如表 14-2 所示。

表 14-2　常见的错误级别表

值	错误常量	说　明
1	E_ERROR	致命错误，脚本执行中断，就是脚本中有不可识别的内容出现
2	E_WARNING	部分代码出错，但不影响整体运行
4	E_PARSE	字符、变量或结束的地方写规范有误
8	E_NOTICE	一般通知，如变量未定义等
16	E_CORE_ERROR	PHP 进程在启动时，发生了致命性错误
32	E_CORE_WARNING	在 PHP 启动时警告(非致命性错误)
64	E_COMPILE_ERROR	编译时发生致命性错误
128	E_COMPILE_WARNING	编译时出现警告级错误
256	E_USER_ERROR	用户自定义的错误消息
512	E_USER_WARNING	用户自定义的警告消息
1024	E_USER_NOTICE	用户自定义的提醒消息
2047	E_ALL	所有的报错信息，但不包括 E_STRICT 的报错信息
2048	E_STRICT	编码标准化警告，允许 PHP 建议如何修改代码以确保最佳的互操作性向前兼容性

每个常量都表示一种错误类型，错误可以被报告，也可以被忽略。例如，如果指定了错误报告的级别为 E_ERROR，则表示只有出现致命错误才会报告。其中的这些常量可以用二进制数的算法结合起来，产生不同的错误报告级别。

14.4 常用程序调试方法

在对 PHP 中的程序进行调试时，除了在 14.1 节中介绍的常用调试手段以外，还可以使用 die 和 print 语句进行调试，如果是 MySQL 语句中的错误，可以使用 mysql_error 语句来获取错误信息，同时也可以使用 try{}catch{}语句抛出和捕获异常。本节将详细介绍 die 语句和 mysql_error 语句的使用方法。

14.4.1 应用 die 语句进行调试

应用 die 语句调试程序是一种不错的选择，不但可以查找出错误的位置，而且可以输出错误信息。使用 die 语句进行程序调试时，查询出错误后会终止程序的运行，并在浏览器上显示出错前的信息和错误信息。该语句最常用的地方就是在 MySQL 数据库服务器的连接中，如果使用 die 语句，则可以知道是否已经与数据库建立了连接；如果不使用，就看不到错误的存在，程序会继续执行下去。

【例 14-5】 通过 die 语句检测数据库是否连接成功。

创建一个连接 MySQL 数据库服务器功能的模块，指定数据库的用户名为“root”，密码是“123”，数据库名为“studentinfo”。程序代码如下：

```
<?php
$conn=mysql_connect("localhost", "root ","123") or die("服务器连接失败：".mysql_error());//连接服务器
echo "服务器连接成功！<br> ";
mysql_selectdb("stduentinfo",$conn) or die("数据库连接失败：".mysql_error());//连接数据库
echo "数据库连接成功！ ";
mysqt_query("set names utf8 ");            //设置数据库编码格式
?>
```

由于书写程序代码中的失误，将数据库名错写为“stduentinfo”，所以输出以下所示的结果：

服务器连接成功！

数据库连接失败：Incorrect database name 'stduentinfo'。

虽然服务器连接成功，但却没有找到指定的数据库。如果不使用 die 语句，则不会输出“数据库连接失败”的提示；如果不使用 mysql_error0 函数，则不会输出“Unknown database，stduentinfo”的提示。

14.4.2 应用 mysql_error()语句输出 SQL 语句的错误

在执行 MySQL 语句时产生错误是很难发现的，因为在 PHP 脚本中执行一个 MySQL 的添加、查询、删除语句时，如果是 MySQL 语句本身的错误，程序中不会输出任何信息，除非对 MySQL 语句的执行进行判断，成功输出什么，失败输出什么。

为了查找出 MySQL 语句执行中的错误，可以通过 mysql_error()语句来对 SQL 语句进行判断，如果存在错误则返回错误信息，否则没有输出。该语句的应用被放置于 mysql_query()函数之后。

【例 14-6】 通过 mysql_error()函数返回 SQL 语句中的错误信息。

首先连接数据库，然后读取数据库中的数据，最后将数据库中的数据输出到浏览器中。

```
<?php
$sql= " select * from tb_students ";
$query=mysql_query($sql,$conn);   //执行 SQL 语句
echo mysql_error();                //返回错误信息
while($myrow=mysql_fetch_array($query)){
?>
```

在本实例中由于书写上的失误，将数据表的名称“tb_student”写成“tb_students”，从而导致上述的错误。如果在程序中不使用 mysql_error()函数，那么就不会输出“Table 'studentinfo.tb_students' doesn't exist”。

14.4.3 应用 try{}catch{}语句抛出并捕获异常

异常处理是 PHP 5.0 中新的高级内置错误机制，它提供了处理程序运行时出现的任何意外或异常情况的方法。在程序中，首先对可能产生异常的地方进行检测，如果在被检测的代码段中抛出异常，那么就会根据异常的类型捕获并处理异常；如果在被检测的代码段中没有抛出异常，那么就会继续执行其他代码，直到程序结束。

在 PHP 5.0 中通过 try{}catch{}语句和 throw 关键字对程序中出现的异常进行处理。其中 try 的功能是检测异常，catch 的功能是捕获异常，throw 的功能是抛出异常。语法格式如下：

```
<?php
try{                                              //检测异常
…
throw new Exception($errmsg,$errcode);   //抛出异常
…
}catch(Exception $e){                     //捕获并处理异常
…
}
?>
```

【例 14-7】 通过 try{}catch{}语句捕获程序中的错误。

通过 try{}catch{}语句捕获在读取文本文件中的数据时产生的错误。关键代码如下：

```
<?php
try{                                                  //检测异常
$fp=@fopen("text.txt","r");                   //在此处通过“@”屏蔽了错误的输出
if ($fp){
fwrite($fp, "文件权限设置错误! ");            //写入数据
fclose($fp);                                  //关闭文件
}else{
throw new Exception();                         //抛出异常
}
```

```
}catch(Exception $e){                                   //捕获并处理异常
echo "读取文件时出现错误！";
echo "读取文件时出现错误！";
die("错误出现的行数：". $e->getLine(). "<br/>");        //返回错误出现的行数
}
? >
```

由于在本实例中读取的是不存在的文件，并且通过“@”符号屏蔽了 fopen()函数的返回值，采用 try{}catch{}语句检测程序中的错误，输出的结果为“读取文件时出现错误！错误出现的行数:5”。

注：在上面实例的 try{}catch{}语句中，应用了 PHP 5.0 的异常处理类 Exception，它用于脚本发生异常时建立异常对象，该对象将用于存储异常信息并用于抛出和捕获。

14.5 错误处理技巧

在 PHP 的错误报告中会输出一些包含服务器信息的提示，在实际应用的环境中，由于一些环境原因导致的错误可能会给服务器或者 Web 系统带来安全隐患。因此，对于可能出现的错误处理在实际应用环境中至关重要。

14.5.1 用“@”符号隐藏错误

PHP 提供了一种隐藏错误的方法，即在要被调用的函数名前加上“@”符号来隐藏可能由于这个函数导致的错误信息。

例如，在应用 fopen()函数打开文件时，如果出现文件不存在或者不可用等错误时，PHP 将会输出一条警告信息。关键代码如下：

```
<?php
$fp=fopen("fopen.txt","r");              //以只读方式打开指定的文件
fclose($fp);                             //关闭指定的文件
?>
```

从警告信息中可以看到，打开指定的文件失败，如果想要隐藏这个警告信息，可以在 fopen()函数和 fclose()函数前加上“@”。修改后的程序代码如下：

```
<?php
$fp=@fopen("fopen.txt","r");             //屏蔽错误信息
@fclose($fp);                            //屏蔽错误信息
?>
```

14.5.2 自定义错误信息

在 PHP 中，使用错误隐藏的方法来处理错误会令访问者很迷惑。因为访问者无法知道当前页面的状态，所以往往需要在隐藏错误信息的同时定制错误信息。

定制错误信息通常使用 if 语句来完成，判断当没有错误时执行什么内容，当出现错误时

执行什么内容。

【例 14-8】 通过自定义错误信息提示错误。

应用 if 语句定制错误信息，判断执行的文件是否被打开，如果打开失败，则跳转到错误提示页面。程序代码如下：

```
<?php
if($fp=@fopen("fopen.txt","r")) {          //判断文件打开的操作是否执行成功
echo "文件打开成功！";               //执行成功输出的内容
}else{
header("Location:error.html");        //重定向页面
}
fcfose($fp);                          //关闭文件
?>
```

当文件打开失败时，则跳转到错误提示页面：error.html。

定义错误信息是在实际的生产环境中经常使用的一种提示错误信息的方法，该方法只给出一个错误的提示，并不具体给出是哪里出现了错误，从而可以避免访问者通过错误信息获取到程序中的一些重要信息。

思考与练习

1．常见的错误类型有哪些？
2．常用程序调试方法有哪些？

第 15 章　基于 Web 的实验耗材管理信息系统开发实例

本章通过对基于 Web 的实验耗材管理信息系统开发主要过程的讲解，让学生对开发基于 Web 的软件的流程有一个清晰的认识，进而可以更好地掌握前面章节所学的内容。本系统采用 PHP+MySQL 开发而成。

15.1　需求描述

某同学拟开发的基于 Web 实验耗材管理信息系统，它主要用于学校实验耗材管理，总体任务是实现实验耗材管理的系统化、科学化、规范化和自动化，其主要任务是用计算机对实验耗材各种信息进行日常管理，如查询、修改、增加、删除。

15.2　系统分析与设计

基于 Web 的实验耗材管理信息系统主要提供该系统的管理员进行操作和使用。根据实验耗材管理信息系统的需求特征，一个简单的实验耗材管理信息系统可以分为如图 15-1 所示的四个主要功能模块。

1. 库存管理模块

该模块主要负责库存信息的管理。例如实验耗材的编号、名称、当前库存量、最大库存量和最小库存量。该模块供管理员使用，具体的功能主要包括库存信息的添加、删除、修改和查询等。其 UML 用例如图 15-2 所示。

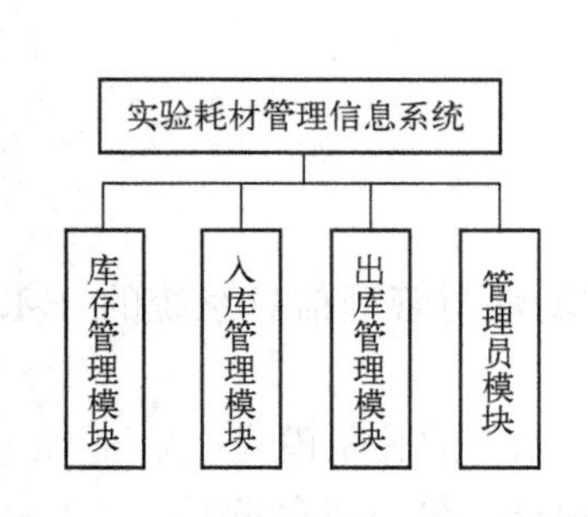

图 15-1　实验耗材管理系统功能模块

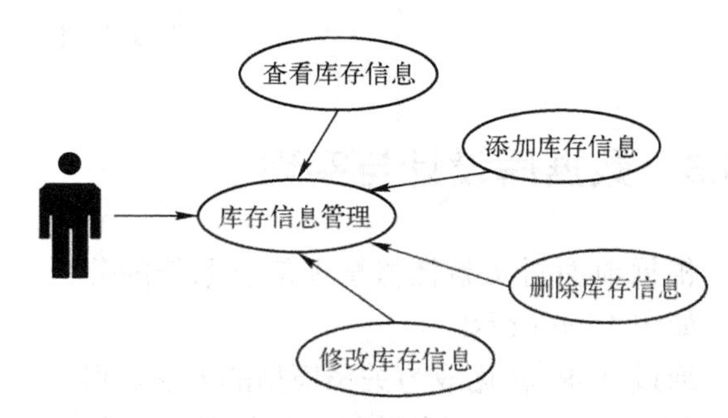

图 15-2　库存管理模块

2. 入库管理模块

该模块主要负责入库信息的管理。例如实验耗材的编号、名称、入库数量、价格、入库日期、入库时间等。该模块供系统管理员使用，具体的功能主要包括实验耗材入库信息的添加、删除、修改和查询等。其 UML 用例如图 15-3 所示。

3. 出库管理模块

该模块主要负责出库信息的管理。例如实验耗材的编号、名称、出库数量、库存管理员账号、出库负责人、出库日期、出库时间等。该模块供系统管理员使用，具体的功能主要包括实验耗材出库信息的添加、删除、修改和查询等。其 UML 用例如图 15-4 所示。

4. 管理员模块

该模块主要负责管理管理员。例如管理员账号、用户名、登录密码等。该模块供系统管理员使用，具体功能主要包括管理员的添加、信息修改、删除等。其 UML 用例如图 15-5 所示。

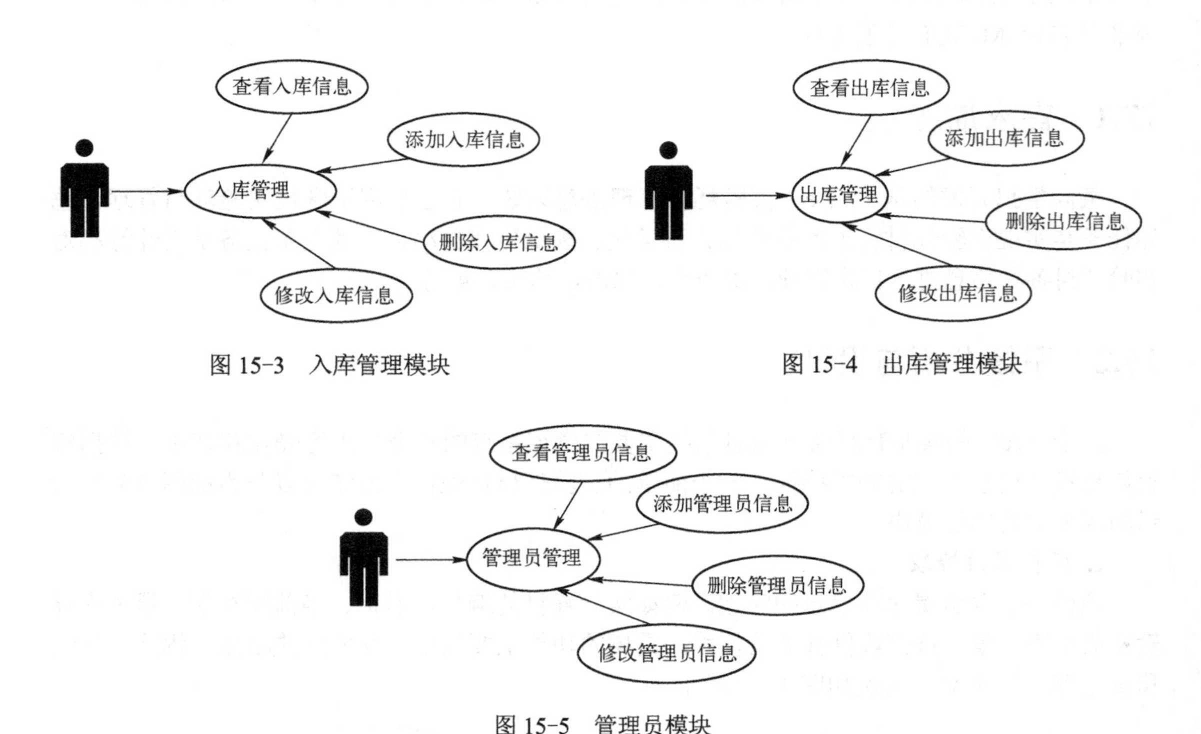

图 15-3 入库管理模块

图 15-4 出库管理模块

图 15-5 管理员模块

15.3 数据库设计与实现

根据前面对实验耗材管理信息系统的分析，一个简单的实验耗材管理信息系统的 E-R 图，如图 15-6 所示。

通过 E-R 转化成为关系模型的方法，可将 E-R 图转化成为如下的关系模式：

1）inventory（商品编号，商品名称，当前库存量，最大库存量，最小库存量）。

2）checkin（耗材编号，入库耗材，数量，价格，入库日期，入库时间）。

3）checkout（耗材编号，出库耗材，数量，库存管理员，出库负责人，出库日期，出库时间）。

4）admins（管理员账号，用户名，密码）。

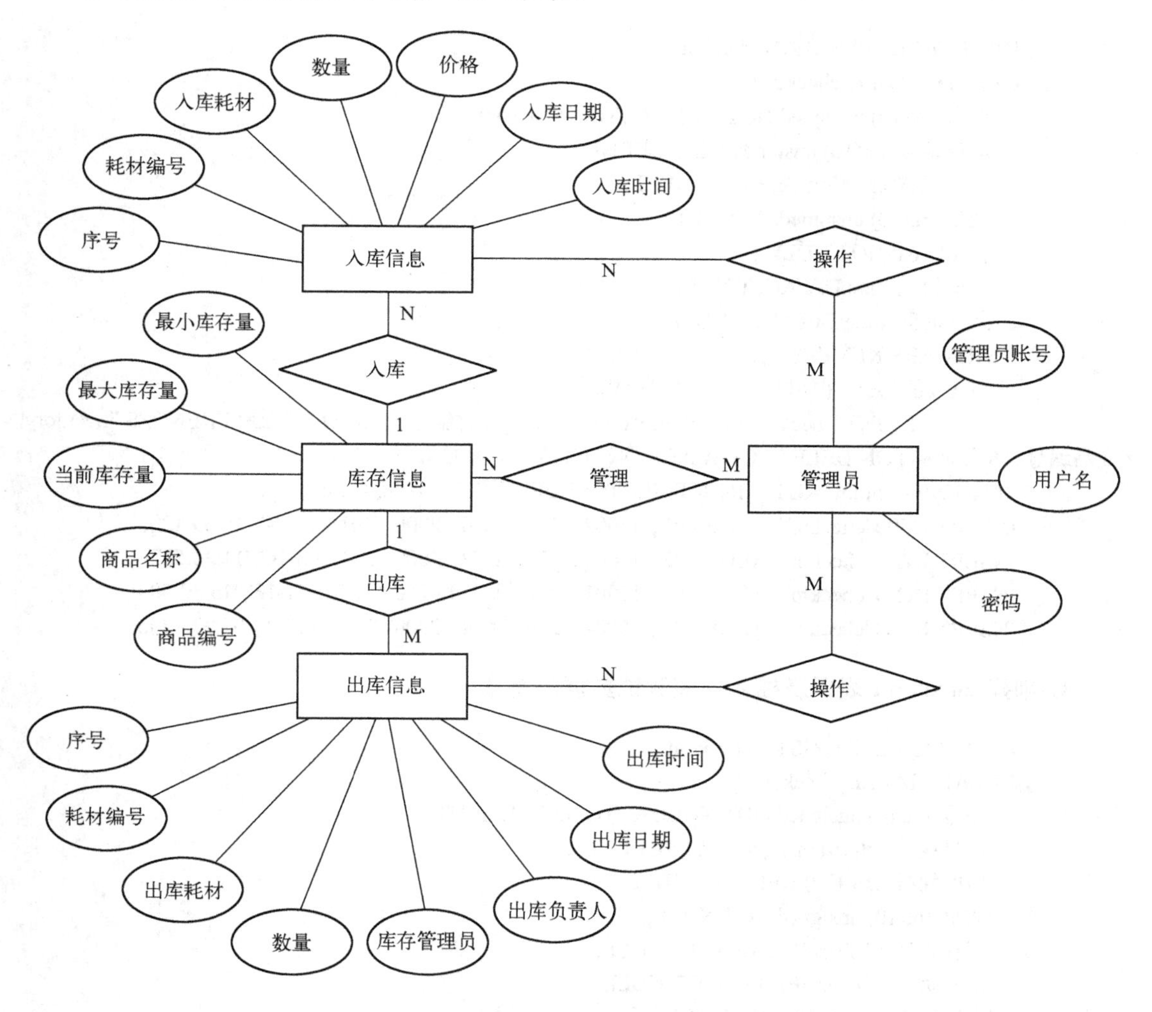

图 15-6　实验耗材管理信息系统 E-R 图

创建上述四张表和插入该表测试数据的脚本如下。

1. 创建 admins 表以及插入该表测试数据的脚本

```
DROP TABLE IF EXISTS 'admins';
CREATE TABLE 'admins' (
  '管理员账号' char(30) NOT NULL DEFAULT '',
  '用户名' char(30) NOT NULL DEFAULT '',
  '密码' char(8) DEFAULT NULL,
  PRIMARY KEY ('管理员账号', '用户名'),
  UNIQUE KEY '管理员账号' ('管理员账号')
) ENGINE=InnoDB DEFAULT CHARSET=utf8;
INSERT INTO 'admins' VALUES ('admin1', '赵毅', '12345678');
INSERT INTO 'admins' VALUES ('admin2', '陈丹', '123');
```

2. 创建 checkin 表以及插入该表测试数据的脚本

```
DROP TABLE IF EXISTS 'checkin';
CREATE TABLE 'checkin' (
  '序号' int(10) unsigned NOT NULL AUTO_INCREMENT,
  '耗材编号' int(10) unsigned DEFAULT NULL,
  '入库耗材' char(30) DEFAULT NULL,
  '数量' int(10) unsigned NOT NULL,
  '价格' float NOT NULL,
  '入库日期' date DEFAULT NULL,
  '入库时间' time DEFAULT NULL,
  PRIMARY KEY ('序号'),
  KEY '耗材编号' ('耗材编号', '入库耗材'),
  CONSTRAINT 'checkin_ibfk_1' FOREIGN KEY ('耗材编号', '入库耗材') REFERENCES 'inventory'
('商品编号', '商品名称') ON DELETE CASCADE ON UPDATE CASCADE
) ENGINE=InnoDB AUTO_INCREMENT=5 DEFAULT CHARSET=utf8;
INSERT INTO 'checkin' VALUES ('1', '15002', '打印机', '6', '2000', '2015-08-14', '15:59:12');
INSERT INTO 'checkin' VALUES ('2', '15004', '路由器', '2', '3000', '2015-08-16', '11:33:55');
INSERT INTO 'checkin' VALUES ('3', '15001', '计算机', '30', '2500', '2015-11-13', '15:30:50');
INSERT INTO 'checkin' VALUES ('4', '15004', '路由器', '4', '2500', '2015-11-13', '08:33:12');
```

3. 创建 checkout 表以及插入该表测试数据的脚本

```
DROP TABLE IF EXISTS 'checkout';
CREATE TABLE 'checkout' (
  '序号' int(10) unsigned NOT NULL AUTO_INCREMENT,
  '耗材编号' int(10) unsigned DEFAULT NULL,
  '出库耗材' char(30) DEFAULT NULL,
  '数量' int(10) unsigned NOT NULL,
  '库存管理员' char(30) DEFAULT NULL,
  '出库负责人' char(30) DEFAULT NULL,
  '出库日期' date DEFAULT NULL,
  '出库时间' time DEFAULT NULL,
  PRIMARY KEY ('序号'),
  KEY '耗材编号' ('耗材编号', '出库耗材'),
  KEY '库存管理员' ('库存管理员', '出库负责人'),
  CONSTRAINT 'checkout_ibfk_1' FOREIGN KEY ('耗材编号', '出库耗材') REFERENCES
'inventory' ('商品编号', '商品名称') ON DELETE CASCADE ON UPDATE CASCADE,
  CONSTRAINT 'checkout_ibfk_2' FOREIGN KEY ('库存管理员', '出库负责人') REFERENCES
'admins' ('管理员账号', '用户名') ON DELETE SET NULL ON UPDATE CASCADE
) ENGINE=InnoDB AUTO_INCREMENT=4 DEFAULT CHARSET=utf8;
INSERT INTO 'checkout' VALUES ('1', '15002', '打印机', '6', 'admin1', '赵毅', '2015-08-14', '15:59:12');
INSERT INTO 'checkout' VALUES ('2', '15001', '计算机', '10', 'admin2', '陈丹', '2015-11-11', '10:30:00');
INSERT INTO 'checkout' VALUES ('3', '15001', '计算机', '20', 'admin2', '陈丹', '2015-11-13', '07:30:00');
```

4. 创建 inventory 表以及插入该表测试数据的脚本

```
DROP TABLE IF EXISTS 'inventory';
```

```
CREATE TABLE 'inventory' (
  '商品编号' int(10) unsigned NOT NULL DEFAULT '0',
  '商品名称' char(30) NOT NULL DEFAULT '',
  '当前库存量' int(10) unsigned NOT NULL,
  '最大库存量' int(10) unsigned NOT NULL,
  '最小库存量' int(10) unsigned NOT NULL,
  PRIMARY KEY ('商品编号', '商品名称'),
  UNIQUE KEY '商品编号' ('商品编号'),
  UNIQUE KEY '商品名称' ('商品名称')
) ENGINE=InnoDB DEFAULT CHARSET=utf8;

INSERT INTO 'inventory' VALUES ('15001', '计算机', '150', '500', '100');
INSERT INTO 'inventory' VALUES ('15002', '打印机', '9', '30', '5');
INSERT INTO 'inventory' VALUES ('15003', '扫描仪', '11', '20', '3');
INSERT INTO 'inventory' VALUES ('15004', '路由器', '9', '20', '0');
INSERT INTO 'inventory' VALUES ('15005', '交换机', '15', '30', '5');
```

15.4 系统功能实现

15.4.1 创建连接数据公共模块 conn.php

连接数据公共模块 conn.php 负责处理 PHP 页面连接 MySQL 数据库部分的代码。这样在其他模块要使用连接数据库的代码的时候，只需要将该文件包含进去即可，不需要重复编写。

编辑 conn.php 页面，conn.php 的实现代码如下。

```
<?php
$conn = mysqli_connect( "localhost:3306" , "root" ,"" )
or die("数据库无法连接");
mysqli_select_db ($conn ,"shiyanshi")
or die("无法选择数据库");
mysqli_query ($conn ,"SET NAMES utf8");//设置字符集为中文
?>
```

15.4.2 创建显示数据公共模块 show.php

显示数据公共模块 show.php 负责对检索数据库后得到的数据形成页面上的表格显示，并用 JavaScript 语言实现复选框的全选/反选、选中记录后将各字段打印到下方的文本框中、提交表单前的异常处理等逻辑。在各功能模块查看信息时，只需要将该文件包含进去即可，不需要重复编写。

编辑 show.php 页面，show.php 的实现代码如下。

```
<?php
if($result){
?>
```

```
            <table id="table" border="1">
            <?php
            if($row=mysqli_fetch_assoc($result)){
            ?>
                <td><input type="checkbox" id="all" name="all" onchange="check_all(this,'checkbox[]')"
onmouseover=""/></td>
                <?php
                foreach($row as $key=>$val){ //打印表头
                ?>
                    <th><?php echo $key ?></th>
                <?php
                }
                mysqli_data_seek($result, 0); //复位指针
                for($i=1; $row=mysqli_fetch_row($result); $i++){ //打印内容
                ?>
                    <tr><td>
                    <input type="checkbox" name="checkbox[]" value="<?php echo $row[0] ?>"
onchange="setTextVal(this,'checkbox[]',<?php echo $i ?>)" />
                    </td>
                    <?php
                    foreach($row as $key=>$val){
                        if(is_numeric($val)){ //字符串左对齐打印，数字右对齐打印
                        ?>
                            <td align= "right"><?php
                        }
                        else{
                        ?>
                            <td align= "left"><?php
                        }
                        echo $val;
                        ?></td>
                    <?php
                    }
                    ?>
                    </tr>
                <?php
                }
            }
            ?>
            </table>
        <?php
        }
        else
        {
            echo "查看失败";
        }
```

```
?>

<script type="text/javascript">
function check_all(obj,cName) //全选 or 反选
{
    var checkboxs = document.getElementsByName(cName);
    for(var i=0;i<checkboxs.length;i++){checkboxs[i].checked = obj.checked;}
}

function setTextVal(obj,cName,index) //在各文本框内显示选中的记录的各个字段
{
    var checkboxs = document.getElementsByName(cName);
    var k=0;
    if(obj.checked){
        while(k<checkboxs.length){
            if(checkboxs[k].checked === false){break;}
            k++;
        }
        if(k===checkboxs.length){
            for(var i=0; i<fieldarr.length; i++){
                document.getElementById("all").checked=true;
            }
        }
        for(var i=0; i<fieldarr.length; i++){
            document.getElementById(fieldarr[i]).value                                          =
document.getElementById('table').rows[index].cells[i+1].innerHTML;
        }
    }
    else{
        document.getElementById("all").checked=false;
        while(k<checkboxs.length){
            if(checkboxs[k].checked === true){break;}
            k++;
        }
        if(k===checkboxs.length){
            for(var i=0; i<fieldarr.length; i++){
                document.getElementById(fieldarr[i]).value = "";
            }
        }
    }
}

function deletepre(cName,_action){ //提交删除前判断是否选择了记录
    var checkboxs = document.getElementsByName(cName);
    for(var i=0; i<checkboxs.length; i++){
        if(checkboxs[i].checked === true){
```

```
                var form = document.forms['Form'];
                form.action= _action ;
                return true;
            }
        }
        alert("请选择要删除的记录！");
        return false;
    }

    function updatepre(cName,_action){ //提交修改前判断是否只选择了一条记录
        var checkboxs = document.getElementsByName(cName);
        var checkednum = 0;
        for(var i=0; i<checkboxs.length; i++){
            if(checkboxs[i].checked===true){
                checkednum++;
                if(checkednum>1){
                    alert("不允许修改多条记录！");
                    return false;
                }
                var form = document.forms['Form'];
                form.action= _action ;
            }
        }
        if(checkednum===0){
            alert("请选择一条要修改的记录！");
            return false;
        }
        return true;
    }
    </script>
```

15.4.3 设计实验耗材管理信息系统主页面

该管理信息系统的主页面为 index.html。index.html 的实现代码如下：

```
<html>
<head>
<title>
实验耗材管理信息系统
</title>
</head>
<body>
<h1>实验耗材管理信息系统</h1>
<h2>库存管理</h2>
<a href= "inventory.php">添加库存信息</a>
<a href= "inventory_info.php">查看库存信息</a>
```

```
<h2>入库管理</h2>
<a href= "checkin.php">耗材入库</a>
<a href= "checkin_info.php">查看入库信息</a>
<h2>出库管理</h2>
<a href= "checkout.php">耗材出库</a>
<a href= "checkout_info.php">查看出库信息</a>
<h2>库存管理员</h2>
<a href= "admins.php">添加管理员</a>
<a href= "admins_info.php">查看管理员信息</a>
</body>
</html>
```

该页面显示效果如图 15-7 所示。

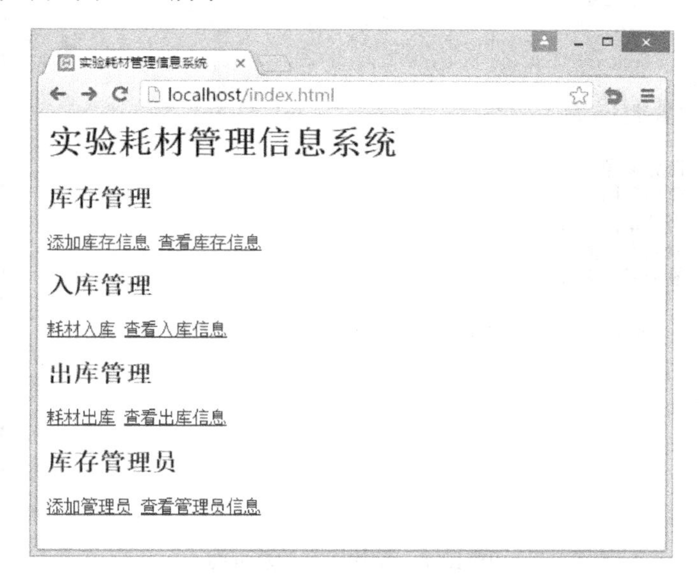

图 15-7　实验耗材管理信息系统主页图

15.4.4　添加库存信息页面的设计与实现

添加库存信息页面为 inventory.php，inventory.php 的实现代码如下。

```
<?php require_once "conn.php" ?>
<!DOCTYPE html>
<html lang="zh-CN">
<head>
<meta charset="utf-8">
<title>添加库存信息</title>
</head>
<body>
<h2>添加库存信息</h2>
<form name= "add_putinstorage_info" method= "post" action = "insert_inventory_info.php">
商品编号 : <input type = "text" name ="gno" size = "9"> <br>
```

```
商品名称 :<input type = "text" name ="gname" size = "9"> <br>
当前库存量 :<input type = "text" name ="gnum" size = "9"> <br>
最大库存量 :<input type ="text" name ="gmaxnum" size = "9"> <br>
最小库存量 :<input type ="text" name ="gminnum" size = "9"> <br><br>
<input type= "reset" value= "重置" style="height:25px;width:85px;font-size:14px" /> 
<input type= "submit" value= "添加" style="height:25px;width:85px;font-size:14px" />
</form>
</body>
</html>
```

该页面执行成功后如图 15-8 所示。

图 15-8　添加库存信息页面

当在添加库存信息的 Web 页面完成库存信息的填写之后，单击该页面的“添加”按钮后，即可调用应用层中用于执行添加的代码 insert_inventory_info.php，将该条信息添加入库，该文件实现代码如下。

```
<?php require_once "conn.php" ?>
<?php
//接收页面变量
$gno = $_POST['gno'];
$gname = $_POST['gname'];
$gnum = $_POST['gnum'];
$gmaxnum = $_POST['gmaxnum'];
$gminnum = $_POST['gminnum'];
if(!preg_match("/^\d+$/",$gnum)||!preg_match("/^\d+$/",$gmaxnum)||!preg_match("/^\d+$/",$gminnum)){
        echo "添加失败！库存量应为非负整数！";
}
else if($gmaxnum<$gminnum || $gnum>$gmaxnum || $gnum<$gminnum ){
```

```
        echo "添加失败！库存量关系不正确！";
    }
    else{
        //构成 SQL 语句
        $sql=" INSERT INTO inventory " ;
        $sql.= " VALUES ( '$gno' , '$gname' , '$gnum' , '$gmaxnum', '$gminnum') ; " ;
        echo $sql;//打印输出插入的 SQL 语句
        //插入数据库模块
        if( mysqli_query( $conn ,$sql))
        {
            echo"添加成功！";
        }
        else
        {
            echo"添加失败！".mysqli_error($conn);
        }
    }
    ?>
```

当添加信息成功后，自动跳转到如图 15-9 所示的页面。

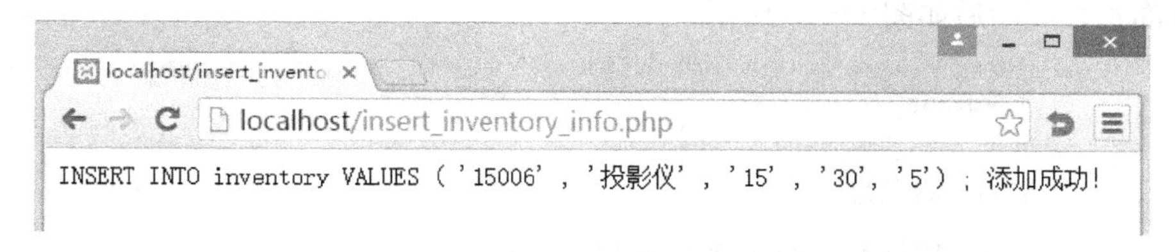

图 15-9　添加库存信息成功后的结果页面

15.4.5　查看库存信息页面的设计与实现

查看库存信息页面为 inventory_info.php，inventory_info.php 的实现代码如下。

```
    <?php require_once "conn.php" ?>
    <html>
    <head>
    <title>查看库存信息</title>
    </head>
    <body>
    <h2>查看库存信息</h2>
    <script type="text/javascript">
        var fieldarr=new Array("gno","gname","gnum","gmaxnum","gminnum"); //全局变量，字段名数
组
    </script>
    <?php
    //构成 SQL 语句
    $sql= " SELECT * FROM inventory ; " ;
```

```
    //查询数据库
    $result = mysqli_query( $conn ,$sql) ;
    ?>

    <form name= "Form" method= "post" >
        <?php require_once "show.php" ?> <br>
        商品编号: <input type = "text" id="gno" name ="gno" size = "9"> <br>
        商品名称: <input type = "text" id="gname" name ="gname" size = "9"> <br>
        当前库存量: <input type = "text" id="gnum" name ="gnum" size = "9"> <br>
        最大库存量: <input type ="text" id="gmaxnum" name ="gmaxnum" size = "9"> <br>
        最小库存量: <input type ="text" id="gminnum" name ="gminnum" size = "9"> <br><br>
      
        <input type= "submit" value= "删除" style="height:30px;width:100px;font-size:14px" onclick=
"return deletepre('checkbox[]','delete_inventory_info.php');" > 
        <input type= "submit" value= "修改" style="height:30px;width:100px;font-size:14px" onclick=
"return updatepre('checkbox[]','update_inventory_info.php');" >
    </form>
    </body>
    </html>
```

该页面执行成功后如图 15-10 所示。

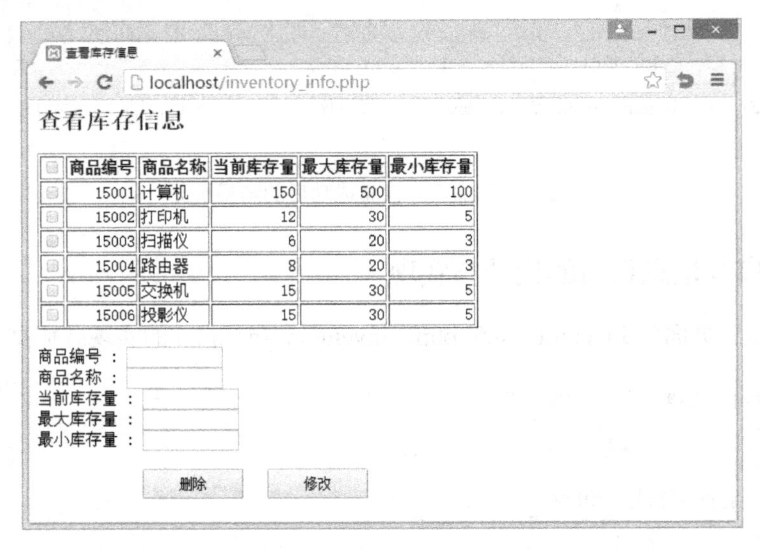

图 15-10　查看库存信息页面

当在查看库存信息的 Web 页面完成库存信息记录的选取（选中左侧复选框，第一个复选框为全选/反选复选框）之后，单击该页面的“删除”按钮，即可调用应用层中用于执行删除的代码 delete_inventory_info.php，即可删除该条库存信息，该文件实现代码如下。

```
    <?php require_once "conn.php" ?>
    <?php
    //接收页面变量
```

```
    $checkbox=$_POST['checkbox'];
    foreach($checkbox as $key){
        //构成 SQL 语句
        $sql= " DELETE FROM inventory";
        $sql.= " WHERE 商品编号=$key;";
        echo $sql;//打印输出删除的 SQL 语句
        //删除数据库模块
        if( mysqli_query( $conn ,$sql))
        {
            echo"删除成功！";
        }
        else
        {
            echo"删除失败！".mysqli_error($conn);
        }
        echo "<br>";
    }
    ?>
```

当删除记录成功后，自动跳转到如图 15-11 所示的页面。

图 15-11　删除库存信息成功后的结果页面

当在查看库存信息的 Web 页面下方完成库存信息的填写之后，选中要修改的一条记录，单击该页面的“修改”按钮，即可调用应用层中用于执行记录修改的代码 update_inventory_info.php，该文件实现代码如下。

```
    <?php require_once "conn.php" ?>
    <?php
    //接收页面变量
    $checkbox=$_POST['checkbox'];
    $gno = $_POST['gno'];
    $gname = $_POST['gname'];
    $gnum = $_POST['gnum'];
    $gmaxnum = $_POST['gmaxnum'];
    $gminnum = $_POST['gminnum'];
    //构成 SQL 语句
    $sql= " UPDATE inventory SET 商品编号=$gno,商品名称='$gname',当前库存量=$gnum,最大库存量
=$gmaxnum,最小库存量=$gminnum";
    $sql.= " WHERE 商品编号=$checkbox[0];";
    echo $sql;//打印输出修改的 SQL 语句
```

```
//修改数据库模块
if( mysqli_query( $conn ,$sql))
      {
            echo"修改成功！";
      }
      else
      {
            echo"修改失败！".mysqli_error($conn);
      }
?>
```

当修改记录成功后，自动跳转到如图 15-12 所示的页面。

图 15-12　修改库存信息成功后的结果页面

15.4.6　耗材入库页面的设计与实现

耗材入库页面为 checkin.php，checkin.php 的实现代码如下。

```
<?php require_once "conn.php" ?>
<!DOCTYPE html>
<html lang="zh-CN">
<head>
<meta charset="utf-8">
<title>耗材入库</title>
</head>
<body>
<h2>耗材入库</h2>
<?php
$sql= " SELECT 商品编号,商品名称 FROM inventory;";
$result = mysqli_query( $conn ,$sql) ;
?>
<form name= "add_checkin_info" method= "post" action = "insert_checkin_info.php">
耗材编号: <select name="gno">
<?php
while($row=mysqli_fetch_row($result)){
?>
      <option><?php echo $row[0] ?></option>
<?php
}
?>
```

```
</select><br>
入库耗材: <select name="gname">
<?php
mysqli_data_seek($result, 0); //复位指针，在结果集中寻找行号为 0 的数据
while($row=mysqli_fetch_row($result)){
?>
    <option><?php echo $row[1] ?></option>
<?php
}
?>
</select><br>
数量: <input type = "text" name ="gnum" size = "9"> <br>
价格: <input type ="text" name ="gprice" size = "9"> <br>
入库日期: <input type ="text" name ="gdate" size = "9"> <br>
入库时间: <input type = "text" name = "gtime" size = "9"> <br><br>
<input type= "reset" value= "重置" style="height:25px;width:85px;font-size:14px" /> 
<input type= "submit" value= "提交" style="height:25px;width:85px;font-size:14px" />
</form>
</body>
</html>
```

该页面执行成功后如图 15-13 所示。

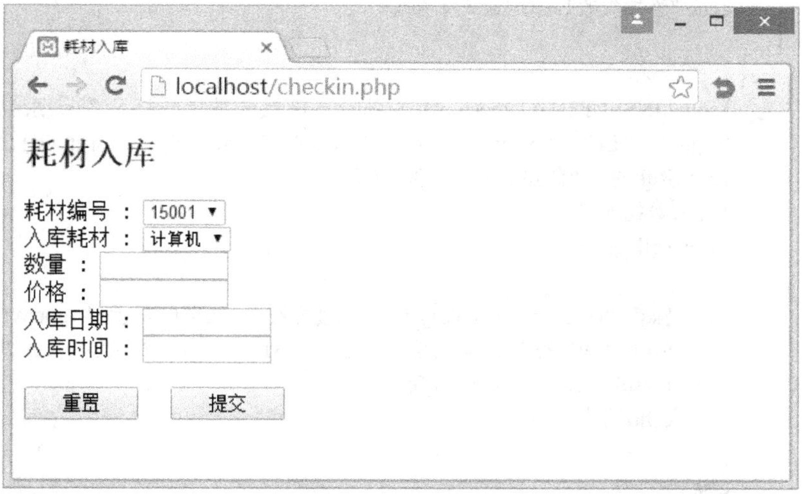

图 15-13　耗材入库页面

当在耗材入库的 Web 页面完成入库信息的填写之后，单击该页面的“提交”按钮，即可调用应用层中用于执行添加入库信息的代码 insert_checkin_info.php，该文件实现代码如下。

```
<?php require_once "conn.php" ?>
<?php
//接收页面变量
```

```
$gno = $_POST['gno'];
$gname = $_POST['gname'];
$gnum = $_POST['gnum'];
$gprice = $_POST['gprice'];
$gdate = $_POST['gdate'];
$gtime = $_POST['gtime'];
//构成 SQL 语句
$sql=" SELECT 当前库存量,最大库存量 FROM inventory " ;
$sql.=" WHERE 商品编号='".$gno."' AND "."商品名称='".$gname."' ; " ;
$result=mysqli_query( $conn ,$sql);
$row=mysqli_fetch_row($result);
if(!$row[0]){
    echo"添加失败！编号与名称不对应！";
}
else{
    if(!is_numeric($gnum) || !is_numeric($gprice)){
        echo "添加失败！入库数量及价格应为数字！";
    }
    else if(!preg_match("/^\d*[1-9]\d*$/",$gnum) || $gprice<0){
        echo "添加失败！入库数量应为正整数,价格应为非负数！";
    }
    else if($row[0]+$gnum>$row[1]){
        echo "添加失败！超过最大库存量！";
    }
    else{
        $sql=" INSERT INTO checkin(耗材编号,入库耗材,数量,价格,入库日期,入库时间) " ;
        $sql.= " VALUES ( '$gno' , '$gname' , '$gnum' , '$gprice', '$gdate', '$gtime') ; " ;
        echo $sql;//打印输出插入的 SQL 语句
        //插入数据库模块
        if( mysqli_query( $conn ,$sql))
        {
            $sql=" UPDATE inventory SET 当前库存量=当前库存量+".$gnum ;
            $sql.=" WHERE 商品编号='".$gno."' AND "."商品名称='".$gname."' ; " ;
            mysqli_query( $conn ,$sql);
            echo"添加成功！";
        }
        else
        {
            echo"添加失败！".mysqli_error($conn);
        }
    }
}
?>
```

当添加信息成功后，自动跳转到如图 15-14 所示的页面。

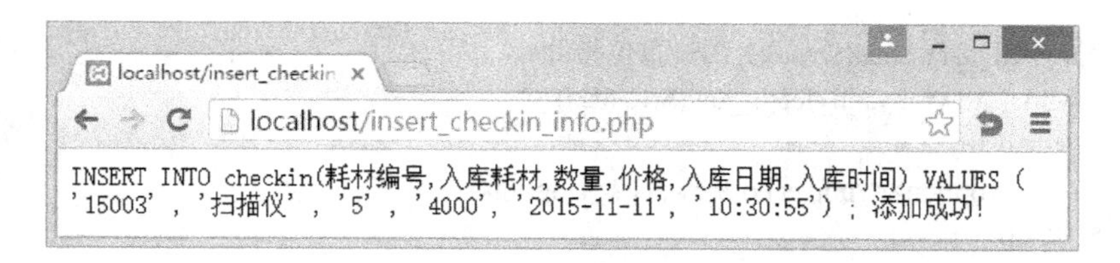
localhost/insert_checkin
localhost/insert_checkin_info.php
INSERT INTO checkin(耗材编号,入库耗材,数量,价格,入库日期,入库时间) VALUES (
'15003' , '扫描仪' , '5' , '4000', '2015-11-11', '10:30:55') ; 添加成功!

图 15-14　添加入库信息成功后的结果页面

15.4.7　查看入库信息页面的设计与实现

查看入库信息页面为 checkin_info.php，checkin_info.php 的实现代码如下。

```
<?php require_once "conn.php" ?>
<html>
<head>
<title>查看入库信息</title>
</head>
<body>
<h2>查看入库信息</h2>
<script type="text/javascript">
    var fieldarr=new Array("gno","gname","gnum","gprice","gdate","gtime"); //全局变量，字段名
数组
</script>
<?php
//构成 SQL 语句
$sql= " SELECT * FROM checkin;";
//查询数据库
$result = mysqli_query( $conn ,$sql) ;
?>

<form name= "Form" method= "post" >
    <?php require_once "show.php" ?> <br>
    <?php
    $sql= " SELECT 商品编号,商品名称 FROM inventory;";
    $result2 = mysqli_query( $conn ,$sql) ;
    ?>
    耗材编号: <select name="gno">
    <?php
    while($row=mysqli_fetch_row($result2)){
    ?>
        <option><?php echo $row[0] ?></option>
    <?php
    }
    ?>
    </select><br>
    入库耗材: <select name="gname">
    <?php
```

```
            mysqli_data_seek($result2, 0); //复位指针
            while($row=mysqli_fetch_row($result2)){
            ?>
                <option><?php echo $row[1] ?></option>
            <?php
            }
            ?>
            </select><br>
            数量: <input type = "text" name ="gnum" size = "9"> <br>
            价格: <input type ="text" name ="gprice" size = "9"> <br>
            入库日期: <input type ="text" name ="gdate" size = "9"> <br>
            入库时间: <input type = "text" name = "gtime" size = "9"> <br><br>   
   
            <input type= "submit" value= " 删 除 " style="height:30px;width:100px;font-size:14px"
onclick="return deletepre('checkbox[]','delete_checkin_info.php');" > 
            <input type= "submit" value= " 修 改 " style="height:30px;width:100px;font-size:14px"
onclick="return updatepre('checkbox[]','update_checkin_info.php');" >
        </form>
        </body>
        </html>
```

该页面执行成功后如图 15-15 所示。

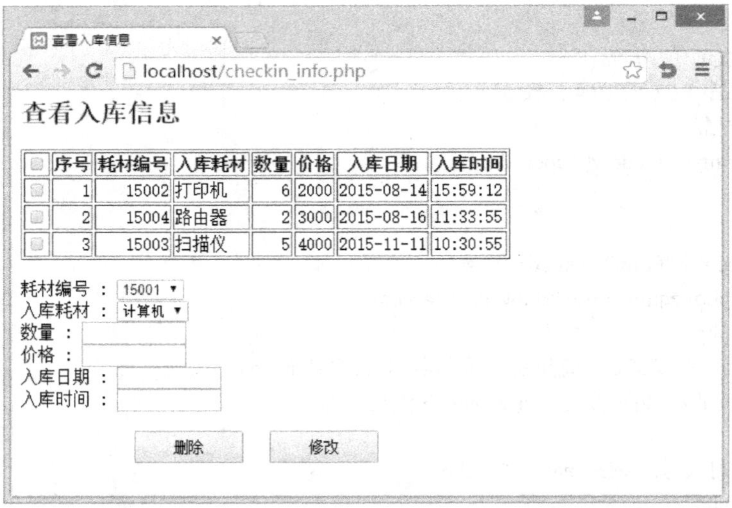

图 15-15　查看入库信息页面

当在查看入库信息的 Web 页面完成入库信息记录的选取（选中左侧复选框，第一个复选框为全选/反选复选框）之后，单击该页面的“删除”按钮后，即可调用应用层中用于执行库存信息删除的代码 delete_checkin_info.php，该文件实现代码如下。

```
        <?php require_once "conn.php" ?>
        <?php
        //接收页面变量
```

```
$checkbox=$_POST['checkbox'];
foreach($checkbox as $key){
    //构成 SQL 语句
    $sql= " DELETE FROM checkin";
    $sql.= " WHERE 序号=$key;";
    echo $sql;//打印输出删除的 SQL 语句
    //删除数据库模块
    if( mysqli_query( $conn ,$sql))
    {
        echo"删除成功！";
    }
    else
    {
        echo"删除失败！".mysqli_error($conn);
    }
    echo "<br>";
}
?>
```

当删除记录成功后，自动跳转到如图 15-16 所示的页面。

图 15-16　删除入库信息成功后的结果页面

当在查看入库信息的 Web 页面下方完成入库信息的填写之后，选中要修改的一条记录，单击该页面的“修改”按钮后，即可调用应用层中用于执行修改入库信息的代码 update_checkin_info.php，该文件实现代码如下。

```
<?php require_once "conn.php" ?>
<?php
//接收页面变量
$checkbox=$_POST['checkbox'];
$gno = $_POST['gno'];
$gname = $_POST['gname'];
$gnum = $_POST['gnum'];
$gprice = $_POST['gprice'];
$gdate = $_POST['gdate'];
$gtime = $_POST['gtime'];
//构成 SQL 语句
$sql= " UPDATE checkin SET 耗材编号=$gno,入库耗材='$gname',数量=$gnum,价格=$gprice,入库
日期='$gdate',入库时间='$gtime' ";
$sql.= " WHERE 序号=$checkbox[0];";
```

```
echo $sql;//打印输出修改的 SQL 语句
//修改数据库模块
if( mysqli_query( $conn ,$sql))
    {
        echo"修改成功！";
    }
    else
    {
        echo"修改失败！".mysqli_error($conn);
    }
?>
```

当修改记录成功后，自动跳转到如图 15-17 所示的页面。

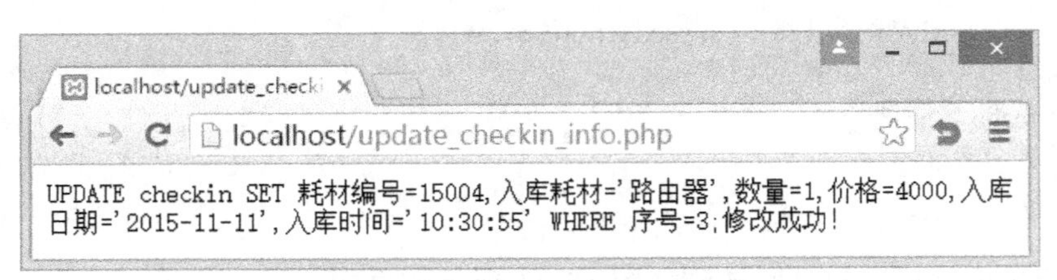

图 15-17　修改入库信息成功后的结果页面

15.4.8　耗材出库页面的设计与实现

耗材出库页面为 checkout.php，checkout.php 的实现代码如下。

```
<?php require_once "conn.php" ?>
<!DOCTYPE html>
<html lang="zh-CN">
<head>
<meta charset="utf-8">
<title>耗材出库</title>
</head>
<body>
<h2>耗材出库</h2>
<?php
$sql= " SELECT 商品编号,商品名称 FROM inventory;";
$result = mysqli_query( $conn ,$sql) ;
?>
<form name= "add_checkout_info" method= "post" action = "insert_checkout_info.php">
耗材编号: <select name="gno">
<?php
while($row=mysqli_fetch_row($result)){
?>
    <option><?php echo $row[0] ?></option>
<?php
}
```

```
?>
</select><br>
出库耗材: <select name="gname">
<?php
mysqli_data_seek($result, 0); //复位指针
while($row=mysqli_fetch_row($result)){
?>
	<option><?php echo $row[1] ?></option>
<?php
}
?>
</select><br>
数量: <input type = "text" name ="gnum" size = "9"> <br>
管理员账号: <input type ="text" name ="admin" size = "9"> <br>
出库日期: <input type ="text" name ="gdate" size = "9"> <br>
出库时间: <input type = "text" name = "gtime" size = "9"> <br><br>
<input type= "reset" value= "重置" style="height:25px;width:85px;font-size:14px" /> 
<input type= "submit" value= "提交" style="height:25px;width:85px;font-size:14px" />
</form>
</body>
</html>
```

该页面执行成功后如图 15-18 所示。

图 15-18　耗材出库页面

当在耗材出库的 Web 页面完成出库信息的填写之后，单击该页面的“提交”按钮，即可调用应用层中用于执行添加出库信息的代码 insert_checkout_info.php，该文件实现代码如下。

```
<?php require_once "conn.php" ?>
<?php
//接收页面变量
$gno = $_POST['gno'];
$gname = $_POST['gname'];
$gnum = $_POST['gnum'];
```

```
        $admin = $_POST['admin'];
        $gdate = $_POST['gdate'];
        $gtime = $_POST['gtime'];
        //构成 SQL 语句
        $sql=" SELECT 当前库存量,最小库存量 FROM inventory " ;
        $sql.=" WHERE 商品编号='".$gno."' AND "."商品名称='".$gname."' ; " ;
        $result=mysqli_query( $conn ,$sql);
        $row=mysqli_fetch_row($result);
        if(!$row[0]){
            echo"添加失败！编号与名称不对应！";
        }
        else{
            if(!is_numeric($gnum)){
                echo "添加失败！出库数量应为数字！";
            }
            else if(!preg_match("/^\d*[1-9]\d*$/",$gnum)){
                echo "添加失败！出库数量应为正整数！";
            }
            else if($row[0]-$gnum<$row[1]){
                echo "添加失败！低于最小库存量！";
            }
            else{
                $sql=" SELECT 管理员账号,用户名 FROM admins " ;
                $sql.=" WHERE 管理员账号='$admin' ; " ;
                $result=mysqli_query( $conn ,$sql);
                $row=mysqli_fetch_row($result);
                if(!$row[0]){
                    echo"添加失败！无此管理员账号！";
                }
                else{
                    $sql=" INSERT INTO checkout(耗材编号,出库耗材,数量,库存管理员,出库负责人,
出库日期,出库时间) " ;
                        $sql.= " VALUES ( '$gno' , '$gname' , '$gnum' , '$admin', '$row[1]', '$gdate', '$gtime') ; " ;
                        echo $sql;//打印输出插入的 SQL 语句
                        //插入数据库模块
                        if( mysqli_query( $conn ,$sql))
                        {
                            $sql=" UPDATE inventory SET 当前库存量=当前库存量-".$gnum ;
                            $sql.=" WHERE 商品编号='".$gno."' AND "."商品名称='".$gname."' ; " ;
                            mysqli_query( $conn ,$sql);
                            echo"添加成功！";
                        }
                        else
                        {
                            echo"添加失败！".mysqli_error($conn);
                        }
```

```
            }
        }
    }
    ?>
```

当添加信息成功后，自动跳转到如图 15-19 所示的页面。

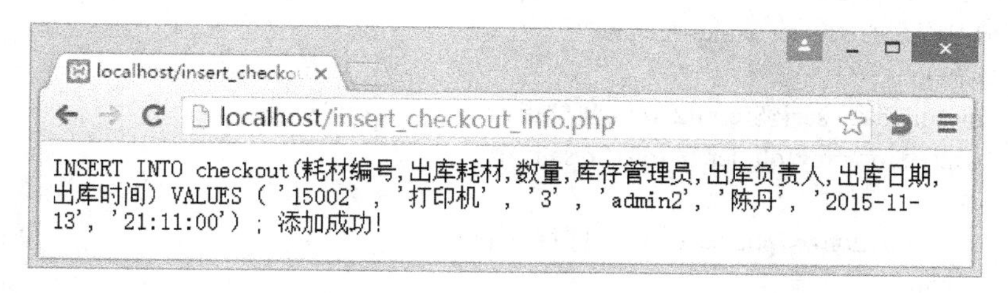

图 15-19 添加出库信息成功后的结果页面

15.4.9 查看出库信息页面的设计与实现

查看出库信息页面为 checkout_info.php，checkout_info.php 的实现代码如下。

```
<?php require_once "conn.php" ?>
<html>
<head>
<title>查看出库信息</title>
</head>
<body>
<h2>查看出库信息</h2>
<script type="text/javascript">
    var fieldarr=new Array("gno","gname","gnum","admin","aname","gdate","gtime"); //全局变量，字段名数组
</script>
<?php
//构成 SQL 语句
$sql= " SELECT * FROM checkout;";
//查询数据库
$result = mysqli_query( $conn ,$sql) ;
?>

<form name= "Form" method= "post" >
    <?php require_once "show.php" ?> <br>
    <?php
    $sql= " SELECT 商品编号,商品名称 FROM inventory;";
    $result2 = mysqli_query( $conn ,$sql) ;
    ?>
    耗材编号: <select name="gno">
    <?php
    while($row=mysqli_fetch_row($result2)){
```

```
?>
        <option><?php echo $row[0] ?></option>
<?php
}
?>
</select><br>
出库耗材: <select name="gname">
<?php
mysqli_data_seek($result2, 0); //复位指针
while($row=mysqli_fetch_row($result2)){
?>
        <option><?php echo $row[1] ?></option>
<?php
}
?>
</select><br>
数量: <input type = "text" name ="gnum" size = "9"> <br>
库存管理员: <input type ="text" name ="admin" size = "9"> <br>
出库负责人: <input type ="text" name ="aname" size = "9"> <br>
出库日期: <input type ="text" name ="gdate" size = "9"> <br>
出库时间: <input type = "text" name = "gtime" size = "9"> <br><br>   
       
<input type= "submit" value= "删除" style="height:30px;width:100px;font-size:14px" onclick=
"return deletepre('checkbox[]','delete_checkout_info.php');" > 
<input type= "submit" value= "修改" style="height:30px;width:100px;font-size:14px" onclick=
"return updatepre('checkbox[]','update_checkout_info.php');" >
</form>
</body>
</html>
```

该页面执行成功后如图 15-20 所示。

查看出库信息

localhost/checkout_info.php

查看出库信息

	序号	耗材编号	出库耗材	数量	库存管理员	出库负责人	出库日期	出库时间
	1	15002	打印机	6	admin1	赵毅	2015-08-14	15:59:12
	2	15002	打印机	3	admin2	陈丹	2015-11-13	21:11:00

耗材编号 ： 15001
出库耗材 ： 计算机
数量 ：
库存管理员 ：
出库负责人 ：
出库日期 ：
出库时间 ：

删除 修改

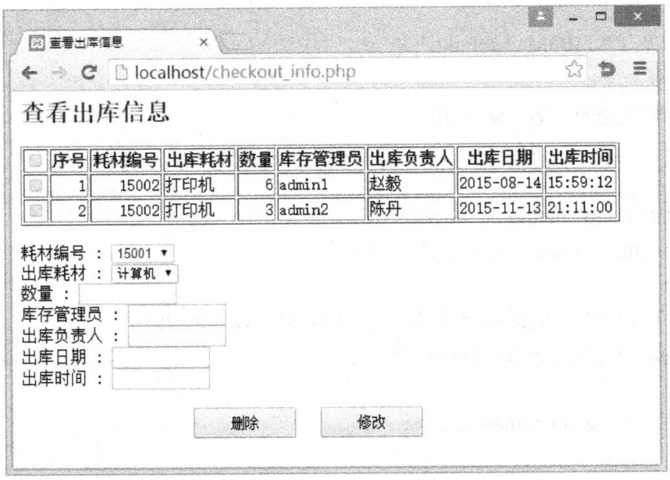

图 15-20 查看出库信息页面

当在查看出库信息的 Web 页面完成出库信息记录的选取（选中左侧复选框，第一个复选框为全选/反选复选框）之后，单击该页面的“删除”按钮，即可调用应用层中用于执行删除出库信息的代码 delete_checkout_info.php，该文件实现代码如下。

```
<?php require_once "conn.php" ?>
<?php
//接收页面变量
$checkbox=$_POST['checkbox'];
foreach($checkbox as $key){
    //构成 SQL 语句
    $sql= " DELETE FROM checkout";
    $sql.= " WHERE 序号=$key;";
    echo $sql;//打印输出删除的 SQL 语句
    //删除数据库模块
    if( mysqli_query( $conn ,$sql))
    {
        echo"删除成功！";
    }
    else
    {
        echo"删除失败！".mysqli_error($conn);
    }
    echo "<br>";
}
?>
```

当删除记录成功后，自动跳转到如图 15-21 所示的页面。

图 15-21 删除出库信息成功后的结果页面

当在查看出库信息的 Web 页面下方完成出库信息的填写之后，选中要修改的一条记录，单击该页面的“修改”按钮，即可调用应用层中用于执行修改出库信息的代码 update_checkout_info.php，该文件实现代码如下。

```
<?php require_once "conn.php" ?>
<?php
//接收页面变量
$checkbox=$_POST['checkbox'];
$gno = $_POST['gno'];
$gname = $_POST['gname'];
$gnum = $_POST['gnum'];
```

```
$admin = $_POST['admin'];
$aname = $_POST['aname'];
$gdate = $_POST['gdate'];
$gtime = $_POST['gtime'];
//构成 SQL 语句
$sql= " UPDATE checkout SET 耗材编号=$gno,出库耗材='$gname',数量=$gnum,库存管理员='$admin',出库负责人='$aname',出库日期='$gdate',出库时间='$gtime' ";
$sql.= " WHERE 序号=$checkbox[0];";
echo $sql;//打印输出修改的 SQL 语句
//修改数据库模块
if( mysqli_query( $conn ,$sql))
    {
        echo"修改成功！";
    }
    else
    {
        echo"修改失败！".mysqli_error($conn);
    }
?>
```

当修改记录成功后，自动跳转到如图 15-22 所示的页面。

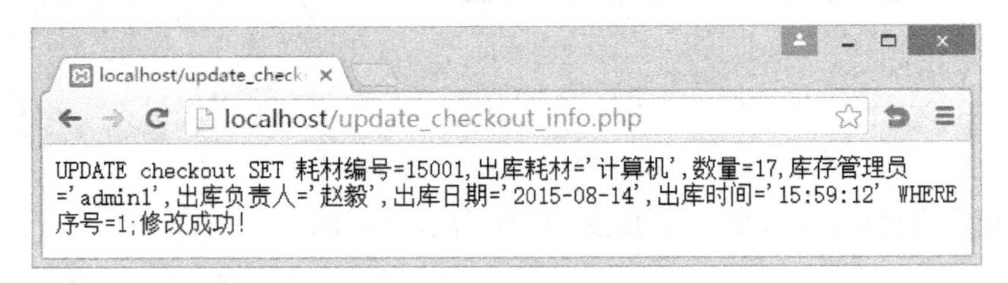

图 15-22　修改出库信息成功后的结果页面

15.4.10　添加管理员页面的设计与实现

添加管理员页面为 admins.php，admins.php 的实现代码如下。

```
<?php require_once "conn.php" ?>
<!DOCTYPE html>
<html lang="zh-CN">
<head>
<meta charset="utf-8">
<title>添加管理员</title>
</head>
<body>
<h2>添加管理员</h2>
<?php
$sql= " SELECT 商品编号,商品名称 FROM inventory;";
$result = mysqli_query( $conn ,$sql) ;
```

```
?>
<form name= "add_admins_info" method= "post" action = "insert_admins_info.php">
管理员账号: <input type = "text" name ="admin" size = "9"> <br>
   用户名: <input type ="text" name ="aname" size = "9"> <br>
    密码: <input type ="password" name ="apassw" size = "9"> <br><br>
<input type= "reset" value= "重置" style="height:25px;width:85px;font-size:14px" /> 
<input type= "submit" value= "添加" style="height:25px;width:85px;font-size:14px" />
</form>
</body>
</html>
```

该页面执行成功后如图 15-23 所示。

图 15-23　添加管理员页面

当在添加管理员的 Web 页面完成管理员信息的填写之后，单击该页面的“添加”按钮后，即可调用应用层中用于执行添加管理员信息的代码 insert_admins_info.php，该文件实现代码如下。

```
<?php require_once "conn.php" ?>
<?php
//接收页面变量
$admin = $_POST['admin'];
$aname = $_POST['aname'];
$apassw = $_POST['apassw'];
if(!$admin){
    echo "添加失败！管理员账号不能为空！";
}
else{
    //构成 SQL 语句
    $sql=" INSERT INTO admins " ;
    $sql.= " VALUES ( '$admin' , '$aname' , '$apassw') ; " ;
    echo $sql;//打印输出插入的 SQL 语句
    //插入数据库模块
    if( mysqli_query( $conn ,$sql))
```

```
        {
            echo"添加成功！";
        }
        else
        {
            echo"添加失败！".mysqli_error($conn);
        }
    }
    ?>
```

当添加信息成功后，自动跳转到如图 15-24 所示的页面。

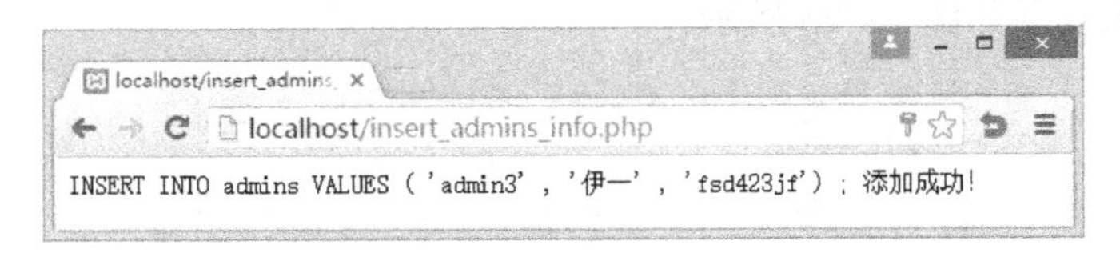

图 15-24　添加管理员成功后的结果页面

15.4.11　查看管理员信息页面的设计与实现

查看库存信息页面为 admins_info.php，admins_info.php 的实现代码如下。

```
    <?php require_once "conn.php" ?>
    <html>
    <head>
    <title>查看管理员信息</title>
    </head>
    <body>
    <h2>查看管理员信息</h2>
    <script type="text/javascript">
        var fieldarr=new Array("admin","aname","apassw"); //全局变量，字段名数组
    </script>
    <?php
    //构成 SQL 语句
    $sql= " SELECT * FROM admins ; " ;
    //查询数据库
    $result = mysqli_query( $conn ,$sql) ;
    ?>

    <form name= "Form" method= "post" >
        <?php require_once "show.php" ?> <br>
        管理员账号: <input type = "text" name ="admin" size = "9"> <br>
           用户名: <input type ="text" name ="aname" size = "9"> <br>
            密码: <input type ="password" name ="apassw" size = "9"> <br><br>
        <input type= "submit" value= "删除" style="height:30px;width:100px;font-size:14px" onclick=
"return deletepre('checkbox[]','delete_admins_info.php');" > 
```

```
            <input type= "submit" value= "修改" style="height:30px;width:100px;font-size:14px" onclick=
"return updatepre('checkbox[]','update_admins_info.php');" >
        </form>
        </body>
        </html>
```

该页面执行成功后如图 15-25 所示。

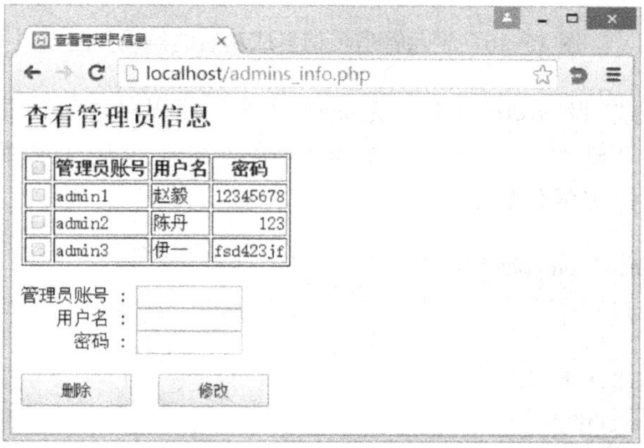

图 15-25　查看管理员信息页面

当在查看管理员信息的 Web 页面完成管理员信息记录的选取（选中左侧复选框，第一个复选框为全选/反选复选框）之后，单击该页面的“删除”按钮，即可调用应用层中用于执行删除管理员信息的代码 delete_admins_info.php，该文件实现代码如下。

```
<?php require_once "conn.php" ?>
<?php
//接收页面变量
$checkbox=$_POST['checkbox'];
foreach($checkbox as $key){
    //构成 SQL 语句
    $sql= " DELETE FROM admins";
    $sql.= " WHERE 管理员账号='$key';";
    echo $sql;//打印输出删除的 SQL 语句
    //删除数据库模块
    if( mysqli_query( $conn ,$sql))
    {
        echo"删除成功！";
    }
    else
    {
        echo"删除失败！".mysqli_error($conn);
    }
    echo "<br>";
}
?>
```

当删除记录成功后，自动跳转到如图 15-26 所示的页面。

图 15-26 删除管理员信息成功后的结果页面

当在查看管理员信息的 Web 页面下方完成管理员信息的填写之后，选中要修改的一条记录，单击该页面的“修改”按钮后，即可调用应用层中用于执行修改的代码 update_admins_info.php，该文件实现代码如下。

```
<?php require_once "conn.php" ?>
<?php
//接收页面变量
$checkbox=$_POST['checkbox'];
$admin = $_POST['admin'];
$aname = $_POST['aname'];
$apassw = $_POST['apassw'];
//构成 SQL 语句
$sql= " UPDATE admins SET 管理员账号='$admin',用户名='$aname',密码='$apassw'";
$sql.= " WHERE 管理员账号='$checkbox[0]';";
echo $sql;//打印输出修改的 SQL 语句
//修改数据库模块
if( mysqli_query( $conn ,$sql))
    {
        echo"修改成功！";
    }
    else
    {
        echo"修改失败！".mysqli_error($conn);
    }
?>
```

当修改记录成功后，自动跳转到如图 15-27 所示的页面。

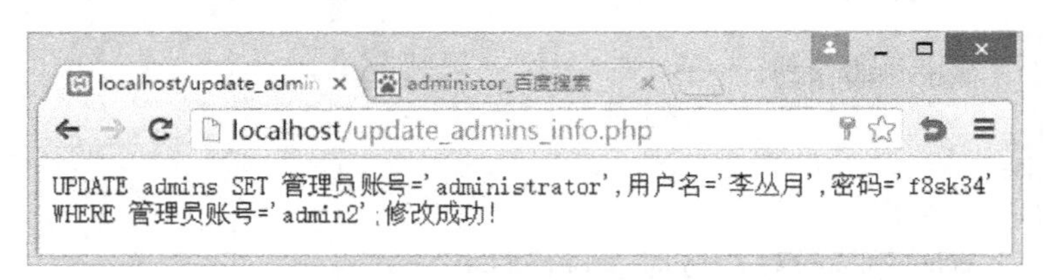

图 15-27 修改管理员信息成功后的结果页面

参 考 文 献

[1] 李辉，等. 数据库系统原理及 MySQL 应用教程[M]. 北京：机械工业出版社，2015.
[2] 陈建国. PHP 程序设计案例教程[M]. 北京：机械工业出版社，2015.
[3] 马骏，等. PHP 应用开发与实践[M]. 北京：人民邮电出版社，2012.
[4] 软件开发技术联盟. PHP 自学视频教程[M]. 北京：清华大学出版社，2014.
[5] 孙鹏程，等. PHP 开发手册[M]. 北京：电子工业出版社，2011.
[6] 李辉. 数据库技术与应用(MySQL 版)[M]. 北京：清华大学出版社，2016.
[7] 孔祥盛. PHP 编程基础与实例教程[M]. 2 版. 北京：人民邮电出版社，2016.
[8] 陈浩. 零基础学 PHP [M]. 北京：机械工业出版社，2012.